KIELER GEOGRAPHISCHE SCHRIFTEN

Begründet von Oskar Schmieder
Herausgegeben vom Geographischen Institut der Universität Kiel
durch J. Bähr, H. Klug und R. Stewig
Schriftleitung: G. Kortum

Band 62

Küste und Meeresboden

Neue Ergebnisse geomorphologischer Feldforschungen

herausgegeben von

HEINZ KLUG

KIEL 1985

IM SELBSTVERLAG DES GEOGRAPHISCHEN INSTITUTS
DER UNIVERSITÄT KIEL

ISSN 0723-9874
ISBN 3-923887-04-3

CIP-Kurztitelaufnahme der Deutschen Bibliothek

Küste und Meeresboden: neue Ergebnisse geomorpholog. Feldforschungen / Geograph. Inst. d. Univ. Kiel. Hrsg. von Heinz Klug. – Kiel: Geograph. Inst., 1986.

(Kieler Geographische Schriften; Bd. 62)
ISBN 3-923887-04-3

NE: Klug, Heinz [Hrsg.]; Geographisches Institut <Kiel>; GT

Gedruckt mit Unterstützung des Kultusministeriums des Landes Schleswig-Holstein

Vorwort

In diesem Band werden neue Ergebnisse geomorphologischer Feldforschungen zum Thema "Küste und Meeresboden" veröffentlicht. Es sind Originalarbeiten, die als Vorträge auf der gemeinsamen Jahrestagung des "Deutschen Arbeitskreises für Geomorphologie" und des "Arbeitskreises für Küsten- und Meeresgeographie" im Zentralverband der Deutschen Geographen vom 28. bis 31. Mai 1985 in Kiel gehalten wurden. Zu diesem Symposium, das auch zwei Exkursionstage umfaßte, hatte das Geographische Institut der Christian-Albrechts-Universität eingeladen.

Für den "Deutschen Arbeitskreis für Geomorphologie" war es die zwölfte Zusammenkunft seit seiner Gründung durch JULIUS BÜDEL auf dem Deutschen Geographentag 1973 in Kassel. Der "Arbeitskreis für Küsten- und Meeresgeographie" traf sich zum dritten Mal - er wurde auf dem Deutschen Geographentag 1983 in Münster ins Leben gerufen.

Die thematische Gewichtung der Kieler Tagung war am Standort und den hier schwerpunktmäßig betriebenen geomorphologischen Arbeiten orientiert und demzufolge auf die drei Felder Küsten und Meeresboden, Periglazialmorphologie und Angewandte Geomorphologie ausgerichtet. In vielen Vorträgen kam eine oft ebenso unumgängliche wie begrüßenswerte interdisziplinäre Kooperation zum Ausdruck. Gleichermaßen wurde in den Ergebnissen grenzüberschreitender Zusammenarbeit die internationale Verflechtung heutiger geomorphologischer Feldforschung deutlich. Die Fachsitzungen lieferten in der Fortführung der wissenschaftlichen Diskussion Beiträge zur Weiterentwicklung der verschiedensten Problemfelder und relevanten Forschungsansätze, zur Präzisierung der Methodik und - nicht zuletzt - zur Herausstellung der Bedeutung moderner geomorphologischer Forschungsergebnisse für die Bewältigung aktueller Aufgaben in Planungspraxis und Umweltsicherung.

Die breite Resonanz, welche die Ausschreibung des Kieler Symposiums gefunden hat, darf sicher als ein erfreuliches Zeichen für ein großes Interesse an der wissenschaftlichen Geomorphologie gewertet werden. Sie bezeugt darüber hinaus auch eine breite Anerkennung der vielfältigen und erfolgreichen Aktivitäten der Forschungsarbeiten auf diesem Gebiet der Geographie.

Kiel, im Dezember 1985 HEINZ KLUG

Für die Auswahl der Abbildungen waren ausschließlich sachliche Gesichtspunkte maßgebend. Es handelt sich z.T. um Unica.

Drucktechnische Erfordernisse mußten daher von untergeorneter Bedeutung bleiben.

Vorwort

Inhaltsverzeichnis

Dynamik und Entwicklung arktischer und antarktischer Küsten

Gerhard Stäblein

1. Zonalität der perimarinen Formung

Der perimarine Formenschatz wird oft unter Betonung der weltweiten Gemeinsamkeit der litoralen Prozesse dargestellt. Eine Differenzierung wird dabei meist durch azonale Aspekte vorgenommen, wobei strukturelle, edaphische und bathymetrische Faktoren herangezogen werden (u.a. KING 1972). VALENTIN (1952, 1979) hat demgegenüber auch auf die Möglichkeit einer klimazonalen und klimagenetischen Gliederung der Küsten hingewiesen. Dieser Ansatz der Zonalität der Küstenformen und Küstenformung wird in den letzten Jahren durch Arbeiten von KELLETAT (1985 u.a.) in verschiedenen Klimazonen weitergeführt. Nachdem durch geomorphologische Felduntersuchungen an verschiedenen Küsten der niederen und hohen Arktis, insbesondere in Spitzbergen, Grönland und Nordkanada (vgl. STÄBLEIN 1969, 1975, 1979a, b, 1982), besondere polare Formungsprozesse im perimarinen Bereich festgestellt werden konnten, war die Frage, inwieweit solche Reliefformung auch im antarktischen Bereich zutrifft.

Auf zwei Reisen in die Antarktis (1981/82 und 1983/84) wurden verschiedene Küstenabschnitte im weiteren Bereich der Antarktischen Halbinsel untersucht. Dabei wurden insbesondere heute eisfreie Abschnitte aufgesucht (Abb. 1). Glaziale Vorzeitformen werden durch aktuelle kryogene Prozesse überprägt. Für die Formung im unmittelbaren Strandbereich ist einerseits die periglaziale durch Permafrost gesteuerte Kryodynamik und andererseits die jahreszeitliche Küstenvereisung maßgeblich. Die Wellenaktivität und die Gezeiten sind nur an wenigen Stellen von Bedeutung.

Durch postglaziale in der Summe positive Meeresspiegelschwankungen, glaziale Isostasie und tektonische Hebungen im Bereich der allgemeinen känozoischen Krustenaktivität der Gondwanischen Randstruktur, wie sie im Halbinselbereich anzunehmen ist (vgl. MILLER 1983) und im aktiven Vulkanismus auf der Deception-Insel deutlich zum Ausdruck kommt, ist der Bereich perimariner Formen ausgedehnt. Je nach Reliefverhältnissen greifen Spuren der Küstenformung, zum Beispiel in Form von Kliffs und Brandungsgeröllen, bis über 200 m über das heutige Meeresniveau und für die glazialen Verhältnisse der letzten Kaltzeit bei tieferem Stand des Weltmeeresspiegels bis etwa 100 m Tiefe im Vorstrandbereich. Aus den ähnlichen Formungsverhältnissen muß man in manchen Gebieten, so zum Beispiel auf der Fildeshalbinsel auf der König-Georg-Insel (Südshetlands), mit hochliegenden Strandformen rechnen, die auf Interglaziale vor der letzten Vereisung zurückgehen. Diese Formen sind glazial überprägt, so daß der Nachweis einer eindeutig perimarinen Anlage schwierig ist.

2. Antarktische Küstenformen

Im Bereich der Antarktischen Halbinsel und der vorgelagerten Inseln lassen sich verschiedene Küstentypen unterscheiden:

- Eiskliffküste,
- Moränenwall- und Gletschervorfeldküste,
- Klippenküste,
- vereiste Felsflankenküste,

- Kliffküste,
- Strandflate-Kliffküste,
- Buchtenküste mit Geröllstrand und Terrassen,
- flache Vorlandküste.

Diese Küstentypen wechseln abschnittsweise rasch kleinräumig, können aber auch in anderen Gebieten über weite Entfernungen monoton gleichartig bleiben. Der hier angesprochene Typenkatalog ist zunächst rein geomorphographisch gemeint, ohne Anspruch auf systematische Vollständigkeit. Manche der Typen gehen ineinander über und lassen sich bei der konkreten Reliefbeschreibung verbinden bzw. auch weiter differenzieren. Es sollen zunächst die antarktischen Küstenformen beschrieben werden mit ihren charakteristischen Merkmalen, um dann auf die wichtigsten Formungsprozesse einzugehen.

2.1 Eiskliffküsten

Etwa 80-90 % des Untersuchungsgebietes zeigen diesen Küstentyp, bedingt durch die ausgedehnte Inlandvereisung von Grahamland und Palmerland auf der Antarktischen Halbinsel mit Eismächtigkeiten bis 610 m (DREWRY 1983). Die dem Relief übergeordnete Vereisung, die an verschiedenen Stellen auch auf den Inseln bis über 2000 m aufragt, wird randlich durch Nunatak-Gebirgsketten stellenweise zum Eisstromnetz und stößt dann über Talzüge mit akzentuierten Eisstromeinzugsgebieten zur Küste vor. Meist fällt das Eis mit steil konvex gewölbter Eisoberfläche über 1-2 km von Höhen über 200 m zur Küste ab. Dort bilden sich gestreckte Eisflanken, die stellenweise durch Eiskalben bis 10 und mehr Meter hohe, senkrechte bis überhängende Eiskliffs bilden (Abb. 2). An der östlichen Außenküste der Deception-Insel werden sogar 60 m hohe Eiskliffabschnitte erreicht.

Dieser Küstentyp findet sich in gleicher Form bei den vorgelagerten Inseln, die eine Plateau- oder Eiskappenvergletscherung mit wechselnden Eismächtigkeiten haben. Es sind dies die Südshetlandinseln, die Inseln des Palmer-Archipels, die Biscoe-Inseln, die Adelaide- und die Alexander-Insel, auch ein Teil der der Halbinsel östlich vorgelagerten Inseln.

Erstaunlich ist, daß bei diesen Eiskliffküsten häufig schmale bis 10 m breite, flache Geröllstrände mit groben, sehr gut gerundeten Geröllen vorgelagert sind (vgl. Abb. 2), und zwar auch dort, wo es sich um schmale Meeresstraßen handelt, in denen nicht mit einer größeren Wellenaktivität oder gar Brandung zu rechnen ist, da das Meer heute nur 3-5 Monate eisfrei wird.

2.2 Moränenwall- und Gletschervorfeldküsten

Wo einzelne Auslaßgletscher die Küste erreichen, haben ihre Oszillationen einen amphibischen Bereich glazialer und glazifluvialer Formen mit perimariner Überprägung geschaffen (Abb. 3). Meist handelt es sich um weite, kilometerbreit gespannte Buchten, die von Moränenwällen gegliedert werden, die wiederum von perimariner Kliffbildung in den glazialen Lockersedimenten angenagt werden. Im Verhältnis von perimarinen Formen und Eisrand läßt sich an verschiedenen Stellen eine stationäre bzw. regressive Entwicklung für die letzten Jahrzehnte nachweisen. Diese Beobachtung gilt aber nicht einheitlich, sondern aus dem geomorphologischen Befund sind stellenweise in Abhängigkeit vom Einzugsgebiet und Gletschermassenhaushalt auch begrenzte Vorstöße nachweisbar. Detaillierte glaziologische Untersuchungen und Meßreihen zur aktuellen Gletscherentwicklung im Bereich der Antarktischen Halbinsel stehen bisher noch aus.

2.3 Klippenküsten

Als Klippenküsten werden hier die Abschnitte, insbesondere am westlichen Außenbereich gegenüber der sturmreichen Drake-Passage, angesprochen, wo der Küstenverlauf durch einen Schwarm von Felsklippen und Felsinseln bestimmt wird mit je nach Ausgangsgestein wechselnder Gestalt, wo die perimarine Formung eindeutig bestimmend ist (Abb. 4). Die Klippen können sich ursprünglich aus einem Schwarm von Schären entwickelt haben, aber diese glazigene Anlage läßt sich kaum mehr in der Form, höchstens im Grundriß erkennen. Schärenähnliche Küstenabschnitte finden sich mit glazialgeformten Felsinseln an den Innenküsten der Bransfieldstraße und der südlich anschließenden Meeresarme.

2.4 Vereiste Felsflankenküsten

In schmalen Meeresarmen und fjordähnlichen Buchten, wie zum Beispiel am Neumayerkanal, wird die Inlandvereisung durch Randketten zum Teil von der Küste ferngehalten. Dort treten dann steile Felshänge auf, die unmittelbar zum Meer abfallen, wobei Flankenvereisungen und Eisfußbildungen durch Eislawinen verstärkt auftreten (Abb. 5). Frostschutt, dessen Bildung bei den steilen Felsflanken zu erwarten wäre, tritt erstaunlicherweise nur selten auf.

2.5 Kliffküsten

Intensive Frostverwitterung und Küstenvereisung lassen an vielen Stellen aktive Kliffküsten entstehen. Diese rezenten Klifformen reichen von Dezimeter- und Meterhöhe bis zu einigen Metern, wo eine stärkere Unterschneidung erfolgt ist. Ein schmaler Frostschuttstrand ist diesen kleinen Stufen vorgelagert (Abb. 6).

2.6 Strandflate-Kliffküsten

Eine meist größere Dimension erreichen die Kliffküsten, die zu mehreren Zehnermetern hochgelegenen Plateaus hinaufführen und denen eine mehrere Kilometer breite klippen- und inselbesetzte Strandflate vorgelagert ist. Solche Küstenabschnitte findet man nach Nordwesten und Westen zu auf den Südshetlandinseln, zum Beispiel an der Fildeshalbinsel (Abb. 7). Die Wassertiefe ist bis weit vor die Küste gering. Die 50 m-Tiefenlinie wird im Durchschnitt erst in mehr als 5 km Küstenentfernung erreicht. Daher ist hier eine bei durchschnittlich 5 Monaten eisfreier Küste intensive Bearbeitung durch Wellen und Brandung gegeben. Auffällig arm an Geröllen sind diese Strände. Die Küstenlinie wird durch einmündende Täler und Sporne gegliedert, so daß weite Buchten mit Strandwällen und mit reichlich Sandmaterial vor den Tälern ausgebildet sind.

Die aktive Kliffhöhe erreicht auf der Fildeshalbinsel 40 m. Mit breiten Flächen von Einzelhöhen und einer Stufe steil überragt, wiederholt sich die Formenabfolge dort in einem höheren Stockwerk der Nordwestplattform. Diese Abfolge erinnert, wenn auch subrezent glazial und aktiv periglazial überprägt, an die heute aktiv perimarin geformte Küste. So ist es naheliegend, eine entsprechende vorzeitliche perimarine Anlage für dieses Relief anzunehmen. Dies setzt voraus, daß beachtliche Küstenhebungen stattgefunden haben. An den rezenten Kliffs wurden allgemein keine markanten, älteren, gehobenen Brandungshohlkehlen festgestellt.

2.7 Buchtenküsten mit Geröllstränden und Terrassen

Deutliche Spuren von Küstenhebungen findet man in fast allen Buchten, die sich girlandenartig insbesondere an den eisfreien Halbinseln der Südshetlandinseln, aber auch im nördlichen Bereich von Grahamland auf der Antarktischen Halbinsel zur Bransfieldstraße zu aufreihen. Schon in Luftbildern erkennt man die Serien von Strandwallbögen (Abb. 8).

Nähert man sich diesen Küstenabschnitten vom Meer aus mit dem Schiff, so fallen die deutlichen Verebnungen im Hintergrund der Buchten auf. Im Bereich der König-Georg-Insel reichen die Strandwälle regelmäßig bis 20 m, an verschiedenen Stellen bis 40 m treten Felsterrassen und fossile Kliffs mit gelegentlich Brandungsgeröllen auf. An einer Stelle, auf der Barton-Halbinsel, wurden sogar noch bis 275 m über dem heutigen Meeresniveau marine Gerölle auf einer flachen Sattellage gefunden (BARSCH et al. 1985). Von der Gestalt und auch nach statistischen, morphometrischen Vergleichstests handelt es sich um Brandungsgerölle. Aber ob die Höhenlage eine originäre Strandlinie repräsentiert, ist noch fraglich. Der Befund, der auch durch englische Geologen (JOHN 1972) bestätigt ist, wäre die höchste quartäre Spur des Meeresstandes, die aus der Antarktis bisher überhaupt bekannt ist.

2.8 Flache Vorlandküsten

Genetisch verwandt mit den Buchtenküsten sind die flachen Vorlandküsten, wo sich zwischen steilen Gebirgsrückländern und Küstenlinien flache zum Teil in Terrassen gegliederte bis kilometerbreite Vorländer einschalten (Abb. 9). Die Vorlandflächen setzen sich sowohl aus anstehendem Gestein als auch aus Frostschutt und marinen Sedimenten zusammen. Vor dem meist aktiven 1-2 m hohen Kliff, zum Teil mit austauendem Permafrost in Lockersubstraten, findet man im Polarsommer ohne geschlossenes Meereis wellendämpfend gestrandete Eisschollen. Dies zeigt, daß es sich bei den niederen Kliffs meist um Rücktauformen handelt, wie es bereits für die Küste der Beaufortsee in Kanada (STÄBLEIN 1979a) und die Küste des Scoresby-Sundes in Ostgrönland (STÄBLEIN 1982) beschrieben wurde, ohne größere Bedeutung der Brandung.

3. Perimarine Formung und Genese

3.1 Kryoklastische Kliffbildung und Kryothermo-Abrasion

Die zonalspezifische Geomorphodynamik ist mit Kälte, Frost und Eis verknüpft. Im Untersuchungsbereich schwanken die Mitteltemperaturen der Luft zwischen -2 und -7°C, die Extreme zwischen -30 und +10°C (vgl. Tab. 1). Zahlreich sind die Frosttage, wobei die Frostwechseltage für die Verwitterung gegenüber den Frosttagen wesentlicher sind. Die Zahl der Frostwechseltage nimmt nach Süden ab. Dadurch sind gerade die niederantarktischen Periglazialküsten besonders durch Kryoklastik geprägt. Die starke Durchfeuchtung im aktuellen perimarinen Bereich bei meist geringem Vegetationsbesatz führt zu einer besonders wirksamen Frostverwitterung der anstehenden Gesteine. Meist handelt es sich um kristalline Gesteine (BAS 1979).

Insbesondere auf den Südshetlands sind es vor allem kluftreiche, jurassische bis quartäre Vulkanite. Daneben treten im Untersuchungsgebiet auch marine Sandstein- und Schluffsteinschichten auf, die im Umkreis der James-Ross-Insel aus der Oberkreide stammen, auf der Halbinsel selbst weiterverbreitet werden sie als karbon-triasisch angesprochen. Außerdem treten an den Küsten Metamorphite und an vielen Stellen granitische und dioritische Intrusionsgesteine auf.

Alle bieten gute Voraussetzungen für die Frostschuttbildung, wenn auch mit unterschiedlichem Grad aufgrund der unterschiedlichen Kluftrichtungen, Kluftscharungen und Kornstruktur. Für das Auftauen der Dekompositionskomplexe aus Frostschutt und Klufteis spielt die Wärmezufuhr durch das Meerwasser im Tiefenbereich während des Polarsommers bei Wassertemperaturen von +1 bis 2°C eine wichtige Rolle. Die Tiden sind mit durchschnittlich bis 1,5 m gering und zusätzlich in Abhängigkeit von Wind- und Eisverhältnissen regional und zeitlich sehr wechselnd.

Die geringen Sommertemperaturen und die lang dauernde Schneeschmelze sind der Grund, warum trotz zum Teil relativ milder Jahresmitteltemperaturen dennoch kontinuierlicher Permafrost im Untergrund vorhanden ist (BARSCH & STÄBLEIN 1984). Die zahlreichen, zum Teil perennierenden Schneeflecken verzögern und verhindern weitverbreitet die Entwicklung einer sommerlichen Auftauschicht. Der Winterfrost kann bei einer nur geringen Zahl von Schneetagen, z.B. bei der Station Frey auf der Fildeshalbinsel sind es im Durchschnitt (1976-1980) 167 Tage, tief in den Untergrund eindringen.

Die Lockersubstrate der Küstenbereiche sind von Permafrost unterlagert. Bei vegetationsfreien Geröllstränden werden im Sommer größere durchschnittliche Auftaumächtigkeiten über 1,5 m erreicht. Bei stärkerem Bewuchs wird die Auftauzone nur wenige Dezimeter tief. Die niedrige Kliffbildung, wie sie in Sedimenten der Vorländer und zum Teil auch in Buchten angetroffen wird (vgl. Abb. 9), ist insbesondere durch laterales Permafrostaustauen bedingt, was als Thermoabrasion aus der Arktis beschrieben wurde (STÄBLEIN 1979, 1982).

Der Austauvorgang des bei der Frostverwitterung entstehenden Fels-Spalteneis-Komplexes an den Küstenabschnitten mit anstehendem Gestein ist im Grunde genommen ein entsprechender Vorgang, der aber die Aufbereitung durch Kryoklastik für eine wirksame Abtragung voraussetzt. Vergleichbar ist der Prozeß dem Modell des Eisrindeneffekts als Motor der Tiefenerosion polar-periglazialer Flüsse, wie es BÜDEL (1969) als zonalcharakteristisch herausgestellt hat. Die hohe Durchfeuchtung, die zahlreichen Frostwechsel und der Permafrost sind die Voraussetzungen dieses litoralen Eisrindeneffekts, der besonders am Fuß der felsigen Kliffküsten wirkt (Abb. 10).

Auch der Salzsprengung muß für die Kliffbildung Beachtung geschenkt werden (vgl. FAHEY 1985). Die wechselnde Durchfeuchtung mit Salzwasser durch Wind und Spritzwasser führt insbesondere in porösen Massengesteinen im Küstenbereich zu Abgrusen, Absanden, Abschuppungen, die an verschiedenen Stellen der Fildeshalbinsel auf der König-Georg-Insel mit einem charakteristischen Formenschatz von Tafonis und zerfallenden Blöcken festgestellt werden konnten. Dabei ist weiter kleinräumig für Nano- und Pico-Formen, d.h. im Meter- und Zentimeterbereich, biogene Verwitterung, Flechtenverwitterung, beteiligt. Diese Komponenten chemischer Verwitterung, nämlich Salz- und Flechtenverwitterung, treten quantitativ deutlich gegenüber denen der physikalischen Verwitterung, Frostwechsel- und Eisverwitterung, zurück bei der zonalen Küstenformung.

Im Bereich der Schorre vor den Kliffs wurde bisher kein Permafrost im oberflächennahen Bereich festgestellt. Hier spielt die Grundeisbildung, d.h. das Festfrieren des Küsteneises bis zum Untergrund, für die Verwitterung eine entscheidende Rolle. Es kommt also der sublitorale Grundeiseffekt hinzu. Mit der Ausbildung der Küstenvereisung, Vorstrandgrundeis und Küsteneisfuß, muß auch das Abräumen der Kliffs und der Schorre als wesentlicher Teilprozeß der Kliffbildung zusammenhängen.

Es wurde schon darauf hingewiesen, daß die Schorren geröll- und frostschuttarm sind. Dies läßt sich so erklären, daß der sommerlich durch Frostwechsel anfallende Frostschutt sich mit dem nachfolgenden winterlichen Küsteneis verbindet. Im Frühsommer, wenn das Meer und schließlich das Küsteneis aufbricht, wird der Frostschutt mit den Küsteneisschollen, in die er eingefroren ist, aufgehoben und wegtransportiert.

Die Vereisung der Küsten dauert mit fünf bis sechs Monaten von Juni bzw. Juli bis November (vgl. BÜDEL 1950, ACKLEY 1981). Nach Süden und unmittelbar vor der Küste der Antarktischen Halbinsel dauert der Eisgang und die Einschränkung des offenen Wassers zum Teil noch länger. Damit ist der Einfluß auf die Küstenformung durch Wellenaktivität, Brandung und Tide eingeschränkt.

Nach Beobachtungen und Berichten geschieht das Aufbrechen des Küsteneises abgesehen von stellenweise perennierenden Küsteneisfüßen rasch. Durch Wellen und Tiden auf und ab treibende Eisschollen mit an der Basis eingefrorenem Frostschutt haben kaum Zeit, durch ihre Scheuerwirkung nennenswert zur Formung der Schorre beizutragen. Diesen Effekt hatte NANSEN (1922) für die Ausbildung der in der Arktis und Subarktis, in Skandinavien und Grönland weitverbreiteten Strandflate angenommen. Die Frostverwitterung ist der entscheidende Bildungsfaktor für polare Küstenplattformen, worauf für Spitzbergen MOIGN (1974) und GUILCHER (1974, 1981) hingewiesen haben. Auf die Leistungsfähigkeit der Frostverwitterung insbesondere im wassergesättigten, intertidalen Bereich in Verbindung mit chemischen Prozessen haben jüngst ausgehend von Felduntersuchungen in Nordost-Kanada und durch entsprechende Laborversuche TRENHAILE & MERCAN (1984) hingewiesen.

3.2 Zur Interpretation der Geröllstrände

Es bleibt das Problem zu klären, wie neben den fast geröllfreien Küsten mit aktiver Kryothermoabrasion auf kilometerbreiten Schorren, insbesondere zur sturmreichen Drakepassage, der Geröllreichtum der Eiskliffküsten und terrassierten Buchtenküsten entstanden ist. Auffällig ist, daß diese Geröllstrände, Geröllstrandwälle und Geröllterrassen an den Küsten zur Bransfieldstraße auftreten, wo geringere Wellen- und Sturmaktivität herrscht. Zum Beispiel bei der chilenischen Station Arturo Prat auf der Greenwichinsel sitzt das Eiskliff der mit breiter Front abfließenden Inlandeisbedeckung mit einem stellenweise 5-8 m hohen Eiskliff einem niedrigen bis 2,2 m hohen Geröllstrand auf (vgl. Abb. 2). Die eisfreie, wenige hundert Meter breite bis 8 m hohe Landzunge an der nordöstlichen Einfahrt der Discovery-Bucht besteht aus Strandwallsystemen mit mehrfach sich kreuzenden Richtungen. Über dem 4 m-Niveau sind die Oberflächen bereits stark frostverwittert und mit Flechten unterschiedlich stark überwachsen, zum Teil treten hier auch Frostmusterungen auf. Ähnliches kann man von den Strandwallserien an der Südwest-Seite der Ardley-Insel in der Maxwell-Bucht zwischen der König-Georg-Insel und der Nelson-Insel feststellen (Abb. 8).

Aufgrund der heterogenen petrographischen Zusammensetzung der Geröllstrände muß man davon ausgehen, daß es sich um sortierte und weiter zugerundete moränale Geschiebe und glazifluviale Schotter handelt. Häufig fällt ein weißgrauer widerständiger Granit auf, der bisher nirgends im Bereich der heute eisfreien Gebiete anstehend gefunden wurde. Es muß damit gerechnet werden, daß es sich bei den zum Teil mächtigen Geröllküsten-Sedimenten um altes Material handelt, das auch schon interglaziale, perimarine Formung erfahren haben kann. Nach seiner Konservierung unter einer Eisbedeckung können die Sedimente holozän durch die postglazialen Meeresstände und mit litoralen Prozessen zu den Strandlinien überformt worden sein. Dazu müßte man im wesentlichen kalte Gletscher ohne größere Exaration mit festgefrorener Basis und geringer Eisbewegung am Grund für diese Bereiche annehmen. Dies ist nach den heutigen Verhältnissen wahrscheinlich, aber bisher noch nicht glaziologisch nachgewiesen.

Diese Erklärung stimmt mit der Beobachtung überein, daß Geröllstrände sich an vielen Stellen bis unter die rezenten Eiskliffs verfolgen lassen; lokale, historische Vorstöße einzelner Eisfronten über holozän geformte Geröllstrände sollen damit nicht grundsätzlich ausgeschlossen werden.

4. Aspekte zur isostatischen und eustatischen Entwicklung

Die bisherigen Datierungen mit Knochen, Algen und Tang aus Strandniveaus und marinen Sedimenten auf der Fildeshalbinsel zeigen, daß die postglaziale, holozäne Landhebung sich auf ein unteres Niveau beschränkt (BARSCH & STÄBLEIN 1985). Walknochen in 1,5 m über der mittleren Hochwasserlinie an der Südküste der Fildeshalbinsel ergaben ein Alter von 890 +- 30 Jahre vor heute, und Pinguinknochen im Sediment der 17 m Riegelterrasse im Windbachtal ergaben ein Alter von 6.650 Jahre vor heute. An der Potterbucht weiter östlich an der Südküste der König-Georg-Insel wurden in heute 3 m über dem Meer marine Algen und Mollusken mit 6.800 bzw. 8.800 Jahre vor heute bestimmt (SUGDEN & JOHN 1973). Dies weist nach, daß die Maxwellbucht zu dieser Zeit bereits nicht mehr eisbedeckt war. Für die Inseln des Scotiabogens wurde angenommen, daß die Hebung, zum Teil tektonisch bedingt, seit der maximalen glazial-eustatischen Transgression nicht mehr als 10 m betragen hat (ZHIVAGO & EVTEEV 1969).

Perimarine Ablagerungen und Formen sind in einem weiten Höhenspektrum vorhanden (Abb. 11). Die Altersstellung kann bisher noch nicht überall nachgewiesen werden. Die hohen Spuren mit Kliffnischen und Geröllstreu, die mehr als 30 m über dem Meer liegen, müßten als interglaziale Zeugnisse gelten, die zum Teil der geröllfreien Nordwestplattform der Fildeshalbinsel zeitlich entsprechen könnten.

Eine Indifferenz mit noch weit älter angelegten Flachformen und Abtragungsniveaus ist nicht ausschließbar. In der Literatur wurde bereits auf Reste tertiärer Rumpfflächen zum Teil unter dem Eis von Graham- und Palmerland hingewiesen (ZHIVAGO & EVTEEV 1969, TINGEY 1985). Dafür fehlen aber bisher genauere Kenntnisse. Grundsätzlich wäre eine solche Rumpfflächenanlage sowohl für die alten Plattformen als auch für die heutige Strandflate möglich. Auch noch tiefer liegende Plattformen in 50-61 m unter dem heutigen Meeresspiegel wurden an der Admiralitätsbucht östlich an der König-Georg-Insel festgestellt (ADIE 1964). Diese sind auch als mögliche Meeresniveaus ansprechbar während der letzteiszeitlichen glazial-eustatischen Meeresspiegelabsenkung. Eine perimarine Formung kann wegen der zumindest für das Hochglazial nachweisbaren Vereisung der Küsten nur vorübergehend erfolgt sein. Ähnliche Überlegungen zur Anlage von Flachformen als Rumpfflächen hatte bereits WIRTHMANN (1964, 1976) für den Bereich der Barentssee in der Arktis angestellt. Damit muß darauf hingewiesen werden, daß Küstenplattformen durch ganz unterschiedliche geomorphologische Prozeßkombinationen und in verschiedenen Klimazonen entstehen können, worauf TRENHAILE (1980) zusammenfassend eingegangen ist. Die Strandflate-Kliffküsten sind allgemein nach ihrer Genese konvergente Formen.

Nach den heute aktiven Kliffbildungen und dem Alter der niedrig gelegenen Strandniveaus scheint die Landhebung auf den Inseln und auf der Antarktischen Halbinsel weitgehend zu stagnieren bzw. eher ein leichter Meeresspiegelanstieg wirksam zu sein. DOAKE (1985: 205) belegt die Konstanz des Meeresniveaus für die Argentinieninsel (Station Faraday), während andererseits (MEIER et al. 1985: 31) heute mit einem möglichen Beitrag zum Meeresspiegelanstieg durch Massenverlust der Vereisung der Antarktischen Halbinsel von 0 bis 2 mm pro Jahr für die nächsten 100 Jahre gerechnet wird. Zahlreiche Inlandeisabflüsse und Gletscher zeigen junge Rückzugsspuren. Die Eismassenbilanz des Bereichs der Antarktischen Halbinsel ist aber noch unzureichend bekannt (DOAKE 1985).

Bei der Beurteilung der relativen regionalen Meeresspiegelschwankungen ist zusätzlich zu berücksichtigen, daß es sich um eine endogen-tektonisch instabile Zone eines aktiven Kontinentalrandes mit einer nach Osten zu abtauchenden Subduktionszone handelt, wobei die Südshetlands als charakteristischer Inselbogen erscheinen. Die Antarktische Halbinsel gehört zu den gehobenen Kontinentalrändern mit intensiver, junger Faltung (BREMER 1985: Fig. 3). Nach den Abschätzungen für die Westantarktis wird man auch hier wie in Mary-Byrd-Land mit durchschnittlichen Hebungsbeträgen von 105-122 m pro einer Million Jahre rechnen, wobei die känozoische Blockfaltung insgesamt Hebungen bis 5.000 m mit regional und zeitlich unterschiedlichen Geschwindigkeiten bewirkt hat (TINGEY 1985).

5. Niederantarktische Küste

Versucht man die bisherigen Beobachtungen zusammenzufassen, so zeichnet sich eine zonale Küstenregion ab mit eigengeprägten Typen der perimarinen Dynamik und Genese für die niederantarktischen Küsten des Untersuchungsbereiches. Es sind folgende Faktoren perimarin formbestimmend:

- glaziale Vorzeitformung,
- Meeresspiegelschwankungen,
- Küstenvereisung,
- aktive, kryoklastische Kliff- und Strandplattformbildung,
- passive Geröllstrandstrukturierung.

Im Vergleich zu den arktischen Küsten spielt die Kryothermoabrasion eine geringere Rolle, und aufgrund der tektonischen Situation ergibt sich für die Landhebung und den Anteil der Glazial-Isostasie bzw. Glazial-Eustasie ein komplexes Bild, wobei sich weit geringere holozäne Hebungsbeträge, etwa 20 m für die letzten 7000 Jahre, ergeben im Vergleich zu arktischen Gebieten, was auf die rezente, andauernde Eisbelastung der Antarktis zurückgeführt werden könnte.

Kurzfassung:

Die Zonalität der Küsten und ihrer perimarinen Formung wird für den Bereich der Antarktischen Halbinsel und der Südshetlandinseln dargestellt. Neben Ähnlichkeiten zum arktischen Bereich aufgrund der polaren klimagenetischen Prägung werden auch antarktische Besonderheiten deutlich. Acht Klassen von geomorphographischen Küstentypen werden unterschieden. Die kryoklastische Kliff- und Küstenplattformbildung, sowie reliktische Geröllstrände mit gehobenen Terrassen sind charakteristische Erscheinungen. Für die Meeresspiegelschwankung gibt es einerseits Geröllfunde bis 275 m über dem Meer, andererseits reicht die junge, postglaziale Entwicklung datierbar nur bis wenige Meter über dem Meer. Die langzeitige, känozoische, tektonische Hebung an dem Kontinentalrand mit intensiven, jungen Faltungen bringt zusätzliche Auswirkungen auf das perimarine Erscheinungsbild.

Abstract

The zonality of the coast forms and of the perimarine geomorphodynamic is proved for the area of the Antarctic Peninsula and the South Shetland Islands. There are simularities with the arctic coasts caused by the polar climatogenetic conditions, but there are also some especially antarctic particularities. Eight groups of geomorphographic coast typs are distinguished. The cryoclastic formation of cliffs and shore platforms, and the relictic pebble beaches with elevated terrasses are characteristic features. Traces of sea level changes are pebble occurances up to 275 m above recent sea level, otherwise the young postglacial development is dated only within several meters above sea level. The long range canozoic tectonic elevation on the continental margin with intensive, young faltings influences the perimarine phenomenons.

Literaturverzeichnis

ACKLEY, S.F. 1981: A review of sea-ice weather relationship in the Southern Hemisphere. - in: ALLISON, I. (ed.): Sea, ice and climatic change (proc. Canberra Symp. 1979). - IAHS Publ. 131: 127-159, Washington D.C.

ADIE, R.J. 1964: Sea-level changes in the Scotia Arc and Graham Land. - in: Antarctic Geology, SCAR Proceedings: 27-32, Amsterdam.

BARSCH, D. & BLÜMEL, W.D. & FLÜGEL, W.A. & MÄUSBACHER, R. & STÄBLEIN, G. & ZICK, W. 1985: Untersuchungen zum Periglazial auf der König-Georg-Insel, Südshetlandinseln/Antarktika; deutsche physiogeographische Forschungen in der Antarktis. Bericht über die Kampagne 1983/84. - Berichte zur Polarforschung, 24'85: 1-75, Bremerhaven.

BARSCH, D. & STÄBLEIN, G. 1984: Frostdynamik und Permafrost in eisfreien Gebieten der Antarktischen Halbinsel. - Polarforschung, 54 (2): 111-119, Bamberg.

dies. 1985: Untersuchungen zu periglazialen Geosystemen in der Antarktis. - Verh. 45. Dt. Geogr. Tag Berlin 1985, Fachsitzung Hochgebirgs- und Polarforschung: in Druckvorbereitung.

BAS (= British Antarctic Survey) 1979: Northern Graham Land and South Shetland Islands (compiled by FLEMING, E.A. & THOMSON, J.W.). - British Antarctic Territory, Geological Map 1 : 500.000, BAS 500 G, Sheet 2, Edition 1, London.

BREMER, H. 1985: Randschwellen; a link between plate tectonics and climatic geomorphology. - Z. Geomorph. N.F., Suppl. 54: 11-21, Berlin, Stuttgart.

BÜDEL, J. 1950: Atlas der Eisverhältnisse des Nordatlantischen Ozeans und Übersichtskarten der Eisverhältnisse des Nord- und Südpolargebietes. - Deut. Hydrogr. Inst., 2335: 1-24, 27 Karten, Hamburg.

ders. 1969: Der Eisrinden-Effekt als Motor der Tiefenerosion in der exzessiven Talbildungszone. - Würzburger Geogr. Arb., 25: 1-41, Würzburg.

DOAKE, C.S.M. 1985: Antarctic mass balance; glaciological evidence from Antarctic Peninsula and Weddell Sea sector. - in: MEIER, M.F. (ed.): Glaciers, ice and sea level. - Report of a workshop, DOE/ER/60235-1: 197-209, Washington D.C.

DREWRY, D. (ed.) 1983: Antarctica: glaciological and geophysical folio. - Scott Polar Research Institute: (1. Lieferung, 9 Blätter ff), Cambridge.

FAHEY, B.D. 1985: Salt weathering as a mechanism of rock breakup in cold climates, an experimental approach. - Z. Geomorph. N.F., 29 (1): 99-111, Berlin, Stuttgart.

GUILCHER, A. 1974: Les rasas; un problème de morphologie littorale générale. - Annales de Géographie, 83: 1-33, Paris.

ders. 1981: Cryoplanation littorale et cordons glaciels de basse mêr dans la région de Rimouski, Côte sud de l'estuaire de Saint-Laurent, Québec. - Géogr. phys. et Quarternaire, 35 (2): 155-169, Montréal.

JOHN, B.S. 1972: Evidence from the South Shetland Islands towards a glacial history of West Antarctica. - in: PRICE, R.J. & SUGDEN, D.E. (eds.): Polar geomorphology; Institute of British Geographers, Spec. Publ., 4: 75-92, London.

KELLETAT, D. 1985: Studien zur spät- und postglazialen Küstenentwicklung der Varanger-Halbinsel, Nord-Norwegen. - Essener Geogr. Arb., 10: 1-110, Paderborn.

KING, C.A.M.[2] 1972: Beaches and coasts. - 1-570, London.

MEIER, M.F. (ed.) 1985: Glaciers, ice sheets and sea level; effect of a CO_2-induced climatic change. - Report of a workshop, United States Department of Energy, DOE/ER/60235-1: 1-330, Washington D.C.

MILLER, H. 1983: Der Antarktische Kontinent, Kernstück von Gondwana. - Geogr. Rdsch., 35 (3): 101-103, Braunschweig.

MOGIN, A. 1974: Geomorphologie du strandflat au Svalbard; problems (age, origine, processes) methodes de Travail. - Inter-nord, 13/14: 57-72, Paris.

NANSEN, F. 1922: The Strandflat and Isostasy. - Vidensk. Selsk. Skrifter, 1 (11): 1-313, Oslo.

STÄBLEIN, G. 1969: Die pleistozäne Vereisung und ihre isostatischen Auswirkungen im Bereich des Bellsunds (West-Spitzbergen). - Eiszeitalter und Gegenwart, 20: 123-130, Öhringen.

ders. 1975: Eisrandlagen und Küstenentwicklung in West-Grönland. - Polarforschung, 45 (2): 71-86, Münster.

ders. 1978: The extent and regional differentiation of glacio-isostatic shoreline variations in Spitsbergen. - Polarforschung, 48 (1/2): 170-180, Münster.

ders. 1979: Verbreitung und Probleme des Permafrostes im nördlichen Kanada. - Marburger Geogr. Schr., 79: 27-43, Marburg.

ders. 1982: Traces of vertical movements in the coastal areas in Jameson Land (Scoresby Sund/Eastern Greenland). - Earth Evolution Sciences, 2 (2): 139-142, Braunschweig, Wiesbaden.

SUGDEN, D.E. & JOHN, B.S. 1973: The ages of glacier fluctuations in the South Shetland Islands, Antarctica. - in: ZINDEREN BAKKER, E.M. (ed.): Palaeoecology of South Africa, Antarctica and the surrounding islands. - Balkema, 8: 139-159, Cap Town.

TINGEY, R.J. 1985: Uplift in Antarctica. - Z. Geomorph. N.F., Suppl. 54: 85-99, Berlin, Stuttgart.

TRENHAILE, A.S. 1980: Shore platforms; a neglected coastal feature. - Progress in Physical Geography, 4 (1): 1-23, London.

TRENHAILE, A.S. & MERCAN, D.W. 1984: Frost weathering and the saturation of coastal rocks. - Earth Surface Proc. and Landforms, 9 (4): 321-331, Chichester.

VALENTIN, H. 1952: Die Küsten der Erde. - Pet. Geogr. Mitt., Erg. H. 246: 1-118, Gotha.

ders. 1979: Ein System der zonalen Küstenmorphologie. - Z. Geomorph. N.F., 23 (2): 113-131, Berlin, Stuttgart.

WIRTHMANN, A. 1964: Die Landformen der Edge-Insel in Südost-Spitzbergen. - Ergebnisse der Stauferland-Expedition 1959/60, 2: 1-53, Wiesbaden.

ders. 1976: Reliefgenerationen im unvergletscherten Polargebiet. - Z. Geomorph. N.F., 20 (4): 391-404, Berlin, Stuttgart.

ZHIVAGO, A.V. & EVTEEV, S.A. 1969: Shelf and Marine Terraces of Antarctica. -Quarternaria, 12: 89-113, Rom.

Tabelle 1: Temperaturwerte (°C) von Küstenstationen im Bereich der Südshetlandinseln und der Antarktischen Halbinsel, sowie zum Vergleich aus Mitteleuropa (nach verschiedenen Quellen mit unterschiedlichen Beobachtungszeiträumen)

Station/Lage	Höhe	mittl.Temp.	abs.Min.	abs.Max.	käl.Mo.	wärm.Mo.
(1) KIEL						
54°20'N, 10°06'E	7 m	+8,5	-24,8	+33,7	+0,4	+17,1°C
(2) BERLIN (1951-1980)						
52°28'N, 13°18'E	51 m	+8,8	-22,0	+37,2	-0,6	+17,8°C
(3) ORCADAS (Südorkneyinseln)						
60°44'S, 44°44'W	4 m	-4,4	-40,1	+12,2	-10,6	+0,4°C
(4) FREI (König-Georg-Insel/Südshetlands) (1976-1980)						
62°12'S, 58°54'W	2 m	-2,7	-23,0	+8,7	+9,2	+1,7°C
(5) DECEPTION (Südshetlands) (1944-1967)						
62°59'S, 60°43'W	8 m	-2,8	-30,0	+10,0	-8,0	+1,4°C
(6) ESPERANZA (Nördl. Antarkt. Halbinsel)						
63°23'S, 57°00'W	7 m	-5,3	-32,1	+14,6	-9,9	+0,4°C
(7) MELCHIOR (Palmerarchipel)						
64°20'S, 62°59'W	8 m	-3,7	-29,6	+9,2	-9,2	+0,5°C
(8) FARADAY (Argentinieninsel)						
65°15'S, 64°15'W	11 m	-5,2	-43,3	+11,7	-11,9	+0,2°C

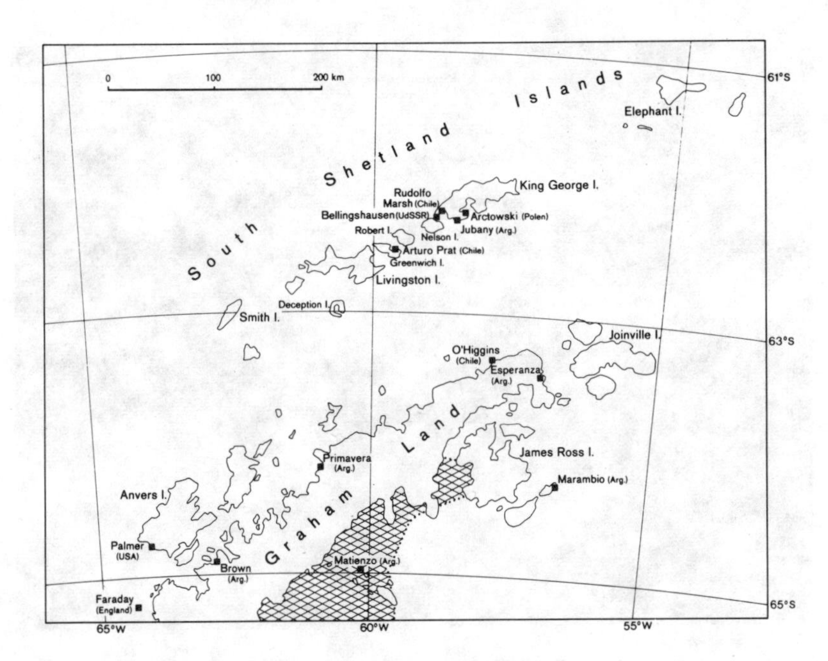

Abb. 1: Karte des antarktischen Untersuchungsraumes

Abb. 2: Eiskliffküste mit Geröllstrand bei der chilenischen Station Aturo Prat auf der Greenwichinsel (Foto: STÄBLEIN 7.1.82)

Abb. 3: Moränenwall- und Gletschervorfeldküste; Abfluß der Eiskappe zum flachen Küstenvorland an der Südostküste der König-Georg-Insel zwischen Maxwellbucht und Admiralitätsbucht (Foto: STÄBLEIN 26.1.84)

Abb. 4: Klippenküste; Schorre mit aufgesetzten Klippen und Inseln an der Nordwestseite der Fildeshalbinsel (König-Georg-Insel) zur Drakepassage (Foto: STÄBLEIN 8.1.82)

Abb. 5: Felsflankenküste mit Küsteneisfuß im Neumayerkanal an der Wienekeinsel südlich der Anversinsel (Foto: STÄBLEIN 11.1.81)

Abb. 6: Kliffküste mit bis zu 40 m hohem Kliff an der Nordwestplattform der Fildeshalbinsel auf der König-Georg-Insel (Foto: STÄBLEIN 8.1.82)

Abb. 7: Strandflate-Kliffküste mit Resten der 40 m-Plattform an der Nordwestseite der Fildeshalbinsel auf der König-Georg-Insel
(Foto: STÄBLEIN 5.1.82)

Abb. 8: Strandwallserien und alte, gehobene Klifflinien der bis 72 m hohen Ardleyinsel in der Maxwellbucht im Südwesten der König-Georg-Insel
Foto: BARSCH 14.1.82)

Abb. 9: Vorlandküste mit Kliff in den verschwemmten Aschenlagen der Walfängerbucht der Deceptioninsel (Foto: STÄBLEIN 5.1.82)

Abb. 10: Kryoklastischer Kliffuß mit geröllarmem Vorstrand bei der chilenischen Station 0 Higgins an der Nordostküste von Grahamland/Antarktische Halbinsel (Foto: STÄBLEIN 6.1.82)

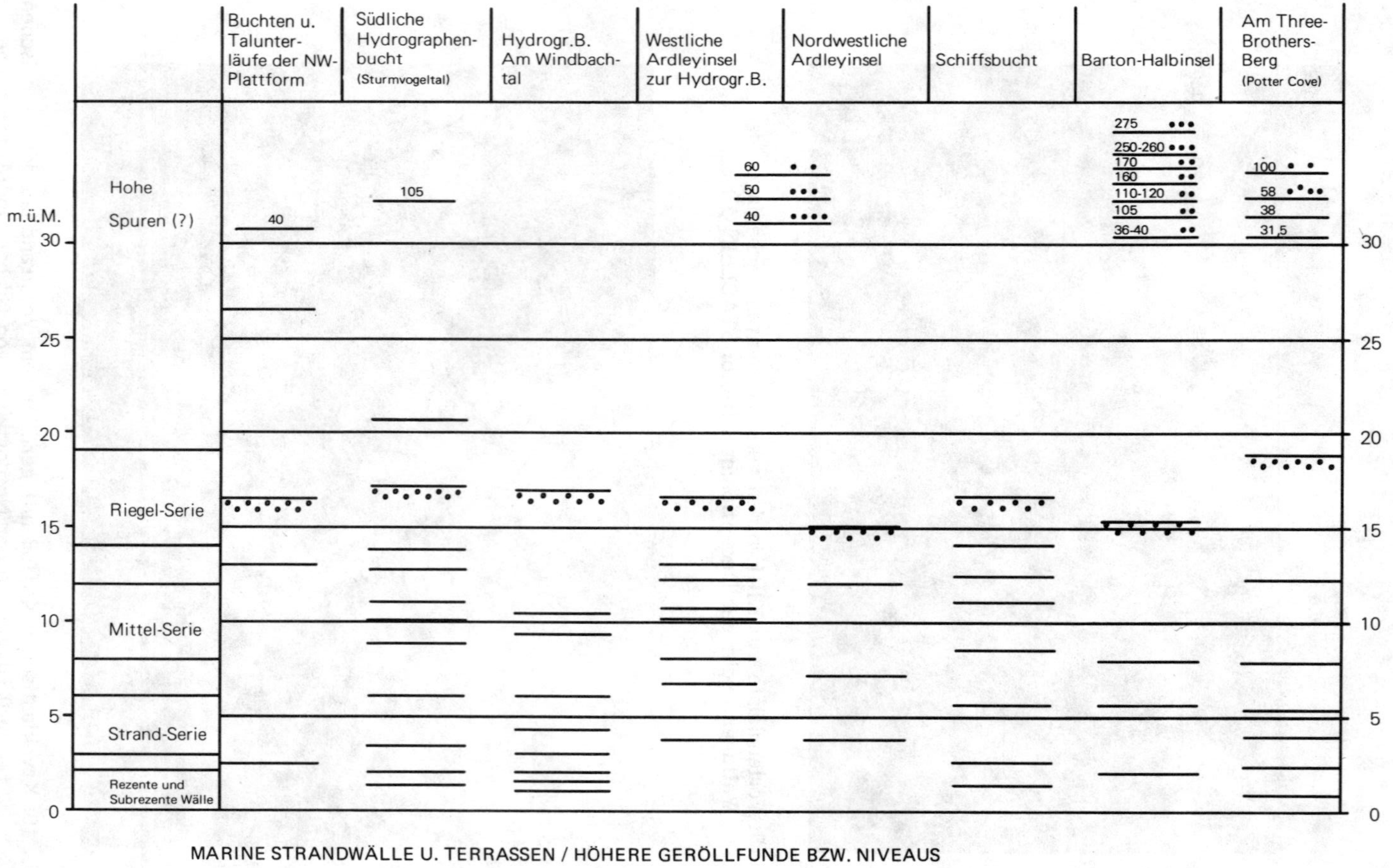

Buchten u. Talunterläufe der NW-Plattform
Südliche Hydrographenbucht (Sturmvogeltal)
Hydrogr.B. Am Windbachtal
Westliche Ardleyinsel zur Hydrogr.B.
Nordwestliche Ardleyinsel
Schiffsbucht
Barton-Halbinsel
Am Three-Brothers-Berg (Potter Cove)

m.ü.M.
Hohe Spuren (?)
Riegel-Serie
Mittel-Serie
Strand-Serie
Rezente und Subrezente Wälle

30
25
20
15
10
5
0

40
105
60
50
40
275
250-260
170
160
110-120
105
36-40
100
58
38
31,5

MARINE STRANDWÄLLE U. TERRASSEN / HÖHERE GERÖLLFUNDE BZW. NIVEAUS

Abb. 11: Profile der gehobenen Strandlinien im Süden der König-Georg-Insel (Aufnahmen: BARSCH & STÄBLEIN 1983/84)

Geomorphologische Beobachtungen im subarktischen Küstenmilieu am Beispiel Nord-Norwegens (Varanger-Halbinsel und Umgebung)

Dieter Kelletat[1]

Vorwort

Im Rahmen eines Forschungsprogrammes zur "Zonalität von Küstenformen und Küstenformungsprozessen" werden i.w. zwei methodische Wege beschritten: zum einen werden möglichst ausgedehnte Meridionalprofile in verschiedenen Breitenkreisen und Kontinenten durchgehend verfolgt zur Abgrenzung von Zonen und Unterzonen der holozänen (und gegenwärtigen) Küstenformungsdynamik, zum anderen muß in dabei erkannten Gebieten gleicher Formungstendenz eine möglichst detaillierte Geländeaufnahme der Gegebenheiten erfolgen. Im europäischen Raum wurden sowohl überregionale Ergebnisse (KELLETAT 1985) wie auch Detailstudien (KAYAN, KELLETAT & VENZKE 1985) aus dem südlichen Sektor vorgelegt. Diese wurden ergänzt durch Feldarbeiten im nördlichsten Norwegen im Sommer 1984 zwischen dem Polarkreis bei Bodö und Sör-Varanger westlich Kirkenes. Ihren Schwerpunkt hatten sie auf der Varanger-Halbinsel als äußerstem nördlichen Vorposten des festländischen Europa. Dort wurden neben dem Versuch der Gesamtbetrachtung (mit Hilfe von Luftbildern) auch 7 Detailkarten im Maßstab zwischen 1 : 5000 und 1 : 10 000 angefertigt, wobei die gesamte spät- und postglaziale Entwicklungsgeschichte im Küstengebiet berücksichtigt wurde. Die Ergebnisse dieser Untersuchungen und die Spezialkarten müssen (schon wegen des Umfanges) an anderer Stelle publiziert werden. Hier soll lediglich eine knappe Darlegung der Befunde zur aktuellen Formungsdynamik des nordnorwegischen Litorals erfolgen. Dabei steht die Varanger-Halbinsel zwar im Mittelpunkt der Betrachtung, doch werden auch Beobachtungen aus der weiteren Umgebung bis südlich zum Polarkreis mitgeteilt. Die mehrwöchigen Feldarbeiten der Kampagne 1984 wurden unterstützt durch eine Beihilfe aus dem Forschungspool der Universität Essen - Gesamthochschule -, wofür auch an dieser Stelle gedankt sei, ebenso dem Außenminister in Oslo für die Erteilung der Forschungsgenehmigung.

1. Physiogeographischer Überblick

Die Varanger-Halbinsel springt als äußerste nordöstliche Landmasse Fennoskandiens bis fast 71° nördlicher Breite in die Barents-See vor (vgl. Abb. 1) und erreicht damit eine Position, die der Nordspitze Alaskas (Point Barrow) vergleichbar ist. Unter dem Einfluß von Ausläufern des Golfstromes sind ihre Küsten jedoch praktisch ganzjährig eisfrei und sowohl die Wintertemperaturen wie auch die Jahresmitteltemperaturen liegen bedeutend höher als in irgendeiner vergleichbaren Breitenlage der Erde.

1.1 Klima

Tab. 1 (n. MEIER 1980) präsentiert einige Klimadaten im Überblick. Trotz der Kürze der Meßperioden sind die wesentlichen Gegebenheiten sicher richtig erfaßt worden. Die 4 angeführten Stationen liegen alle praktisch im Meeresniveau, dabei Makkaur Fyr und Vardö frei am offenen Meer, Rustefjelbma und Ekkeröy bereits in mittlerer bzw. innerer Fjordlage und daher in gewisser Weise einem kontinentaleren Einfluß ausgesetzt. Das drückt sich aus in den niedrigen Werten der

[1] unterstützt durch eine Beihilfe aus Mitteln des Forschungspools der Universität Essen GHS

Tab. 1: Klimadaten für die Varanger-Halbinsel, Nord-Norwegen (1970 - 1977)

Station	Jan.	Febr.	März	April	Mai	Juni	Juli	Aug.	Sept.	Okt.	Nov.	Dez.	Jahr
					Mitteltemperaturen in °C								
Ruste-fjelbma	-11,0	-11,8	-6,3	-2,3	3,5	9,1	13,4	10,9	5,7	-0,0	-6,8	-8,1	-0,4
Vardö	-4,2	-4,8	-2,9	-1,0	2,8	6,4	10,1	9,6	6,6	1,9	-1,7	-2,8	1,7
Makkaur Fyr	-4,4	-4,8	-2,8	-1,1	3,1	7,1	11,3	10,2	6,9	1,8	-1,9	-2,9	1,9
Ekkeröy (1970-71)	-6,4	-7,7	-5,0	-1,6	2,9	7,5	11,0	9,9	6,5	1,6	-1,0	-4,7	1,0

Station	Jahres-schwankung	Frostwechsel-tage	Eistage	Niederschlag in mm	Tage mit Schneefall	Tage mit Schneedecke
Ruste-fjelbma	25,2°C	97	106	445	127	209
Vardö	14,9°C	84	103	501	133	169
Makkaur Fyr	16,1°C	91	98	626	143	158
Ekkeröy (1970-71)	18,7°C	77	135	541	113	233

Quelle: unveröffentlichte Daten des NORSKE METEOROLOGISKE INSTITUTT 1979, zusammengestellt und berechnet von K.D. MEIER (1980)

Wintertemperaturen und den höheren Jahresschwankungen sowie der großen Zahl von Tagen mit Schneedecke (über 200). Der wärmste Monat (Juli) weist jeweils noch Mittelwerte von über 10°C auf, doch liegt die Küstenregion der Varanger-Halbinsel - auch wegen der offenen seeseitigen Lage - bereits außerhalb der polaren Waldgrenze. Eine bei MÜLLER (1979, S. 7) angeführte zurückliegende und 21-jährige Meßreihe von Vardö gibt als Mittelwert des Jahres 1,6°C an, den kältesten Monat sogar mit -5,3°C, der wärmste (August) bleibt dort mit 9,8°C gerade unter der Grenze eines "meteorologischen Sommers". Es ist nicht auszuschließen, daß in den 70er Jahren tatsächlich eine merkliche Erwärmung in Teilen der Nordhalbkugel damit erfaßt ist, doch ist bei diesem geringen Datenumfang eine weitergehende Interpretation noch nicht angebracht.

Die Jahresmitteltemperaturen bewegen sich zwischen knapp unter 0°C und fast 2°C. Schon in geringer Meereshöhe - und besonders in den kontinentaleren und östlichen Lagen von Sör-Varanger - tritt jedoch bereits sporadischer Permafrost auf mit einigen Kennformen, besonders den Palsen. Die Auftautiefen schwanken dort von Jahr zu Jahr beträchtlich. Eigene Grabungen und Messungen im Bereich zwischen Karlebotn und Grandvika in Palsen mit Torf- und Mineralbodenkern ergaben z.B. Anfang August 1977 Auftautiefen von 0,70 bis 0,80 m, während bereits in der ersten Hälfte des Juli 1984 das Eis in ihnen bis in Tiefen von über 1,40 m verschwunden war. Der besonders warme Frühsommer 1984 hat auch zu einer Auffrischung von Degradationserscheinungen an den Palsen von Sör-Varanger geführt. Allerdings betrug die Bodentemperatur im trockenen sandigen Substrat bei -1,45 m innerhalb von Palsen (bei Grandvika in 35 m ü.M.) Mitte Juli 1984 noch -1,8°C. Kälteeinbrüche und Schneeniederschläge im Hoch- und Spätsommer 1984 haben das Übersommern etlicher Schneeflecken an den Küstenhängen der äußeren Varanger-Halbinsel ermöglicht. Soweit deren Basistemperatur festgestellt werden konnte, war sie negativ. Im übrigen belegen die Zahlen der Frostwechsel, Eis- und Schneefalltage (Tab. 1) den bereits starken Einfluß negativer Temperaturen auf die Morphodynamik in Varanger. Die Niederschläge sind - entsprechend den gemäßigten Temperaturen - für die Breitenlage noch recht hoch.

1.2 Geologie

Die Varanger-Halbinsel liegt am Ostrand der Kaledoniden und am Nordrand des Fennoskandischen Schildes, welche entweder archaische Granite und Gneise (wie in Sör-Varanger) oder hochmetamorphe Schiefer (westlich des Tanafjordes) aufweisen. Dagegen wird die Halbinsel selbst von diskordant auf diesen Sockeln aufliegenden eo- bis spätkambrischen Sedimentgesteinen aufgebaut, deren größte Mächtigkeit im Nordosten erreicht wird. Auch das Alter dieser Sedimente nimmt in diese Richtung zu. Verwerfungen, Überschiebungen und Falten sind kennzeichnend für diese alten Sedimentgesteine, wobei insbesondere an der äußeren Halbinselflanke Steilstellungen der Schichten auffallen. Tonschiefer und schwachmetamorphe Sandsteine überwiegen, eine Umwandlung zu sehr resistenten Quarziten mit massigen Bänken ist jedoch stellenweise erkennbar. Bei Båtsfjord streichen an der Küste auch jünger intrudierte Doleritgänge als "dykes" aus (vgl. auch SIEDLECKA, A. und SIEDLECKI, S. (1967) sowie SIEDLECKI, S. (1975).

1.3 Formenschatz

Die Großformen der Varanger-Halbinsel sind gekennzeichnet durch Hochflächen präquartärer Anlage bei ca. 100 m bis über 300 m ü.M. und einer mäßigen glazialen Überformung, von der Rundhöckerfluren, subglaziale Schmelzwassercanyons, ausgeschürfte Seebecken und eine fjordartige Gliederung der Außenküste hinterblieben sind. Die maximale Ausdehnung des Weichseleises erreichte überall das offene Meer, nach MARTHINUSSEN (1962), SYNGE (1969) und SOLLID u.a. (1973) wurde das Gebiet zwischen 15 000 und 13 000 BP eisfrei. Damit setzte eine glazialisostatische Heraushebung ein, die überall den Betrag des glazialeustatischen Meeresspiegelanstiegs übertraf. Die höchsten Spuren von Meeressedimenten des Spätglazials finden sich demnach an der Halbinselwurzel bei gut 90 m ü.M. Im äußersten Norden, wo die Eisbelastung am geringsten gewesen sein dürfte, liegt sie bei gut 60 m ü.M. (Auf den Formungsablauf im Litoral während der spät- und postglazialen Heraushebung sowie auf das Problem des Alters und der Ausdehnung der küstennahen Felsterrassen wird in einer anderen Publikation einzugehen sein.)

Die Moränenbedeckung der Varanger-Halbinsel ist nicht besonders stark ausgeprägt. Vielmehr herrschten Frostschutt mit solifluidaler Bewegung, Litoralsedimente einschließlich äolisch verlagerter Sande oder Torfmoore oberflächlich vor.

1.4 Vegetation

Wegen des kühlen Klimas ist die Vegetationsentwicklung behindert. Höherer Bewuchs, insbesondere Birken- und Weidengebüsch, ist jedoch überall in geschützter Lage nahe dem Meeresniveau anzutreffen. Im übrigen herrschen Zwergsträucher wie Empetrum nigrum und Vaccinium sowie Betula nana vor, daneben Gräser,

Moose und Flechten. Insbesondere THANNHEISER (1974, 1982) und KÜHN (1983) haben auf die Vermischung von Hochgebirgs- und Strandpflanzen auf der Varanger-Halbinsel hingewiesen.

1.5 Böden

Das Klima, die Jugendlichkeit des Reliefs und die andauernden periglazialen Materialbewegungen behindern eine ungestörte Bodenbildung. Rohböden und Ranker überwiegen folglich, nur auf größeren Sandanwehungen finden sich auch gut entwickelte Podsole mit über 1 m Profiltiefe, besonders auf den dünenbedeckten Terrassen des Tanaflusses (vgl. auch GIESSÜBEL 1984).

1.6 Ozeanographische Angaben

Infolge der fehlenden Meereisbedeckung unterliegen die Küsten der Varanger-Halbinsel ganzjährig dem Gezeitenrhythmus (Springtidenhub bis über 2 m) und der Brandungswirkung. Wie die Angaben in Abb. 1 belegen, reicht der morphologische Einfluß der Brandungswellen in Nord- und Ostexposition teilweise mehr als 5 m über die Hochwasserlinie hinauf. Die Wassertemperaturen in unmittelbarer Küstennähe erreichen im Spätsommer Höchstwerte um 9°C, im Spätwinter sinken sie in den innersten Fjordteilen auf unter 0°C ab, so daß dort lokal sogar Eisbedeckung auftreten kann (Tanafjord und innerster Varangerfjord). Der Salzgehalt ist mit etwa 33 % ein wenig geringer als in südlicheren Breitenlagen.

1.7 Anthropogene Einflüsse

Die Küsten Nordnorwegens sind im wesentlichen naturbelassen, da es nur wenige Siedlungszellen gibt, im übrigen aber eine zunehmende Erstellung von Sommerhütten zu verzeichnen ist. Die "Fernwirkung" der Zivilisation macht sich jedoch an den Küsten stark bemerkbar in einer extrem zunehmenden Verschmutzung, insbesondere durch Plastikstücke aus Verpackungsmaterial etc. sowie Kunststoffstricke und -netze (vgl. Abb. 2 und KLAUSEWITZ 1984). Auf Testflächen von 50 m^2 an der äußeren Varanger-Halbinsel fernab von Ortschaften haben wir zwischen 2,3 kg und 4,1 kg Plastikteile (meist über 150 Einzelstücke) und etwa das gleiche Gewicht an Kunststoffseilen und Netzresten mit jeweils mehreren 1000 m Fadenlänge gezählt. Hinzu kommen Metallteile und Bauholz, wohingegen Ölrückstände nur lokal auffielen, im Gegensatz zu den Küstenbereichen Südeuropas (vgl. KELLETAT & ZIMMERMANN (1978) sowie ZIMMERMANN & KELLETAT (1984)).

2. Beobachtungen zur rezenten Morphodynamik

Wegen des weitgehenden Fehlens von Meereisbildungen unterliegt der äußere Küstenstreifen trotz der hohen Breitenlage noch den typischen Formungsbedingungen der Mittelbreiten, vornehmlich der Brandungswirkung mit ihrem wirksamen Maximum zwischen Herbst und Frühjahr, dem Gezeiteneinfluß und im übrigen den Grundvoraussetzungen differenzierter Küstenbildung wie Petrovarianz, Expositions- und Neigungsunterschiede des Litorals oder Verfügbarkeit von Lockermaterial. Hinzu tritt eine biogene Komponente durch das Vorhandensein teilweise dichter Tang- und Algenbestände im Eu- und Sublitoral. Zwischen der Varanger-Halbinsel und ihrer Umgebung bestehen größere Unterschiede in der petrographischen Beschaffenheit, an den alten Sedimentgesteinen auf Varanger selbst sind es dagegen die übrigen Faktoren, welche in lokaler Abwandlung die litorale Dynamik prägen.

2.1 Exposition

Abb. 1 gibt auch Auskunft über die Grundzüge des Expositionsgrades der Varanger-Halbinsel, ausgedrückt durch die vertikale Reichweite morphologisch wirksamer (d.h. block- und schotterbewegender) Brandung über HW. Bevorzugt sind hier natürlich die Außenküsten und weniger die Buchtflanken. Maximale Werte von 6 bis über 7 m werden in Nordostexposition gefunden, offenbar infolge des größeren "fetch". Die lokale Bestimmung der vertikalen Reichweite energiereicher Brandungswellen geschieht durch die Einmessung der Höhendifferenz verlagerter Brandungstrümmer zum Hochwasserniveau, welches durch die obersten Vorkommen von Fucus vesiculosus festgelegt wird. Sie ist insofern wichtig, weil dadurch die lokale Differenz zwischen den Wasserständen und den Kronenhöhen der Strandwälle bestimmbar ist. Letztere sind jedoch die wesentlichen Altformen aus dem Spät- und Postglazial infolge einer starken glazialisostatischen Heraushebung, und nur durch die Bestimmung des fraglichen Expositionsgrades läßt sich einem ehemaligen Strandwall ein früheres Meeresniveau zuordnen.

2.2 Die Watten

Auf einige Grundzüge weist die Karte (Abb. 1) hin: dort, wo der mittlere Springtidenhub (an der Außenküste um knapp 2 m) zum Innern von Buchten hin noch gesteigert wird, finden sich begrenzt Wattareale, so besonders im inneren Varanger- und Tanafjord. Im Zusammenhang mit der starken Sedimentführung des wasserreichen Tanaflusses sind es viele km^2 ausgedehnte Sandwatten mit Bänken, Platen und Rinnen, die sich mit den Fluß- und Gezeitenströmungen und dem frühjährlichen Eisaufgang des Flusses ständig verändern. Dagegen herrschen im inneren Varangerfjord, dem größere Zuflüsse fehlen, Schlicksedimente vor, denen in lockerer Streu Blöcke aufgelegt sind. Sie stammen aus einer ehemaligen Moränenverkleidung der umliegenden Hänge und werden mit den seltenen Eisbildungen im Fjordinnern verlagert. Alle anderen Wattgebiete der Varanger-Halbinsel finden sich an der Südküste oder in tieferen Einbuchtungen und jeweils in der Fortsetzung sedimentführender Flüsse. Sie sind daher ganz überwiegend grobsandig. In den "Sandfjorden" und im Persfjord erreichen sie eine maximale Breite von 200 m. Auf den Watten der Varanger-Halbinsel finden sich fleckenhaft Salzwiesen mit Salicornia im oberen Eulitoral, die jedoch durch Beweidung stark geschädigt sind (THANNHEISER 1982, S. 40).

2.3 Strände

Die Gesamtlänge der Küsten der Varanger-Halbinsel zwischen der Tana-Mündung und dem Ort Varangerbotn beträgt ca. 460 km (ohne Inseln). Sand- und Schlickwatten von über 50 m Breite nehmen daran nur etwas mehr als 10 % ein, Sand- und Schotterstrände, einige auch mit Blockstreifen, machen dagegen mit 170 km Länge rund 37 % der Gesamtstrecke aus. Dabei überwiegen im Innern tiefer Einbuchtungen (d.h. in der Fortsetzung älterer größerer Täler) die Sandstrände, deren Flanken auch Kies- und Schotternester aufweisen können. Sandmaterial ist auch verbreiteter an der Südküste, wo ein allgemein flacheres Relief herrscht. An den gestreckten oder konvex vorspringenden Küstenabschnitten bestehen die Lockermaterialstrände dagegen aus Schotter- und Blockmaterial. Letzteres stammt nicht aus der vorherigen fluvialen Aufarbeitung von Moränen, Solifluktions- oder Frostschutt, sondern meist aus gravitativ verlagertem Sturzschutt an den steilen Küstenflanken oder aus direkter Frostsprengung im Eu- und Supralitoral selbst, wo erst die Brandung die einzelnen Trümmer vollständig herausbricht (z.B. aus den Quarziten bei Hamningberg, vgl. Abb. 3). Beidseitig von Store Molvik oder nördlich des Sandfjorden (SE Berlevåg) werden Schotter- und Blockstrände auch direkt aus Schutthalden gespeist.

In der Gegenwart und jüngsten geologischen Vergangenheit wird in die aktiven Strände aber auch zunehmend Material aus früheren Litoralablagerungen mit einbezogen, weil sich die isostatische Hebung stark verlangsamt hat und mit Hilfe einer gesteigerten eustatischen Transgression das Meer jetzt wieder gegen das Land vordringt. So werden bereits flechtenbedeckte ältere Strandwälle oder mit fossilen Bodenbildungen belegte Sandanhäufungen an etlichen Stellen aktiv in Kliffen angenagt (z.B. an der Kvannvikbukta N des Sandfjord oder um Skallelv und Kvalnes).

Das Lockermaterial in der Brandungszone ist ganz überwiegend Lokalmaterial. Fremdes Gestein (meist in Form großer Blöcke) ist prozentual nur sehr gering beteiligt, wenn auch aufgrund von Form, Größe oder Farbe oft auffällig. Es entstammt dann einer ehemaligen Moränenverkleidung, wie weithin an der Südküste oder auch bei Store Molvik im Nordwesten.

In etlichen Fällen besteht die Lockermaterialbedeckung in der Brandungszone nur aus einer dünnen Blocklage auf stark zerrüttetem Anstehenden (vgl. Abb. 3), wo es durch Frostverwitterung bereitgestellt wird. Entsprechend findet sich dort eine Mischung von extrem gut gerundeten bis zu kantigen Fragmenten. Auf längeren Küstenstrecken liegt Lockermaterial auch erst in einer Höhe von mehreren Metern über der Hochwasserlinie, während das untere Supralitoral und das Eu- und Sublitoral felsig sind.

Besteht das Strandmaterial aus einer Mischung von mittleren und feineren Korngrößen und Blockwerk oder nahezu ausschließlich aus Blöcken, so ist regelhaft zu beobachten, daß sich die gröbsten Komponenten im Wellenreich sehr fest verkeilt haben und vollständig unbeweglich liegen. Diese Blockpflaster (vgl. ähnliche Erscheinungen auf den Süd-Shetlands n. HANSOM (1983)) werden an ihren herausragenden Teilen jedoch von den leichter beweglichen kleineren Komponenten ständig beschliffen und facettenartig umgestaltet (vgl. Abb. 4). Bei stärkerem Wellengang werden die Blöcke von anderen Schottern regelrecht bombardiert. Durch den "impact" entstehen auf ihren Oberflächen dicht an dicht Schlagmarken in Form von Kreisbogensedimenten (Abb. 5), die in Wirklichkeit konische, zum Blockinnern spitz zulaufende Gebilde sind. Weniger resistente Gesteine (Sandsteine und Tonschiefer) werden bei einem solchen Beschuß sofort zersplittert.

Die Strände der Varanger-Halbinsel weisen mit Ausnahme der Materialherkunft aus Frostsprengung kaum typische Kennzeichen des subarktischen oder arktischen Küstenmilieus auf, welche auf Eiskontakt oder zeitweisen Eisgehalt im Sediment schließen lassen (vgl. NICHOLS 1961). Das Bild verändert sich jedoch zum Innern der weiter westlich gelegenen, sehr tief eingreifenden Buchten wie Lakse-, Alta-, Porsanger- oder Lyngenfjord. Hier liegen nämlich insofern andere Milieubedingungen vor, als außerhalb des direkten Wärmeeinflusses des salzigen Ozeanwassers wegen starker Aussüßung mit spezifisch leichtem Schmelzwasser und einem kontinentaleren Temperaturregime manchmal schon die mittleren, insbesondere aber die inneren Fjordbereiche regelmäßig im Winter zufrieren und die Phänomene der Festeis- und Packeisbildungen sowie Treibeisbewegungen aufweisen. Dabei wird der Tidebereich im Winter durch Küstenfesteis plombiert, während bei flachen Gradienten etwa entlang der Niedrigwasserlinie die Grenze zwischen vertikal und (driftend) horizontal beweglichem und festem Eis verläuft. Entsprechend findet sich hier ein morphologischer Ausdruck dieser starken Bewegungen in Form von "ice push ridges" oder "boulder barricades" (vgl. auch DIONNE (1970), GUILCHER (1981), ROSEN (1979)). Auf sehr ausgedehnten Wattarealen im Fjordinnern stranden blockbewehrte Eisschollen und setzen dort irregulär verteilt größere Fragmente unterschiedlicher Gestalt auf die Schlickschichten ab bzw. schieben sie in und auf diesen hin und her. "Boulder barricades" sitzen auch ganz gelegentlich an den mittelsteilen oder flachen Felsflanken von Schären und Festlandsküsten wie in der Grandvika von Sör-Varanger oder im Altafjord.

All diese auf Meereis zurückgehenden Erscheinungen zeigen eine typische, aber nicht unbedingt zonale Anordnung im nördlichen Skandinavien: Ihr Hauptverbreitungsgebiet deckt sich mit dem Auftreten einer regelhaften, langandauernden und mächtigen Wintereisdecke und ist daher im Süden zu finden, insbesondere um den Bottnischen Meerbusen (vgl. VARJO 1960 u.a.). Weiter nördlich an der Atlantikküste und der Barents See sind sie auf das Fjordinnere beschränkt, ihre Qualität und Verbreitungsdichte wird nach außen (d.h. nach Norden) schlechter, und mit zunehmenden Wasser- und Lufttemperaturen der Winterzeit verschwinden sie auf der Höhe des Polarkreises bei Bodö völlig.

Zu einer differenzierteren Formbildung im kleinen ist der Frost im Litoral um die Varanger-Halbinsel nur bei besonderer Materialgunst in der Lage. Strandwälle aus Sandsteinfragmenten können lokal zu Grusnestern zerfallen, so daß die Form von Strukturböden entsteht (vgl. Abb. 8), während stark geschieferte Gesteine im Wechsel mit resistenteren Blöcken selbst innerhalb der Gezeitenbereiche zur Ausbildung von Steinrosetten (Abb. 9) führen können, wie wir es im Bereich Urdnes an der Südküste der Varanger-Halbinsel beobachtet haben.

2.4 Äolische Erscheinungen

Die Varanger-Halbinsel weist für ein subarktisches Küstenmilieu mit der Dominanz von felsigem jungen Steilrelief einige bedeutende Areale mit jungholozänen Flugsanden auf (vgl. Karte Abb. 1). Die ausgedehntesten befinden sich an der Südküste im Bereich Skallelv und um den Komagelv (Kvalnes), wo einer mehrere 100 m breiten Folge von Sandstrandwällen noch Dünenkomplexe von vielen Hektar Größe aufsitzen. Solche und ähnliche Dünen von unregelmäßiger Kuppengestalt und bis fast 10 m relativer Höhe gibt es isolierter auch noch im Innern der Sandfjorde und auf dem Festland gegenüber Vardö. Alle übrigen sandigen Gebiete bestehen aus Folgen von Sandstrandwällen oder aus dünnen Flugsanddecken.

Die äolische Umlagerung von Material im Küstenbereich ist immer an Talausgänge gebunden, die entsprechend große Mengen feineren Materials aus einer fluvialen Aufarbeitung besitzen, wobei das Ausgangsmaterial meist ein alter Moränenschleier gewesen ist. Im Gegensatz zu anderen Küstendünengebieten der Mittelbreiten ist das Feinmaterial nicht vom Meeresboden angelandet oder am Strande zerkleinert worden und dann dort ausgeweht zu Dünen angehäuft, sondern in umgekehrter Folge stammt selbst das Material der Sandwatten aus den Flüssen. Dieser Befund läßt sich eindeutig deshalb belegen, weil keine direkte Verbindung zwischen dem Strand und den Dünen (vgl. Abb. 10) besteht, sondern dieselben - getrennt von einem mehr oder weniger breiten Bereich dicht bewachsener Sandstrandwälle - abgesetzt vom Strand liegen. Das ergibt eine ganz andere Abfolge, als wir es etwa von den friesischen Inseln her gewohnt sind.

Soweit die breiteren Strände als Auswehgebiet infrage kommen, wie an Teilen der Südküste, lagern sich initiale Vordünen mit Festuca villosa und Plantago maritima am obersten Strandbereich an, die jedoch in Perioden stärkerer Brandungstätigkeit wieder aufgearbeitet werden (vgl. Abb. 11). Oberhalb markanter, wenn auch niedriger Kliffe im Sand, in denen verschieden mächtige überlagerte Bodenhorizonte zum Vorschein kommen, folgt zunächst ein sehr dicht bewachsener Streifen, in dem Empetrum nigrum und Betula nana neben Moosen und einigen Gräsern dominiert, bevor die höheren Dünen mit ihrem charakteristischen Besatz von Elymus arenarius und Vieia cracea (Abb. 12) beginnen. Auf Luftbildern und im Gelände kann man erkennen, daß die Sandstrandwälle vollständig erhalten und nicht etwa durch Auswehung zerstört wurden und daß die Dünen auf diesen Wällen sitzen. Auch ihre heutige Zerstörung geht nicht auf Seewinde zurück, sondern die Anrisse ("blow outs") sind gegen das Inland, d.h. meist gegen Westen gerichtet, von wo entlang der Talachsen offenbar bei Stürmen die aktiven Winde angreifen können. Von den Anrissen aus wird fallweise der Sand dekkenartig in feinerem Schleier in und auf die Vegetation des umgebenden Bereichs geweht.Die Dünenzerstörung wird heute im übrigen gefördert durch Beweidung mit Schafen und Rentieren. Eine genauere Aufstellung der Vegetationstypen in diesen Bereichen geben u.a. THANNHEISER (1974, 1982) und KÜHN (1983).

Mit ganz geringen Ausnahmen sind die größeren Sandakkumulationen in einem Küstenbereich zu finden, der noch im mittleren Holozän (zur Zeit des Meeresstandes Tapes I, nach MARTHINUSSEN (1962) oder SOLLID u.a. (1973) = ca. 6600 BP) vom Meere bedeckt war und erst anschließend glazialisostatisch aufgetaucht ist. Das bedeutet, daß auch die Auswehung und Aufwehung erst in den anschließenden Zeiträumen geschehen konnten. Danach dienten vornehmlich die breiten verwilderten unteren Flußstrecken als Auswehflächen, wie man an der Orientierung und der Lage einzelner Dünenkomplexe im Norden der Halbinsel erkennen kann. Manchmal sind durch weiteres Einschneiden von Talschlingen die Dünen auch fluvial anerodiert und die Auswehgebiete heute generell stark versumpft und mit Weiden- und Birkengebüsch bewachsen, d.h. nicht mehr aktiv (außer einigen Stellen mit sekundärer Umlagerung). Die Hauptphase der Dünenbildung folgte erst auf den Stand Tapes I (15 bis 18 m ü.M.). Da zudem die meisten Dünen auf erst nachfolgend angelagerten Strandwallserien liegen, dürfte der Zeitraum der stärksten äolischen Wirkung mit einigem Abstand auf Tapes I anzusetzen sein, eventuell im Zusammenhang mit einer Klimaverschlechterung um das Subatlantikum. Eine solche junge Formungsphase stände dann in Parallele zu einer ebensolchen der Frostschutt-, Palsen- und Sturzschutthaldenentwicklung, die von JAHN (1979) auf die Zeit ab 3500 BP angesetzt wird. Die recht gut entwickelten Boden- und Pflanzendecken auf etlichen Dünengebieten deuten ebenfalls auf eine schon weitgehend abgeschlossene Aktivphase hin, bevor durch anthropogenen Einfluß (Beweidung) eine junge Reaktivierung der Sandbewegung erfolgte. Im übrigen liegen die Sandareale vollständig im Bereich ehemaliger Meeresbedeckung.

2.5 Das Felslitoral

Mit 290 km Strecke oder 63 % herrschen an der Varanger-Halbinsel Felsküsten verschiedener Gestalt vor. Über die Entwicklung ihrer verschiedenen Groß- und Mesoformen wird an anderer Stelle zu diskutieren sein, hier sollen nur die gegenwärtig dort ablaufenden Prozesse dargestellt werden.

Wesentliches Merkmal ist das flache bis mittelsteile Eintauchen der Felsböschungen als Fortsetzung älterer (möglicherweise marin angelegter) Plattformen. Bei einem Tidenhub um 2 m bedeutet das das Vorhandensein von ziemlich breiten Streifen eines Felswattes bzw. eine auch im Winter bei stark negativen Lufttemperaturen ständig gegebene Benetzung des Litorals selbst in ruhigen Perioden. Daraus resultiert sichtbar eine starke mechanische Frostzerlegung der Felsgestade, wobei auch sehr geringe Resistenzunterschiede gut herauspräpariert werden. Eine engere oder weitständigere Schichtung und Klüftung ergibt eine starke Ziselierung in Felsrippen und vertiefte Rinnen, zumal die Schichten oftmals steil bis saiger stehen. Das Eulitoral zeigt ohne Sedimentbedeckung daher ein charakteristisches Gefüge von Felsrippen, deren Streichrichtung durch den Verlauf der Faltung vorbestimmt wird (vgl. Karte Abb. 13 sowie Abb. 14 und 15).

Während die quarzitischen Sandsteine zum Teil mauerartige Vorsprünge von mehreren Metern Höhe und über 50 m Länge bilden können und "dyke"artig ins

Meer abtauchen, ist die Gliederung der Tonschiefer auf sehr engem Raum ausgeprägt, so daß Rippen und Grate sowie Rinnen von wenigen Zentimeter bis Dezimeter Tiefe entstehen. Selbst bei Vorhandensein von Lockermaterial, welches in der Brandungszone Schleifwirkung ausüben kann (vgl. Abb. 16), sind Glättungsspuren an den wirklich mürben Schieferserien nur im direkten Kontakt mit dem Sediment zu beobachten, ein wenig daraus hervorragende Partien zerfallen bereits sehr scharfkantig. Der dabei produzierte Schutt ist jedoch für eine Zurundung und einen längeren Verbleib in der Brandungszone nicht geeignet. Er wird - ebenso wie die Bruchstücke der nicht verbackenen Sandsteine - sehr rasch aufgerieben. Infolgedessen ist das Strandmaterial im Kontakt zu den Felsküsten fast ausschließlich quarzitischer Natur.

Es hat den Anschein, als erleichtere die Steilstellung sowie auch die senkrecht zur Küste verlaufende Streichrichtung der Schichten eine mechanische Zerlegung, während die Schartigkeit des Küstenverlaufes bei küstenparalleler Anordnung der Schichten und flachem Einfallen weniger ausgebildet ist. Daß dieser Prozeß in ganz gleicher Weise bereits seit einigen Jahrtausenden abläuft, davon legen die Rippen und Rinnen im höheren Supralitoral und weiter landwärts Zeugnis ab. Erst viele Meter über dem gegenwärtigen Brandungsniveau sind die Felsrippen, wie in der Karte Abb. 13 dargestellt, mehr oder weniger von alten Strandablagerungen, eigenen Verwitterungsprodukten, Bodenbildung und Vegetation oder vom höheren Hinterland angeliefertem Lockermaterial verhüllt.

Es muß ganz klar herausgestellt werden, daß die Varanger-Halbinsel aufgrund ihrer petrographischen Gegebenheiten (Sedimentgesteine ohne große Widerstandsfähigkeit) einen besonderen Formenschatz im Felslitoral ausgebildet aufweist. In unmittelbarer Nachbarschaft sind die Verhältnisse ganz anders. So stehen einer kräftigen Frost- und Zurückverlegung der Felsküsten der Varanger-Halbinsel z.B. in Sör-Varanger (mit eindeutig stärkerem Frostregime, da weiter weg von den Golfstromeinflüssen) Zeugnisse dafür gegenüber, daß bei hinreichend homogenem und widerstandsfähigem Gestein (hier: Granite und Gneise) seit dem Eisfreiwerden bzw. seit dem Herausheben in das gegenwärtige Litoral (d.h. seit einem Zeitraum von wenigstens einigen Jahrtausenden) keine mechanische Zerstörung zu verzeichnen ist. Die Flanken der Rundhöcker tauchen mit der glazial angelegten Felsskulptur (Abb. 17), wie sie bei Höchststand bzw. den ersten Rückzugsphasen des Weichseleises vor ca. 13.000 bis 15.000 Jahren letztmalig angelegt worden ist, glatt ein. Das gleiche gilt übrigens auch für stark gefältelte kristalline Schiefer aus dem Bereich östlich Bodö in der Region Saltstraumen (Abb. 18). Hier sind jedoch im Verlaufe der Jahrtausende zumindest die Glimmer- und Feldspatpartien verwittert und abgetragen, so daß die quarzhaltigen Straten rippenartig um viele Zentimeter herauspräpariert erscheinen. Die gesamte rundhöckerartige Felsskulptur ist jedoch dabei erhalten geblieben.

Metamorphe Schiefer von sandigem Korngefüge an der Westflanke des mittleren Porsangerfjordes südlich Repvåg dagegen werden ähnlich rasch mechanisch zerlegt wie die Sedimentgesteine der Varanger-Halbinsel und sind daher im Brandungsbereich äußerst brüchig. Das gleiche gilt für die höheren Steilwände, in denen Versturz und Absitzungen sowie Steinschlag häufig sind. Dennoch haben sich an diesen in ständiger Rückverlegung befindlichen Steilwänden Waben und Tafoniformen ausgebildet, wie sie Abb. 19 zeigt. Sie kennzeichnen den Bereich des obersten Supralitorals ab ca. 6 - 7 m über der HW-Linie. Das ist eine Stufe, die bereits häufig vollständig abtrocknen kann, aber dennoch gut vom Salzwasserspray erreicht wird. Dementsprechend sind die Waben und Tafoni auch meerwärts orientiert (d.h. ostwärts), mit einer deutlichen Tendenz noch zur Südrichtung, wo die stärkste Abtrocknung zu erwarten ist, während die Nordlage und Westexposition praktisch frei von diesen Formen der kavernösen Salzverwitterung ist.

2.6 Einfluß der benthischen Vegetation

Zu den Eigentümlichkeiten kühler Meeres- und Küstenregionen gehört eine dichte Vegetationsgemeinschaft des Benthos in der euphotischen Zone des Flachwassers. Speziell angepaßte Formen können bei Ebbe auch zeitweise trockenfallen. Die Varanger-Halbinsel und ihre Umgebung zeigen diese Verhältnisse, über die im übrigen aus dem Nordatlantik u.a. MUNDA (1976, 1977, 1980), LÜNING (1969) oder BRADY-CAMPBELL u.a. (1984) berichten, in eindrucksvoller Weise: das rund 270 km lange Felslitoral ist praktisch ununterbrochen von einem dichten Tang- und Algenbesatz gesäumt, und selbst vor Blockstränden finden sich dichte Vegetationsteppiche (vgl. Abb. 20). Sie setzen in der Regel nur aus im Bereich mittlerer und feinerer Lockermaterialien an Strandabschnitten, weil auf dieser ständig mobilen Unterlage die Haftorgane der hauptsächlich vertretenen Fucus- und Laminarienarten nicht fixiert werden können (vgl. Karte des Persfjord in Abb. 21).

Die Zonierung der Lebensgemeinschaften im Felslitoral der Varanger-Halbinsel ist bei dem deutlichen Tidenhub sehr gut ausgebildet und an exponierten Standorten der Nordküste zudem noch vertikal gedehnt. Abb. 22 (in schwach schematisierter Darstellung) und Abb. 23 von der Store Reinkalvvika nördlich des Persfjord geben einen Einblick in die typischen Abfolgen: Im Supralitoral fallen als oberste Vertreter einer halophytischen Vegetation in strenger Etagierung die dunklen Flecken der Flechte Verrucaria maura auf, welche im Wellen- und Spritzerbereich der Hochwasserstände lebt. Manchmal durch einen fast unbelebten Zwischenraum getrennt, manchmal direkt anschließend nach unten hin folgt eine 20 - 30 cm breite Zone (an vertikalen Felswänden) von Seepocken, insbesondere Balanus balanoides, seltener B. perforatus. Diese mehrjährigen sessilen Krebstiere überdauern dabei völlige Eisbedeckung im Winter und Temperaturen von gelegentlich deutlich unter -10°C. An scharfer Grenze scheinen die Seepocken nach unten auszusetzen, doch ist dies eine Täuschung, da mit der mittleren Hochwasserlinie eine dichte Algenvegetation einsetzt. Seepocken in besonders großen Exemplaren wachsen nämlich unter diesem Algenbewuchs noch bis weit hinunter ins Sublitoral, wie ihre Nester zwischen den Haftorganen der Laminarien beweisen.

Als deutliche Höhenmarke auch für Vergleichsmessungen kann die scharfe Obergrenze der Algen dienen, insbesondere die oft fast reinen Bestände von Fucus vesiculosus. Je nach Expositionsgrad sind ihnen noch Fucus spiralis, Ascophyllum nodosum, Pelvetia cauriculata und andere Arten beigemengt. Die Fucus-Zone reicht normalerweise von der mittleren Hochwasserlinie bis zur normalen Niedrigwasserlinie, tiefer dominieren andere Tang- und Algenarten, obwohl Fucus weiterhin vorkommt. Normalerweise sind die Fucus-Bereiche vollständig geschlossen (im Sommeraspekt), Lücken werden durch eventuell vorhandenes schleifend wirkendes Lockermaterial in der Brandung gerissen. Wie Abb. 24 von Hamningberg belegt, fixieren die Fucus-Bestände auch grobe Schotter und Blockwerk nahezu bis zur völligen Unbeweglichkeit. Sie sind daher morphologisch von außerordentlicher Wirksamkeit.

Das gleiche gilt in noch höherem Maße für die unterhalb der Niedrigwasserlinie einsetzenden Laminarienarten, welche in Dichten von 100 - 200 Exemplaren pro m^2 einen Saum von mehreren Metern in der Vertikalen und bei flach eintauchenden Felsböschungen bis zu über 200 m in der Horizontalen absolut geschlossen bedecken können, wobei die Einzelpflanzen Längen bis über 3 m erreichen können. Auf der Varanger-Halbinsel und in ihrer weiteren Umgebung sind die typischen Tangvertreter des oberen Sublitorals, die manchmal sogar ein wenig über die Niedrigwasserlinie aufwachsen können, Laminaria digitata. L. sacharina ist weit weniger auffällig, L. hyperborea kommt erst im tieferen Sublitoral, dort aber auch nicht besonders häufig vor. Nur bei im Wellenschlag zurückweichendem Wasser (bei Ebbe) sind sie in lebender Position zu sehen (Abb. 25). Ähnlich wie bereits die viel kleineren Fucus-Pflanzen (vgl. auch GILBERT 1984) sind auch die Laminarien so fest mit ihren Haftorganen am Gestein oder Schuttstükken fixiert, daß sie starker Brandung standhalten können. Entsprechend groß muß die Energie der Wellen sein, wenn diese Pflanzen losgerissen werden sollen. Da sie einen eigenen Auftrieb und großen Widerstand in der Wasserbewegung haben, werden beim Losreißen oft an den Haftorganen befindliche Schuttstücke festgehalten und mit den jetzt abgerissenen Tangen und Algen auf den Strand geworfen. Die so entstandenen Spülsäume mit sehr hohem Stickstoffgehalt fallen besonders im Sommer durch den Besatz mit Potentilla egidii auf (vgl. auch THANNHEISER 1974, S. 153). Dabei reicht für das Losreißen von Fucus eine geringere Energie aus, und deshalb liegen kleinere Steine, an Fucus angeheftet, auch eher im Bereich direkt oberhalb der Hochwasserlinie, d.h. dort, wo geringere Wellenbewegung Treibgut absetzt. Dagegen ist für das Abreißen der Laminarien eine viel größere Wellenenergie vonnöten, auch weil diese Pflanzen in größerer Wassertiefe haften. Dementsprechend finden sich an Laminarien festsitzende Gesteinstrümmer (bis zu mehreren kg Gewicht, vgl. auch ein kleineres Exemplar in Abb. 26) in den oberen und obersten Spülsäumen. Im Sommeraspekt sind die Laminarien schon weitgehend vertrocknet, und ihre Größe bzw. ihr Lebendgewicht, von dem die mögliche Schleppkraft abhängt, ist kaum mehr zu bestimmen. Die Steine verlieren allmählich ihren Halt von den Haftorganen, obwohl dort eine weitgehende Versiegelung mit Kalkalgen und Seepocken etc. vorliegt.

Auffällig ist nun, daß viele auf diese Weise im Litoral aufwärts transportierten Steine eckig oder sehr schlecht gerundet sind (Abb. 26), obwohl das Strandmaterial selbst viel mehr zugerundet erscheint. Das hängt damit zusammen, daß sie offenbar vom Außensaum, d.h. dem tiefsten und noch wenig geschlossenen unteren Rand der Laminarienbestände stammen, wo die Wellenkraft zu einer regelmäßigen Schuttbewegung und Abrollung der Fragmente normalerweise nicht mehr ausreicht.

Es kann nicht deutlich genug betont werden, daß die dichten Tang- und Algenbestände des Felslitorals auch in Breitenlagen um und nördlich von 70° morphologisch von außerordentlicher Bedeutung sind. Das haben sie gemeinsam mit den oft in viel tieferem Wasser gründenden und breiteren sog. "kelp beds", den Tangwäldern in den kalten Auftriebswässern vor der Küste Kaliforniens. Dieser dichte, im Wasser schwebende, aber am Boden festsitzende Vegetationsbestand dämpft nämlich die Brandungswellen ganz erheblich und vernichtet so ihre Energie weitgehend. Dadurch wird sowohl der Materialabrieb am Strandmaterial verlangsamt als auch eine mechanische Beanspruchung der Felsküsten weitgehend unterbunden. Selbst losgerissene Schuttstücke treffen bei ihrer Bewegung meistens nicht direkt auf Fels oder Strandmaterial, sondern ihr Aufschlag wird durch ein dichtes Algenpolster gedämpft. Dabei treten natürlich Beschädigungen der Pflanzen auf, die jedoch insofern kaum eine Rolle spielen, weil diese sowieso eine jährliche Regenerierung erfahren und außerordentlich rasch (bis zu einigen cm/Tag) wachsen können. Diesem Brandungsschutz durch lebende benthische Organismen steht ihre morphologisch aktive Leistung durch Mitschleppen angehefteter Großpartikel und deren Verlagerung seitwärts und aufwärts gegenüber. Letzterer Vorgang ist zwar im einzelnen auffällig und bemerkenswert, insgesamt aber in seiner Leistungsfähigkeit nicht besonders groß einzuschätzen. Dadurch werden allenfalls die tieferen sublitoralen Bereiche am unteren Außensaum der großen Laminarien stärker beansprucht, als dies ohne Vorhandensein entsprechender Pflanzen der Fall wäre.

3. Abschließende Bemerkungen zur zonalen Stellung des nördlichen Norwegen im Hinblick auf die morphodynamische Situation der Küstengebiete

Die Küstenformen des nördlichen Norwegen sind in ihren Groß- und Mesoformen überwiegend glazial gestaltet und unterscheiden sich damit nicht von ähnlichen in Südnorwegen oder dem Nordteil der britischen Inseln. Einige präglaziale oder interglaziale Formelemente scheinen ebenfalls noch erhalten zu sein, wie die Diskussion um die sog. "strandflate" belegt. Ansonsten herrschen Fjorde und Fjärden sowie Rundhöcker als Schärenfluren vor, in den Buchten treten auch gehobene proglaziale Deltaschüttungen und allgemein im glazialisostatischen Hebungsbereich Terrassen und alte Strandwälle auf. Erst mit dem Abtauen des letztglazialen Eises zwischen 15.000 und 13.000 BP wurden die heutigen Küstenareale Nordeuropas wieder eisfrei, aber ihr Auftauchen aus der Meeresbedeckung geschah erst sehr viel später, nämlich im letzten Drittel des Holozäns. Das muß bedacht werden, wenn nach der Stellung dieser Küstenregionen in einer zonalen Ordnung von Küstengestaltstypen oder Küstenformungsbereichen gefragt wird.

Dadurch wird erklärt, warum immer noch eine stärkere Differenzierung durch azonale Faktoren wie Altrelief, Gesteinstyp, Expositionsgrad oder Gezeitenregime anzutreffen ist.

Im allgemeinen ähneln sich die Küstenformen in den größeren und mittleren Dimensionen zwischen dem 54. und 71. Breitengrad in West- und Nordeuropa weitgehend, da Vorgeschichte und gegenwärtige Dynamik (z.B. Freiheit von Meereisbedeckung und ähnliche benthische Vegetationseinheiten sowie mittlerer bis höherer Tidenhub) weitgehend gleich sind. Ein neues Formelement tritt im höheren Norden (etwa ab dem Polarkreis an der norwegischen Atlantikküste) hinzu durch eine sichtbare Formgestaltung im kleinen infolge Frostsprengung am anstehenden Fels des Litorals. Es muß jedoch klar zum Ausdruck gebracht werden, daß in den zur Diskussion stehenden Regionen eine stärkere Frostzerlegung nur an solchen Gesteinen leistungsfähig und sichtbar ist, die noch Schwächelinien aufweisen. Das sind i.a. Sedimentgesteine und einige mürbere kristalline Schiefer, weniger oder gar nicht jedoch Granite und Gneise. Von ihnen wurden alle weniger resistenten Außenbereiche, die noch Klüfte aufwiesen, durch den Eisschurf vollständig beseitigt, und heute tauchen nur noch die kerngesunden Felspartien ins Meer ein. Daher hat an ihnen auch ein Jahrtausende währender Zeitabschnitt mit Frostwechseln oder Meereiskontakt keine sichtbare Umformung leisten können. Gute Beispiele für diese Gegebenheiten liefert u.a. Sör-Varanger.

Auch für die gröberen Strandsedimente gilt eine gleichartige Aussage: nur wenn sie in sich noch nennenswerte Klüfte aufweisen, werden sie nach definitiver Ablagerung am Strand durch Frost zerlegt oder nach mehrfachem Gefrieren leichter in der Brandungszone zerschlagen, so daß scharfkantiger (frisch wirkender) Schutt an solchen Lockermaterialküsten vorkommt oder gar dominiert. Für die Sedimentgesteine der Varanger-Halbinsel läßt sich ganz klar aussagen, daß die Tonschiefer und mürben Sandsteine von vornherein keine gut gerundeten Strandschotter abgeben und daher kaum zu unterscheiden ist, ob ihre Kantigkeit eine primäre oder sekundäre Eigenschaft ist (vgl. auch Martini 1975). Lediglich die Quarzite haben (als Lockermaterial) in der Brandungszone solange Bestand, daß die Einzelfragmente sehr gut zugerundet werden. Dann aber sind bereits alle verborgenen Schwächelinien und Spaltbarkeiten aufgedeckt, weitere (jedenfalls nicht so stark geweitete, daß eindringendes Wasser auch bei stärkeren Frösten darin noch gefrieren könnte, vgl. TRENNHAILE & MERCAN (1984)), sind offenbar nicht vorhanden, denn es finden sich praktisch keine Spuren einer sekundären Zerlegung irgendwelcher Art. Das gleiche gilt sogar für Strandwallablagerungen in höherer Position, die den Frostwechseln bereits seit vielen 1000 Jahren ungeschützt ausgesetzt sind.

Das Auftreten von "ice push ridges" oder "boulder barricades" und blockbedeckten Wattarealen gestattet es (zusammen mit den anderen erwähnten Gegebenheiten), einige Küstenareale des nördlichen europäischen Festlandes (etwa nördlich des Polarkreises) in ein subarktisches Küstenmilieu einzuordnen. Es finden sich aber z.B. von den insgesamt 13 bei NICHOLS (1961) angeführten Kriterien für echte polare Strandgebiete nur 4 in mehr oder weniger klassischer Ausprägung, so "poorly rounded pebbles", Frostmusterböden im Gezeiten- oder Strandbereich, eine Vergesellschaftung von glaziomarinen und proglazialen Sedimenten mit dem heutigen Strandmaterial und der Gehalt an kälteanzeigenden Fossilien. Echte arktische Küstenverhältnisse mit Eisfuß- und Kaimoobildung sowie Thermoabrasion und Eiszerfallerscheinungen im Lockersediment stellen sich in Europa erst noch weiter polwärts ein, nämlich auf Spitzbergen. Sie sind aber an den Ostküsten der Nordhalbkugel, z.B. in Kanada, bereits südlich des 50. Breitengrades formbestimmend. Noch weiter polwärts schließen sich die echten Eisküsten an, bei denen DUBROVIN (1979) noch 2 Grundtypen (rocky ice = auf dem Schelf festsitzendes Eis, und floating ice = schwimmendes Schelfeis) mit 9 weiteren Haupttypen unterscheidet.

Zusammenfassung

Innerhalb eines Forschungsprogramms zur "Zonalität von Küstenformen und Küstenformungsprozessen" werden 2 methodische Wege beschritten: 1) Übersichts-Untersuchungen auf möglichst langen Meridionalprofilen in verschiedenen Klimazonen und Kontinenten, um Zonen und Subzonen abzugrenzen und 2) detaillierte und großmaßstäbliche Kartierung von Typenregionen in verschiedenen Zonen. Nach Arbeiten in Südeuropa und dem Nahen Osten wurden 1984 Feldforschungen in Nord-Norwegen durchgeführt.

Das Klima dieser Region ist subarktisch mit Jahresmitteltemperaturen knapp über 0°C, aber sporadisch kommt dennoch Permafrost vor. Die Temperatur des wärmsten Monats liegt nahe 10°C, so daß Wald fehlt und verschiedene Tundratypen vorherrschen.

Die Varanger-Halbinsel besteht aus alten Sedimentgesteinen, vornehmlich Sandsteinen, Quarziten und Schiefern. Das Relief wird bestimmt durch hochgelegene präglaziale Rumpfflächen und glaziale Felsskulptur einschl. der Fjorde. In Küstennähe dominieren Terrassen und gehobene Strandwälle. Der Tidehub liegt bei 2 m, die Wassertemperatur kann unter 0°C sinken, so daß in den innersten Fjordteilen Meereis vorkommt.

Sand- und Schlickwatten treten an ca. 10 % der Varanger-Küste auf, Block- und Sandstrände an 37 %. Bei starker Exposition wird Blockwerk bis 7 m über die Hochwasserlinie geworfen. Fest verkeilte Quarzitblöcke werden an den Küsten poliert oder mit Schlagmarken verziert, während Sandsteine und Schiefer durch Frostsprengung vollständig zerlegt werden.

Dort, wo im Fjordinnern Meereis auftritt, finden sich zusammengeschobene Blockwälle nahe der Niedrigwasserlinie. Die Südgrenze dieser Erscheinungen verläuft in Höhe des Polarkreises. An einigen Stellen treten auch Frostmusterböden innerhalb der Gezeitenzonen auf.

Sandige Strandwälle und Dünen herrschen vor im Süden und an der Mündung größerer Flüsse. Die Dünen sind subrezente Gebilde, meist vegetationsbedeckt, stellenweise aber durch Überweichung wieder mobilisiert.

Das Felslitoral (ca. 67 % der Halbinsel) zeigt eine stark gezackte Küstenlinie und kräftige Frostsprengung an anstehenden Sandsteinen und Schiefern. Selbst bei Vorhandensein von Sanden und Schottern gibt es keine Ansätze zur Felsschorrenbildung. Trotz Frosteinwirkung über mehrere 1000 Jahre haben sich auf den Graniten von Sör-Varanger die glazialen Felsskulpturen vollständig erhalten. Im Westen des Porsangerfjordes tritt dagegen Tafonibildung im Supralitoral auf.

Die Algenvegetation des Benthos, bes. Fucus- und Laminarien-Arten, ist morphologisch bedeutungsvoll, weil sie die Brandungsenergie stark dämpft. Andererseits werden mit den Algen auch große Gesteinstrümmer aus dem Sublitoral losgerissen.

Insgesamt weist Nord-Norwegen trotz der Breitenlage von 66° - 71°N typisch subarktische Küstenprozesse auf, arktische treten erst lokal hervor, sind an den Ostseiten anderer Kontinente aber bereits ab 50°N dominant. Polwärts folgen noch verschiedene Typen echter Eisküsten.

Summary

Within a research programme concerning the "zonality of coastal forms and processes" two seperate methods are to be combined: (1) Checking long meridional profiles in different climates and continents in order to determine zone and subzone boundaries and (2) precise large-scale mapping of type areas in these different regions. After having proceeded researches in southern Europe and the Near East northernmost Norway was investigated in 1984.

The climate in this region is subarctic with mean annual temperatures being just above zero, but sporadic permafrost being present. The warmest month temperature is near 10°C, so that the whole region is outside the forest belt and comprises different tundra types. The Varanger Peninsula consists of old sedimentary rocks, particularly shales, sandstones and quartzites. The relief is marked by higher preglacial peneplains as well as glacial and fluvioglacial sculptures, including fjords. Near the coast terraces and older beach ridges ensuing from glacio-isostatic uplift dominate. The tidal range is about 2 m, and the water temperature may sink below zero, so that sea-ice can sometimes appear in the inner parts of some fjords.

Tidal mud and sand flats surround about 10 per cent of the Peninsula, boulder and sandbeaches take another 37 per cent. In stronger expositions boulders are thrown up to 7 m above MHWS due to the lack of sea-ice in the stormy period. Polishing of large fixed boulders and the impact of pebbles on blocks is common in quartzites, while shales and sandstones of the littoral zone are totally destroyed by frostweathering. West of Varanger the inner parts of larger fjords normally contain sea-ice in winter and show boulder barricades or ice push ridges near the low-water level. The southern line of these arctic coastal features lies near the arctic circle. Even at some places of Varanger patterned ground is situated within the tidal range.

Sandy beach ridges and dunes are more common at the southern coasts and in inner parts of fjords with larger rivers. The dunes are subrecent features, mostly covered by dense vegetation, but mobilized by grazing of cattle, sheep and reindeer as well as by heavy westerly storms.

Rocky parts of the littoral (about 67 per cent) show differentiated frost-weathering in soft shales and sandstones and a very indented shoreline. Even where sand and pebbles occur no levelling or polishing of benchlike features can be observed, whereas in the South Varanger district the glacial granite and gneiss landscape remained undestroyed despite of a frost period of some 1000 years. At some places of the western Porsangerfjord coast salt-weathering with its typical honeycomb and tafoni features occur in supratidal positions.

The benthic algal vegetation particularly Fucus and Laminaria is morphodynamically very important because it protects the rocky coasts from heavy surf beat. On the other hand, these kelp beds help larger particles to be pulled off from the sublittoral ground by heavy storms.

To sum up, northernmost Norway represents a typical sub-arctic coastal environment despite of the 66 - 71° North latitude. Only locally real arctic features occur. Generally, these conditions are only to be found in regions farther north in Europe (Spitzbergen; with icefoot, kaimoo, thermoabrasion etc.) or on the cold eastern coasts of the continents north of 50° latitude. Farther to the poles several types of real ice coasts can be named to complete the total inventary of polar types.

Literatur

BRADY-CAMPBELL, M.M. u.a. (1984): Productivity of kelp (Laminaria sp.) near the southern limit in the Northwestern Atlantic Ocean. - Marine Ecology Progr. Ser., Vol. 18, S. 79-88.

DIONNE, J.C. (1970): Aspects morpho-sédimentologiques du glaciel, en particulier des côtes de Saint-Laurent. - Canad. Rech. For. Laurentides, Rapp. Inform., Q-F-X-9, 324 S.

DUBROVIN, L.J. (1979): Major Types of Antarctic Ice Shores. - Polar Geography, 3 (2), S. 69-74.

GRIESSÜBEL, J. (1984): Zur spät- und postglazialen Reliefformung auf der nördlichen Varanger-Halbinsel (Nordnorwegen). - Erdkunde, Bd. 38, H. 1, S. 5-15.

GILBERT, R. (1984): The Movement of Gravel by the Alga Fucus vesiculosus (L.) on an Arctic Intertidal Flat. - Journ. of Sedim. Petrology, Vol. 54, No. 2, S. 463-468.

GUILCHER, A. (1981): Cryoplanation littorale et cordons glacielles de basse mer dans la région de Rimourski, Côte sud de l'estuaire du Saint-Laurent, Québec. - Géogr. phys. et Quaternaire, Vol. 35, No. 2, S. 155-169.

HANSOM, J.D.C. (1983): Ice-Formed Intertidal Boulder Pavements in the Sub-Antarctic. - Journ. of Sedim. Petrology, Vol. 53, No. 1, S. 135-145.

JAHN, A. (1979): The Varanger Peninsula (Norway) and the Problem of the Fossilisation of Periglacial Phenomena in Europa. - Geogr. Annaler, 61 A, 1-2, S. 1-10.

KAYAN, I., KELLETAT, D. & VENZKE, J.-F. (1985): Erläuterungen zur küstenmorphologischen Karte der Region zwischen Karaburun und Figla Burnu, westlich Alanya, Türkei. - El. z. TAVO-Karte A-III 6.1-63, hrg. v. H.K. Barth, Wiesbaden, S. 19-70.

KELLETAT, D. (1985): Ergebnisse aus dem Mittelmeergebiet im Rahmen eines Forschungsprogrammes zur Zonalität von Küstenformen und Küstenformungsprozessen. - Geoökodynamik, Bd. VI, S. 1-20.

KELLETAT, D. & ZIMMERMANN, L. (1978): Die schleichende Ölpest am Beispiel der Küsten Kretas. - Abh. Braunschweigische Wiss. Ges., Bd. XXIX, S. 47-55.

KLAUSEWITZ, W. (1984): Kunststoffe an den Küsten und im Meer - ein ökologisches Problem. - Natur und Museum, 114 (6), S. 162-174.

KÜHN, K. (1983): Botanische und bodenkundliche Bestandsaufnahme in Nordnorwegen. - Natur und Museum, 113, (2), S. 45-57.

LÜNING, K.C. (1969): Standing crop and leaf index of the sublittoral Laminaria species near Helgoland. - Marine Biology, 3, S. 282-286.

MARTHINUSSEN, M. (1962): C^{14}-datings refering to shore lines, transgressions, and glacial substages in Northern Norway. - Norges Geol. Undersökelse, Nr. 215, Årbok 1961, Oslo 1962, S. 37-67.

MARTINI, A. (1975): The Weathering of Beach Pebbles in Hornsund. - Acta Univ. Wratislaviensis, No. 251, S. 187-193.

MEIER, K.D. (1980): Studien zur Periglazialmorphologie der Varanger-Halbinsel, Nordnorwegen. - unveröff. Staatsexamensarbeit, Technische Univ. Hannover, 594 S.

MÜLLER, M. (1979): Handbuch ausgewählter Klimastationen der Erde. - Univ. Trier, Forschungsstelle Bodenerosion, Bd. 5.

MUNDA, J.M. (1976): Some aspects of the benthic algal vegetation of the South Icelandic coastal area. - Research Institute Nedri Ås, Hveragerdi, Iceland, Bull. No. 25, 69 S.

dies. (1977): The benthic algal vegetation of the island of Grimsey. - Research Institute Nedri Ås, Hveragerdi, Iceland, Bull. No. 28, 69 S.

dies. (1980): Contribution to the knowledge of the benthic algal vegetation of the Myrar area. - Research Institute Nedri Ås, Hveragerdi, Iceland, Bull. No. 33, 48 S.

NICHOLS, R.L. (1961): Characteristics of Beaches Formed in Polar Climates. - Amer. Journ. Science, Vol. 259, S. 694-708.

ROSEN, P.S. (1979): Boulder Barricades in Central Labrador. - Journ. of Sedim. Petrology, Vol. 49, No. 4, S. 113-1124.

SIEDLECKA, A. & SIEDLECKI, S. (1967): Some new aspects of the geology of Varanger Peninsula (Northern Norway). - Norges Geol. Undersökelse, Nr. 247, S. 288-306.

SIEDLECKI, S. (1975): The Geology of Varanger Peninsula and Stratigraphic Correlations with Spitsbergen and North-East Greenland. - Norges Geol. Undersökelse, Nr. 316, Bull. 29, S. 349-350.

SOLLID, L. u.a. (1973): Deglaciation of Finnmark, North Norway. - Norsk Geogr. Tidsskrift, Bd. 27, S. 233-325.

SYNGE, F.M. (1969): The Raised Shorelines and Deglaciation Chronology if Inari, Finland, and South Varanger, Norway. - Geogr. Ann., 51 A, 4, S. 193-206.

THANNHEISER, D. (1974): Beobachtungen zur Küstenvegetation der Varanger-Halbinsel (Nordnorwegen). - Polarforschung, Jg. 44, Nr. 2, S. 148-159.

THANNHEISER, D. (1982): Synsoziologische Studien am Meeresstrand in Nordfennoskandien. - K. norsk Videmk. Selsk., Rapp. Bot., Ser. 1982-8, S. 36-47, Trondheim.

TRENHAILE; A.S. & MERCAN, D.W. (1984): Frost weathering and the saturation of coastal rocks. - Earth Surface Proc. and Landforms, vol. 9, S. 321331.

VARJO, U. (1960): Die Steinwälle am Nordufer der Insel Jurmo (Finnland) und ihre Entstehung. - Zeitschr. f. Geomorph., NF 4, S. 146-163.

ZIMMERMANN, L. & KELLETAT, D. (1984): Die schleichende Ölpest im Mittelmeer. Ihre Auswirkungen auf Ökologie und Küstenformung als Beispiel für die Beeinflussung natürlicher Prozesse durch anthropogenes Fehlverhalten. Geoökodynamik, Bd. 5, S. 77-98.

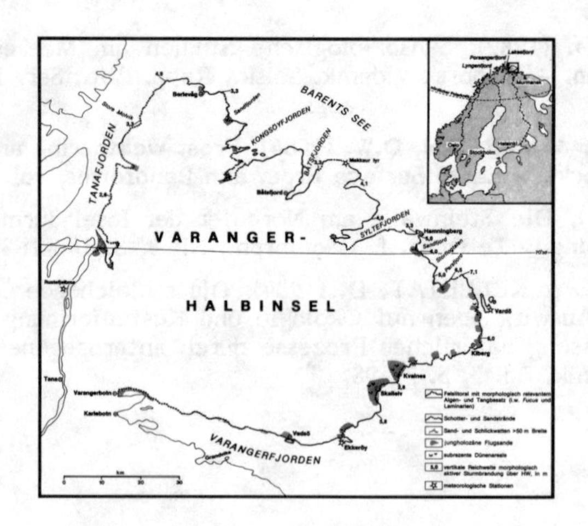

Abb. 1: Übersichtskarte der Varanger-Halbinsel

Abb. 2: "Zivilisationsprodukte" an den Stränden der Varanger-Halbinsel: Bauholz, Plastikteile und Kunststoffnetze

Abb. 3: Durch Frostsprengung zerlegte, flach eintauchende Felsschorre mit dünner Blockstreu im Norden von Hamningberg

Abb. 4: Facettenartig geschliffene große Blöcke am Strand der Store Reinkalvvika

Abb. 5: Schlagmarken durch in der Brandung bewegtes Grobmaterial auf festliegenden Blöcken (Durchmesser des Objektivdeckels 5,2 cm)

Abb. 6: "Boulder barricades" durch Meereiseinfluß an der Ostküste des mittleren Porsangerfjordes

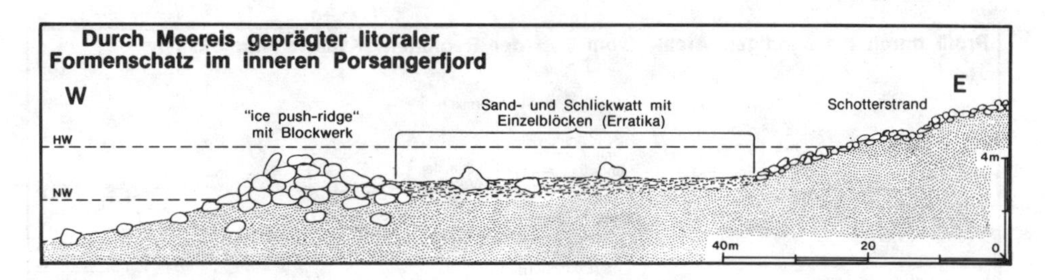

Abb. 7: Durch Meereis geprägter litoraler Formenschatz im inneren Porsangerfjord

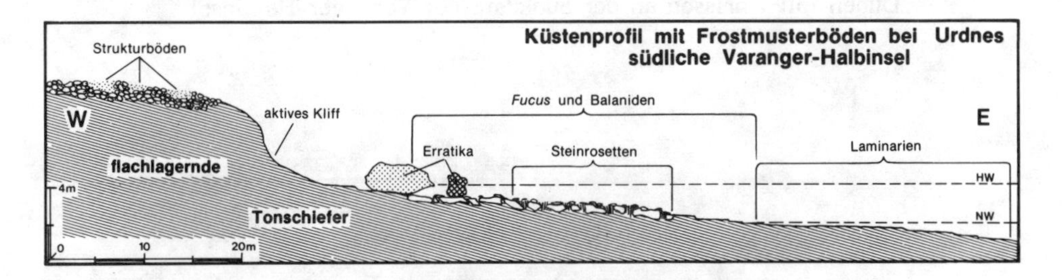

Abb. 8: Küstenprofil mit Frostmusterböden (tw. innerhalb der Gezeitenzone) bei Urdnes an der südlichen Varanger-Halbinsel

Abb. 9: Steinrosetten im Tonschiefer zwischen der Hoch- und Niedrigwasserlinie bei Urdnes

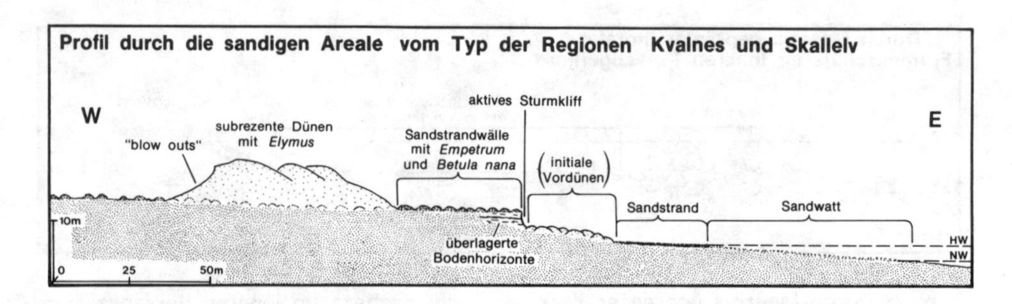

Abb. 10: Profil über Sandwatten, Sandstrand, Sandstrandwälle und subrezente Dünen mit Anrissen an der Südküste der Varanger-Halbinsel

Abb. 11: Junge Kliffbildung an älteren sandigen Strandwällen mit überdeckten Bodenhorizonten im Bereich Komagvaer

Abb. 12: Subrezente Dünen mit Strandroggen oder Empetrum und jungen Anrissen (nach W schauend) bei Kvalnes

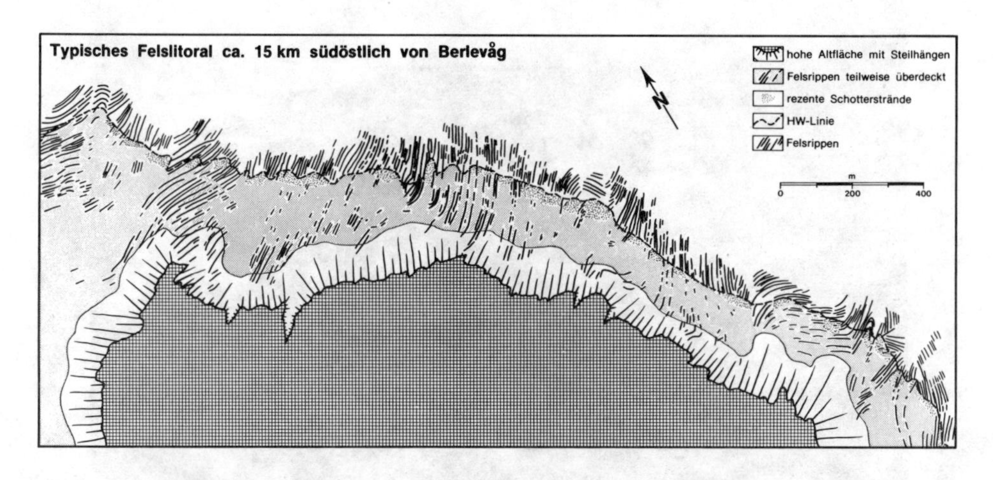

Abb. 13: Feingliederung der Felsküste durch steilstehende Schichtrippen südöstlich von Berlevåg

Abb. 14: Durch Frostsprengung und Brandung herauspräparierte Felsrippen am Nordmanset SE Berlevåg

Abb. 15: Das Felslitoral bei Hestmannes östlich des Persfjordes bei Mittelwasser

Abb. 16: Wenig beschliffene, sehr spröde Tonschiefer im Osten des Sandfjordes S Hamningberg

Abb. 17: Unverletzt untertauchende Rundhöckerflanken in Sör-Varanger

Abb. 18: Differenziert verwitterte Schärenoberflächen direkt oberhalb der Hochwasserlinie in kristallinen Schiefern am Saltstraumen östlich Bodö

Abb. 19: Waben- und Tafonibildungen in Schiefern am Westufer des Porsangerfjordes südlich Repvåg (Bildbreite ca. 2 m)

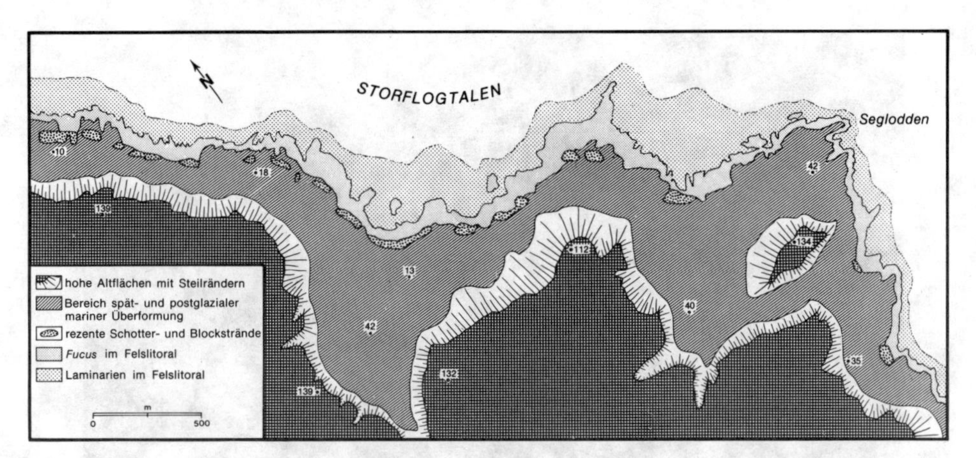

Abb. 20: Anordnung der Fucus- und Laminariengürtel im Felslitoral von Storflogtalen/Seglodden

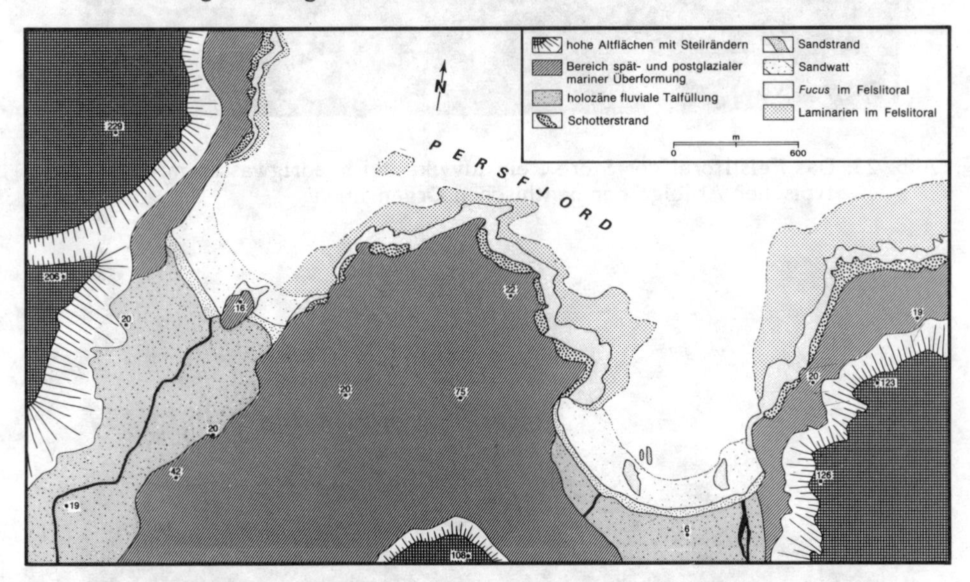

Abb. 21: Verbreitung von Fucus- und Laminariengürteln im Bereich des Persfjordes

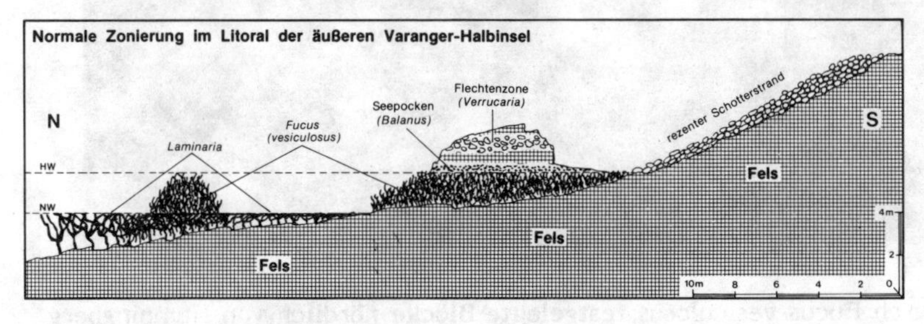

Abb. 22: Normale Zonierung im Felslitoral der äußeren Varanger-Halbinsel (wenig schematisiert)

Abb. 23: Das Felslitoral der Store Reinkalvvika bei Niedrigwasser mit typischer Abfolge der benthischen Organismen

Abb. 24: Durch Fucus vesiculosus festgelegte Blöcke nördlich von Hamningberg (Mittelwasser)

Abb. 25: Bei Niedrigwasser sichtbar werdende Laminarien (L. digitata) am exponierten Felskap von Komagnes

Abb. 26: Eckiger Schutt aus dem tieferen Sublitoral, anhaftend an Laminaria digitata, aus einem oberen Spülsaum bei Hamningberg

Neue Erkenntnisse zum marinen Quartär an Spaniens Mittelmeerküste

Helmut Brückner / Ulrich Radtke

1. Einleitung

Etwa seit Beginn dieses Jahrhunderts sind quartäre Strandablagerungen und Abrasionsterrassen in verschiedenen Niveaus an der Mittelmeerküste Spaniens beschrieben worden. Dabei standen zunächst nach der Auffindung der Lokalitäten altimetrische, bio- und lithostratigraphische Fragen im Vordergrund. Der altimetrische Ansatz führte wiederholt zu Fehlinterpretationen - zumal in einem tektonisch mobilen Gebiet wie dem Mittelmeerraum. HEY (1978) stellte bei einem Überblick fest, daß es dort keine klare Höhenzuordnung für subaerische Strandterrassen gibt. Auch der biostratigraphische Ansatz hilft gerade bei Terrassen mit 'banaler' Fauna nicht weiter. Schließlich gestatten lithostratigraphische Ergebnisse unter Umständen zwar kleinräumliche Zuordnungen; bei größeren Gebieten und Terrassentreppen versagen sie meist.

Seit 1965, als STEARNS und THURBER die ersten $^{230}Th/^{234}U$-Daten von spanischen und marokkanischen Litoralen vorlegten, kam ein entscheidender Durchbruch. Heute haben wir mit Hilfe verschiedener absoluter Datierungsmethoden bessere Möglichkeiten der Korrelation gehobener Strandlinien. Allerdings gilt das im allgemeinen nur für das späte Mittel- und das Jungquartär etwa ab 350.000 BP. Das übrige Pleistozän liegt im Blick auf absolute Altersangaben noch ziemlich im Dunkeln.

Die vorliegende Studie dient der Revision wichtiger Lokalitäten, und zwar vorwiegend der jungquartären Akkumulationsterrassen des Meeres, die in Spanien an vielen Stellen auftreten. Sie wurden chronostratigraphisch untersucht mit den Hauptzielen

(a) einige Lokalitäten erstmals absolut zu datieren - dabei wurden die Radiocarbon-, Ionium/Uran-, Elektronenspinresonanz- und Thermolumineszenzmethoden eingesetzt -,

(b) daraus folgend Konsequenzen hinsichtlich ihrer Morpho- und Tektogenese aufzuzeigen und

(c) Aussagen über das Paläoklima zu machen.

Erschwerend ist die Tatsache, daß durch den Tourismus Spaniens Küsten in den letzten 20 Jahren erhebliche anthropogene Veränderungen erfahren haben und daher einige von früheren Autoren beschriebene Lokalitäten nicht mehr auffindbar sind.

Eine Durchsicht der Literatur zeigt, daß an Spaniens Mittelmeerküste quartäre Strandterrassen vom Cabo de Creus an der französischen Grenze bis Tarifa an der Straße von Gibraltar existieren. Neben Akkumulations- gibt es Abrasionsterrassen, wie sie etwa GIERMANN (1962) und GÜNTHER (1941) in Südspanien beschrieben haben. Aufgrund des verstärkten Einsatzes der o.g. absoluten Datierungsmethoden an Fossilien, Kalkkrusten und Äolianiten untersuchten wir Akkumulationsterrassen i.S. BRÜCKNERs (1983). Erosionsterrassen ohne aufliegende Sedimente sind für Korrelation und Chronostratigraphie im allgemeinen ungeeignet.

Fig. 1 zeigt die bedeutendsten Lokalitäten. Sie konzentrieren sich auf die im folgenden näher vorgestellten drei Regionen:

a) zwischen den Deltas von Llobregat und Ebro,

b) zwischen Denia und Cabo Cervera, dabei besonders im Gebiet um Alicante,

c) zwischen dem Cabo de Gata und dem Campo de Dalías, also um Almería.

2. Zwischen den Deltas von Llobregat und Ebro

2.1 Das Kap Salou[1]

Die bekanntesten Lokalitäten des marinen Quartärs in diesem Gebiet liegen um das Kap Salou, unmittelbar südlich Tarragona. Es erreicht 77 m ü.M. und ist aus stark verstellten jurassischen Dolomiten und kretazischen Kalken sowie schwächer einfallenden paläogenen Mergel- und Kalksteinbänken aufgebaut.

Hier tritt mehrmals marines Quartär bis wenige Meter über dem heutigen Meeresspiegel auf. GIGOUT (1959) hielt sämtliche Vorkommen aufgrund altimetrischer Einordnung für flandrien-, SOLE/PORTA (1955) dagegen mittels biostratigraphischer Kriterien (u.a. Strombus bubonius Lmk. und Mytilus senegalensis Reeve) für tyrrhenzeitlich. PORTA et al. (1981) faßten die Ergebnisse anläßlich einer Tagung mit Exkursion der "INQUA-Subkommission Mittelmeer-Schwarzes Meer" vom 2.-9.9.1981 zusammen und stellten sie ins Neotyrrhen. Diese Differenzen machten eine Revision mit - bisher völlig fehlenden - absoluten Datierungen notwendig.

Fig. 2 zeigt synoptisch die verschiedenen Profile. Danach lassen sich zunächst lokale Verebnungsniveaus ausgliedern, wie z.B. die 23 m hohe Punta Grosa-Fläche, die fast saiger stehende Schichten diskordant schneidet (Profil 5). Aufgrund des Gefälles und der Exposition läßt sie sich als Abrasionsterrasse interpretieren, die wegen ihrer Höhenlage im Vergleich zu anderen Terrassen wahrscheinlich ein mittel- oder altpleistozänes Alter hat. Da Sedimente fehlen, kann dieses aber nicht näher bestimmt werden.

Bei Platja Llarga fallen zwei etwa in gleicher Höhe gelegene, doch grundsätzlich verschiedene Profile auf. Profil 1 zeigt eine Konglomeratbank in konkordanter Lage zwischen paläozänen Schichten. Das Alttertiär baut sich hier aus marinen Trans- und Regressionsfazies auf; das Konglomerat belegt also einen Stranddurchgang jenes Meeres. Für unsere Betrachtung ist es nicht weiter von Bedeutung. Anders dagegen Profil 2, wo Kalkbrocken, Sinterstücke und Fossilrudimente als Brekzie diskordant auf dem Anstehenden liegen. Eine zeitliche Einstufung war wegen des Fehlens geeigneter Fossilien nicht möglich.

Postpaläozän kam es zu bedeutenden Verbiegungen, wie das Einfallen der alttertiären Schichten in den Profilen 1-4 zeigt. Darauf lagerten sich dann die Sedimente des Tyrrhen folgendermaßen ab: Die Lokalität Els Replanells (Profil 3) zeigt über dem mit 7° nach NNW einfallenden Paläozän zunächst eine mit Erosionsdiskordanz einsetzende, ca. 1,20 m mächtige Zwischenschicht aus stark kalkhaltigem rötlichgelbem Schluff, in dem Blöcke aus dem Anstehenden und vereinzelte Schotter bis 11 cm Ø an der Basis auftreten. Darüber folgen bis 30 cm mächtige, fast horizontal stratifizierte Sande, die dann in einen 6-10 m mächtigen, deutlich kreuzgeschichteten Äolianit übergehen.

---

[1] Alle hier und im folgenden erwähnten Lokalitäten sind in Fig. 1 eingezeichnet.

SOLE/PORTA (1955, 8) beschreiben etwas weiter nördlich, im Zentrum der Synklinale, aus dem Sand unter dem Äolianit marine Fauna, u.a. mit Mytilus senegalensis. Er ist somit mariner Genese und tyrrhenzeitlich und reicht dort bis etwa 2 m ü.M. (vgl. auch PORTA et al. 1981, 69 f.). Heute ist diese Lokalität wegen der Bautätigkeit des Hotels Negresco verschwunden.

Cala Font bietet das vollständigste Profil (Profil 4): Auf steilgestellten kretazischen Kalken liegen weniger stark einfallende paläozäne Mergelbänke mit Resten eines Verwitterungsprofils. Eingearbeitet ist meerwärts eine Strandbrekzie mit Makrofossilien (u.a. Strombus bubonius Lmk.) und von Bohrmuscheln perforierten Kalkblöcken, die heute teilweise abradiert wird. Ab 1,60 m ü.M. folgen konkordant marine Sande mit Fossilresten bis 2,60 m ü.M., die allmählich in einen Äolianit übergehen. Diese fossile Düne ist bis etwa 7 m aufgeweht und liegt bergwärts auf einer Hangbrekzie.

Die östlichste Lokalität am Kap Salou ist El Recó (Profil 6), wo der Rest eines Strandkonglomerats mit gut gerundeten Geröllen und vielen Makrofossilien transgressiv auf jurassischen Kalken und Dolomiten ausgebildet ist. Er reicht von etwa 1 m ü.M. bis unter den Meeresspiegel und wird heute vom Meer abradiert. Das auf dieser Lokalität stehende Haus der Carabineros steht heute im Wasser, was auf jüngste Transgression hinweist.

Erstmals können absolute Daten vorgelegt werden (vgl. Fig. 2): Danach hat das Strandkonglomerat bei El Recó ESR-Alter von 94 Ka (± 20 %) bzw. 142 Ka (± 30 %) (Probe E-44)[1] und ist somit tyrrhenzeitlich.

Die unseres Wissens erste Thermolumineszenz-Datierung an einem Äolianit aus dem Mittelmeerraum wurde an Probe E-45 von der Lokalität Els Replanells durchgeführt[2]. Sie ergab ein Alter von 114.250 BP. Die alle ins letzte Interglazial fallenden Daten unterstreichen den Geländebefund, der in den Profilen 3 und 4 einen kontinuierlichen Übergang zwischen mariner und äolischer Fazies ohne zwischengeschaltete Bodenbildung zeigt. Die Dünensedimentation erfolgte also nicht etwa erst würmzeitlich, sondern unmittelbar ab dem Beginn der Regression, als Sand aus dem frei werdenden Schelf ausgeweht wurde. Dieser Äolianit ist somit ein Indikator für das Paläomilieu der Sedimentation und beinhaltet keine paläoklimatische Implikation.

2.2 Weitere Aufschlüsse an der Costa Dorada

Etwa 5 km südlich von Hospitalet de l'Infant in unmittelbarer Nähe zum Kernkraftzentrum liegt Cala Jostell (Fig. 3): Ein alter Schuttfächer ist fest karbonatisch zementiert, enthält neben Kalkbrocken des Hinterlandes umgelagerte Siliciumkrustenteile und fällt mit 2,5° meerwärts ein. Er ist auf einen tieferen Meeresspiegel eingestellt, da er heute in seinem distalen Teil abradiert wird. An seiner Südwestflanke ist bis knapp 2 m ü.M. der Rest einer Meeresterrasse angelagert. Sie baut sich an der Basis aus Feinsanden mit Schotterlinsen auf, die dann in eine Kalklamellenkruste und schließlich in ein Konglomerat übergehen, das u.a. Gesteinsbruchstücke, einige Schotter und viele Fossilien (u.a. Strombus bubonius Lmk.) in dunkelrotbrauner Sandmatrix enthält. Die Oberfläche ist schwach verkarstet. GIGOUT (1959) hält die Ablagerung für Ouljien, PORTA et al. (1981)

---

[1] Zur Diskussion dieser Datierungsmethode vgl. RADTKE (1983) sowie RADTKE et al. (1985).

[2] Wir danken Herrn Dr. A. Singhvi, zur Zeit am MPI für Kernphysik in Heidelberg, für die TL-Datierungen der Proben E-35 und E-45.

für Neotyrrhen. Die absoluten Daten sind: 82 Ka (73-90) (Th/U) und 98 Ka ± 20 % bzw. 99 Ka ± 30 % (ESR) (Probe E-57-A)[1].

Die Kliffprofile in der Nähe der Mündung des Torrent del Pi (Fig. 4) schließen bis 16 m mächtige Schwemmfächersedimente auf. Sie sind mehrfach gegliedert und enthalten klar stratifizierte Kies- und Schuttlagen mit zwischengeschalteten rötlichgelben, lehmig-schluffigen Feinsedimenten und braunroten Paläoböden und Paläobodensedimenten. Einzelne Schutt-Schotter-Lagen sind zementartig verbakken, den Abschluß bildet eine mächtige Oberflächenkalkkruste. Verstürzte Konglomeratblöcke liegen am Kliffuß.

Unter diesen Schichten tritt südwestlich der Flußmündung bis 1 m ü.M. ein Strandkonglomerat auf, das bis 70 cm große, meist sehr gut gerundete Schotter enthält. Es sind vor allem Kalkgerölle, aber auch einige abgerollte Teile einer Brekzie. Nach Nordosten taucht diese Schicht ab und erscheint jenseits des Torrent del Pi nicht mehr. Eine Datierung ergab 134 Ka (105-165) (Th/U) bzw. 142 Ka ± 30 % (ESR) (Probe E-58). Die Ablagerung erfolgte also beim letztinterglazialen Transgressionsmaximum und ist damit eutyrrhenzeitlich. Die von der Fazies her völlig anderen Schwemmfächersedimente wurden dagegen im Würm geschüttet.

Südlich davon ist bei Morro del Gos eine ähnliche stratigraphische Situation gegeben: Über letztinterglazialen marinen Sedimenten, die bis 1 m ü.M. reichen, liegen terrestrische Sedimente des Würm, die hier allerdings nur 3 m Mächtigkeit haben.

2.3 Zusammenfassende Interpretation und Ergänzungen

Eine Zusammenschau der Profile im Gebiet zwischen den Deltas von Llobregat und Ebro läßt folgende Schlüsse auf die quartäre Genese dieses Küstenabschnittes zu:

Aus dem Alt- und Mittelquartär sind fast keine Akkumulationsterrassen überliefert. Man kann daraus aber nicht den Schluß ziehen, es habe keine höheren Niveaus gegeben und dann evtl. auf eine völlig tektonisch stabile Küste schließen. Denn einige Abrasionsniveaus (die 23 m-Terrasse am Kap Salou beispielsweise) zeigen, daß potentiell auch Akkumulationsterrassen hätten gebildet werden können. Offenbar wurden sie aber durch die starke terrestrische Formung fast alle völlig überprägt bzw. ausgeräumt. Die Ausbildung der älteren Schwemmkegelgeneration (vgl. das Cala Jostell-Profil, Fig. 3) geschah in einer prätyrrhenen Regressionsphase; die Sedimente sind auf einen tieferen Meeresspiegel eingestellt und werden heute abradiert. Ihre Genese weist auf geringere Vegetation und stärkere Niederschläge als heute hin. Die Größe der einzelnen Brocken und ihre regellose Zusammensetzung verrät torrentielles Transportmedium. Umfangmäßig erreichte diese Schüttung bei weitem nicht die würmzeitliche. Es folgte eine Phase der Kalkzementierung dieser Sedimente und eine spätere der teilweisen Erosion, wie umgelagerte Brekziengerölle in den Tyrrhenterrassen zeigen.

Schließlich transgredierte das Tyrrhenmeer, dessen Leitfauna, die Senegalschnekke Strombus bubonius Lmk., eine wärmere Wassertemperatur als heute belegt. Die zugehörigen Sedimente liegen hier bis 2,60 m ü.M. Weltweit wird als letztinterglaziale Transgressionsspitze die Stufe 5e der Sauerstoff-Isotopenkurve, ermittelt an Bohrkernen aus dem äquatorialen Pazifik (vgl. z.B. SHACKLETON/ OPDYKE 1973), bei 125.000 BP angenommen.

---

[1] Alle $^{230}Th/^{234}U$-Daten verdanken wir Herrn Priv.-Doz. Dr. A. Mangini, Institut für Umweltphysik der Universität Heidelberg.

Einige Lokalitäten mit Strombus bubonius, wie etwa Cala Jostell, haben Alter zwischen 100.000 und 80.000 BP. Dieser Zeitraum wird allgemein als Neotyrrhen bezeichnet (vgl. etwa BRÜCKNER 1980, 157 f.) und mit Isotopenstufe 5a parallelisiert. Untersuchungen auf Barbados, Bermuda und in Neu Guinea zeigen aber, daß der Meeresspiegel des Neotyrrhen (Stufe 5a) ca. 15 bis 20 m unter dem des Eutyrrhen (Stufe 5e) lag, was auch die bei BUTZER (1983) zusammengestellten Daten belegen. Ob somit diese Alter im Fehlerbereich der Datierungen liegen - Th/U- und ESR-Daten geben ja ohnehin eher Minimalalter an -, oder ob im Mittelmeerraum tatsächlich noch eine zweite Transgressionsspitze im letzten Interglazial zwischen 100 und 80 Ka nur wenig unter dem 125 Ka-Peak auftrat, kann noch nicht zweifelsfrei entschieden werden. Auffällig ist jedenfalls, daß es unseres Wissens zumindest in Spanien kein Profil gibt, wo man zwei morphologisch und stratigraphisch getrennte Tyrrhenniveaus in Form einer Terrassentreppe findet, deren oberes auf ca. 125 Ka und deren unteres auf 80 bis 100 Ka datiert wurde. Daher wäre es auch falsch, die hier vorgelegten Daten überinterpretieren zu wollen. Profile wie El Recó zeigen, wie stark die Daten selbst in einer Schicht schwanken können.

Die auf den tyrrhenen Transgressionszyklus folgende Regression bewirkte eine Kalkimprägnierung der Meeresterrassen und eine Aufwehung von Dünen aus dem freiliegenden Schelfbereich, was sofort im Zuge der Regression geschah, wie das Els Replanells-Profil zeigt. Wo durch die Nähe zum gebirgigen Hinterland genügend Relief vorlag, setzte in den Feuchtphasen des Würm die Schüttung von Schwemmfächern ein. Sie sind reich gegliedert und haben interstadiale (?) Paläoböden. Verbreitungs- und mengenmäßig sind es die bedeutendsten Bildungen an diesem Küstenabschnitt und in vielen Kliffprofilen von Hospitalet de l'Infant bis Cala del Torrent del Pi aufgeschlossen.

Das klare Überwiegen der terrestrischen gegenüber der marinen Sedimentation hat eine auffallende Parallele in den von SABELBERG (1978) aus Südwestmarokko beschriebenen Verhältnissen: Soltanien- (= Würm-)zeitliche, über 10 m mächtige, mehrfach gegliederte Schwemmfächer liegen auf bis + 5 m hohen Ouljien- (= Tyrrhen-)Schichten[1]. Sicher ließen sich auch in Nordostspanien ähnlich detaillierte Untersuchungen über die Stratigraphie und das Paläoklima des Würm anstellen, wie sie SABELBERG (1978) für Südwestmarokko vorgelegt hat.

Einen Hinweis auf holozäne Meeresspiegelbewegungen bietet das 1 m hohe Torfkliff bei Racó de Sta. Llúcia: Über 30 cm Basistorf folgen graue lehmige Tone (25 cm), dann ein schmales Torfband (1-3 cm) und schließlich 40 cm graubrauner toniger Lehm. Mit paläontologischen Kriterien vermutet BADIA (1970), daß die Torfbildung bis Ende Subboreal anhielt und die Schüttung der Lehme und Tone dann subatlantisch erfolgte. Im Rahmen unserer Untersuchungen wurde die obere Partie des Torfes ^{14}C-datiert: 2.975 ± 60 BP (Probe SL 1, Labor-Nr. HD 8628-9099).

Das flandrische Transgressionsmaximum schuf eine Meeresbucht, die im Zuge der folgenden Regression abgetrennt wurde. Nach dem Aussüßen der Lagune konnte sich der Torf bilden. Sein Alter und seine heutige Position zeigen, daß etwa 1000 v.Chr. der Grundwasserspiegel und damit der Meeresstand in diesem Bereich ca. 30 cm über dem heutigen Niveau war. Danach füllte sich der See mit Alluvionen, und zwar nicht zufällig in der Zeit der Besiedlung, als im Hinterland Ackerbau getrieben wurde und somit viel Material verspült werden konnte.

[1] Der Autor glaubt allerdings, von einer Parallele Ouljien = Frühwürm-Interstadial ausgehen zu können (S. 114).

Zur Tektogenese läßt sich feststellen, daß der gesamte Küstenabschnitt zwischen Ebro- und Llobregatmündung seit Ablagerung der Tyrrhensedimente weitgehend stabil war, worauf deren relative Lagekonstanz in 0-2 m ü.M. hinweist. Größere tektonische Bewegungen fanden prätyrrhenzeitlich, wahrscheinlich schon im Tertiär statt, wie etwa die Profile vom Kap Salou nahelegen. Posttyrrhenzeitlich kam es in einzelnen Gebieten zu schwacher Verstellung und geringfügiger Absenkung, was sich am Abtauchen des Tyrrhens beim Torrent del Pi nach Nordosten, am Gefälle der marinen Sande bei Els Replanells sowie an der teilweisen Abrasion einiger Tyrrhenvorkommen - beispielsweise am Kap Salou (vgl. Profile 4 und 6 in Fig. 2) oder bei Morro del Gos - zeigt. Das Torfkliff von Racó de Sta. Llúcia und das im Wasser stehende Haus der Polizei bei El Recó weisen auf jüngste Transgression hin.

3. Der Litoralbereich um Alicante

3.1 Profile zwischen Denia und Benidorm

In der gesamten Küstenzone von Castellón bis Valencia gibt es keine gehobenen Strandlinien, was eine generelle Einsenkung dieses Gebietes wahrscheinlich macht. Dafür spricht auch die Ausbildung einer Ausgleichsküste mit ausgedehnten Lagunen, wie der 'La Albufera' genannten südlich Valencia.

Erste pleistozäne litorale Sedimente treten bei Denia auf, wo zwei übereinander liegende, bis 3 m ü.M. reichende Meeresterrassen unbekannten Alters beschrieben sind (DUMAS 1981, 51). Nach ihrer Ausbildung kam es zur Ablagerung von Äolianiten, die als 'tosca' abgebaut werden und ihrerseits wiederum unter würmzeitlichen Schwemmschuttfächern begraben sind.

Am Südende der Bucht von Altea, also nördlich der an Benidorm anschließenden Sierra Helada, ist eine Abrasionsterrasse in 10 m ü.M. ausgebildet, die stark einfallende neogene Kalke und Mergel deutlich kappt und selbst zum Zentrum der Bucht hin abtaucht. Auf ihr liegt eine 6-10 m mächtige Schuttdecke mit synsedimentärer, 1 m mächtiger Kalkkruste und etwa 0,5 bis 1 m mächtiger Oberflächenkruste (Foto 1), die auf 319 Ka (228 - ∞) Th/U-datiert wurde (Probe E-37). Das Alter liegt an der methodischen Obergrenze der Ionium/Uran-Datierung und sollte nicht überbewertet werden. Da es für die Abschlußkalkkruste auf der Schuttdecke ermittelt wurde, spricht allerdings vieles für eine mittel- wenn nicht gar altpleistozäne Anlage der Abrasionsterrasse, die danach verstellt wurde, heute in nur +10 m ü.M. liegt und nach NNE einfällt.

Etwa im Zentrum der Bucht von Altea liegt Capnegret. Hier ist ein Strombus bubonius-Konglomerat erhalten, das maximal 2,5 m ü.M. erreicht und küstenparallel nach Nordnordost bis unter das Nullniveau abtaucht. Es wird von einem Äolianit bedeckt, der seinerseits wieder von einem Torrentenschuttfächer überlagert ist. GIGOUT (1959) vermutete noch Tyrrhen oder Flandrien, DUMAS (1981) nennt ein Th/U-Alter von 85.000 BP ± 7.000. Wir ermittelten: 126 Ka (119-134) (Th/U) bzw. 108 Ka ± 20 % und 103 Ka ± 25 % (ESR) (Probe E-39). Foto 2 zeigt diesen Tyrrhenstrand.

In der Bucht von Altea treten somit zwei Meeresterrassengenerationen auf: Eine mittel- oder altpleistozäne Abrasionsterrasse und - nach einem deutlichen zeitlichen Hiatus - eine Tyrrhenterrasse. Beide werden von unterschiedlich alten terrestrischen Schüttungen überlagert und sind verstellt, was ein Andauern der tektonischen Bewegungen im gesamten Quartär nahelegt.

3.2 Profile in unmittelbarer Umgebung von Alicante

Die Ostspitze des Cabo de las Huertas zeigt folgenden Profilaufbau (Fig. 5): In obertortonen Molassebänken kam es zur Ausbildung zweier Akkumulationsterrassen. Die obere befindet sich beim Leuchtturm in 25-30 m Höhe. Sie ist aus vielen Fossilresten und vereinzelten Schottern aufgebaut und bis 1 m mächtig. Darüber liegt terrestrischer Schwemmschutt (mit Landschnecken), der zusammen mit den oberen Terrassenpartien stark kalkzementiert ist. STEARNS/THURBER (1965) geben ein Th/U-Alter von mindestens 200 Ka, DUMAS (1981) von mindestens 250 Ka an. Der Versuch einer ESR-Datierung brachte kein Ergebnis. Die Terrasse fällt nach San Juan de Alicante ein, wo sie unter den Meeresspiegel abtaucht.

Es folgt ein unteres Niveau, dessen Kliffuß etwa 2 m ü.M. erreicht und den klassischen Profilaufbau zeigt: Auf der ehemaligen Schorre liegen marine Sedimente mit Transgressionsgeröllen an der Basis und allmählichem Übergang in Sande, die sehr fossilreich sind (u.a. Strombus bubonius sowie Kalkalgenstücke); bergwärts ist darüber ein schwach kalzitisch verkrusteter Äolianit ausgebildet, der von losem Hangschutt überlagert wird[1].

STEARNS/THURBER (1965) datierten diesen unteren Strand auf 85.000 BP ±5.000 bzw. 91.000 BP ± 6.000 (Th/U). Unsere Bestimmung aus dem Top der Sedimentation ergab 112.000 BP ± 20 % (ESR). Gemäß DUMAS (1981, 49) wurde ein Helix-Fund aus der Hangschuttdecke auf 22.000 BP ± 1.000 ^{14}C-datiert. Die Ausbildung der unteren Meeresterrasse fällt somit ins Tyrrhen, die Aufwehung der fossilen Düne erfolgte unmittelbar ab dem Einsetzen der Regression. Der Hangschutt bildete sich dann hochwürmzeitlich aus. Im Gegensatz zur oberen Terrasse macht die untere das Einfallen nach San Juan de Alicante nicht mit.

Erwähnt werden sollte noch ein Tyrrhenniveau in 2,50 m Meereshöhe mit Strombus bubonius an der Südküste des Cabo de las Huertas, das von STEARNS/THURBER (1965) auf 32.000 BP ± 3.000 und von DUMAS (1981, 50) auf 38.000 BP ± 2.000 bzw. 55.000 BP ± 3.000 Th/U-datiert wurde. Allerdings hält auch DUMAS die Daten für nicht zuverlässig. Überhaupt ist ein innerwürmzeitlicher Meereshochstand an einer Küste, in der das Tyrrhen bei +2 m liegt, unmöglich (vgl. Kap. 4.2).

Südlich von Alicante ist im Bereich der Santa Pola-Halbinsel, einer Antiklinale aus miozänen Kalken und Mergeln, an mehreren Stellen marines Quartär erhalten. GAIBAR-PUERTAS/CUERDA BARCELO (1969) sahen hier alle pleistozänen Meeresterrassen der klassischen Abfolge vertreten. Sie sollen mit der immer noch aktiven Antiklinalbildung verbogen sein. Nach ihrer Interpretation fällt z.B. das Sizil[2] im Zentrum der Antiklinale von 92 m ü.M. nach Arenales del Sol auf 9 m ab; die darunter liegenden Terrassen - Milazzo, Tyrrhen, Flandrien[2] - machen alle, jeweils schwächer, diese Flexuren mit. Die Autoren stützen ihre Interpretation allerdings allein auf faunistische Befunde, wobei lediglich das Tyrrhen eine eindeutige Leitfauna mit Strombus bubonius besitzt. Außerdem sind ihre Altersangaben (z.B. wird das Calabrien um 290.000 BP angenommen) völlig falsch, was natürlich zu unsinnigen Hebungsraten führt. Eine Revision der Lokalität war daher notwendig. Sie ist in Fig. 6 zusammengefaßt.

---

[1] Eine terrestrische Schuttakkumulation unter den fossilen Dünensanden, wie sie DUMAS (1981, Fig. 39) postuliert, konnte im Gelände nicht bestätigt werden.

[2] Die Probleme, die sich bei der Zuordnung von Meeresterrassen zu den verschiedenen mediterranen Gliederungen des marinen Quartärs ergeben, sind ausführlich bei BRÜCKNER (1980) und RADTKE (1983) diskutiert.

Etwa 1 km südlich Arenales del Sol treten zwei marine Terrassen - von GAIBAR-PUERTAS/CUERDA BARCELO (1969) mit Calabrien und Sizil bezeichnet - in +36 m und +9 m auf. Das obere, nur in Resten erhaltene Niveau zeigt Schotter, Austern und Bohrmuschellöcher sowie einen fossilen Dünensand im Top. Das untere baut sich ganz ähnlich auf und ist entlang der neugebauten Küstenstraße gut aufgeschlossen. ESR-Messungen deuten ein altpleistozänes/pliozänes Alter der oberen Terrasse an, die untere war nicht bestimmbar. Die starke Kalkzementierung und die Überlagerung durch eine Hangbrekzie weisen aber auf ein mindestens mittelpleistozänes Alter hin (Fig.6, oberstes Profil).

Etwa 600 m nördlich des Kapellchens Ermita de N.S.del Rosario haben GAIBAR-PUERTAS/CUERDA BARCELO (1969) Sizil- und Milazzoterrassen kartiert. Bereits die Lage der Sizilreste - an den beiderseitigen Flanken eines Trockentales - ist unwahrscheinlich, da das Tal dann seit damals so hätte existieren müssen. Nach unserer Auffassung handelt es sich dagegen um Fossilien aus den miozänen Kalken, also nicht um nachträgliche Terrassenanlagerungen. Der Versuch einer Datierung war erwartungsgemäß erfolglos. Dagegen ist das mit Milazzo bezeichnete Niveau in 35-40 m klar erkennbar. Aufbau, Habitus und Grad der Kalkzementierung sind durchaus mit der unteren Terrasse bei Arenales del Sol vergleichbar. Die ESR-Daten ergaben jeweils nur Minimalalter zwischen 232 Ka und 515 Ka. Es handelt sich also wahrscheinlich um eine mittel- oder altpleistozäne Terrasse (Fig.6, zweites Profil).

Am Torre de Enmedio liegt ein altpleistozänes (?) Kalkalgenriff. Abrasionsniveaus in 5 und 8 m Höhe sprechen ebenso wie die in einer Karstspalte gefundenen kleinen Fremdgerölle und einige Fossilreste dafür, daß das Riff noch zweimal marin überformt wurde. Meerwärts liegt ein loser dunkelbrauner Sand bis 1 m ü.M. mit marinen Fossilien, einigen Schottern und vereinzelten Schuttstükken. Die oberen 30 cm sind anthropogen gestört. Der ganze Habitus mit fehlender Kalkzementierung deutet auf holozäne Sedimentation hin, was die ESR-Spektren an Probe E-81 bestätigen (Fig.6, drittes Profil).

Ein Kilometer südlich Torre de Enmedio tritt bis 1,5 m ü.M. eine Brekzie mit roter, sandiger Matrix und vielen marinen Fossilien (u.a. Strombus bubonius) sowie umgelagerten Brocken aus dem Kalkalgenriff auf. Sie wird heute vom Meer teilweise abradiert. Absolute Daten ergaben 111,5 Ka (94,5-133) (Th/U) und 94 Ka ± 20 % (ESR) (Probe E-32). Die Ausbildung dieses Tyrrhenstrandes als Brekzie erklärt sich durch das Fehlen einer vorbereitenden Zurundung durch Flüsse. Es ist typischer Torrentenschutt, der zwar in einem marinen Milieu sedimentiert, aber nicht wesentlich marin überprägt wurde (Fig.6, unterstes Profil).

Das Tyrrhen tritt auch bei Calabasi zwischen Arenales del Sol und der Ermita de N.S. del Rosario bis 3 m ü.M. auf (Probe E-75: 125 Ka ± 30 % und 89 Ka ± 20 %) (ESR). Nach seiner Ablagerung kam es zur Bodenbildung und dann zur Aufwehung verschiedener Dünengenerationen. Die älteste ist ein bis 16 m hoch gewehter, auch morphologisch als fossile Düne erkennbarer Äolianit, der sich schon wegen der weißen Farbe und dem starken Grad der Kalkzementierung von den späteren unterscheidet. Er hat ein TL-Alter von 65.700 BP (Probe E-35), bildete sich also im Übergangszeitraum vom letzten Interglazial zum letzten Glazial. Es folgen noch zwei weitere fossile Dünengenerationen (Lokalität: Fig.6, Kreuz bei Calabasi).

Nahe der Ermita de N.S.del Rosario erwähnt DUMAS (1981, 46) ein wahrscheinlich tyrrhenzeitliches Niveau mit Patella ferruginea, das bis über 8 m ü.M. reichen soll. Das wäre dann das höchste Tyrrhenvorkommen in diesem Raum überhaupt. Eine Geländebegehung konnte diesen Befund allerdings nicht bestätigen. Nördlich von Calabasi und südlich des in Fig. 6 dargestellten untersten Profils tauchen die Tyrrhensedimente unter das Meeresniveau ab.

Hinsichtlich der Tektogenese können die Befunde auf der Sta. Pola-Halbinsel dahingehend interpretiert werden, daß die Faltungstendenz der Antiklinale sich bis ins Jungquartär durchpaust. Dafür spricht, daß die Tyrrhenterrasse im Sinne der Antiklinalbewegung leicht verbogen ist, das Flandrien nur im Scheitelbereich der Antiklinale auftritt und - falls die Korrelation stimmt - die mittel- oder altpleistozäne Terrassenbasis an der Nordflanke der Antiklinale von +35 auf +9 m abfällt.

3.3 Ergänzung und Zusammenfassung

Gestützt wird die vorherige Interpretation durch Befunde zwischen der Santa Pola-Halbinsel und dem Cabo Roig. Hier setzen sich die Synklinal-Antiklinal-Strukturen fort. In den Synklinalen liegen heute bevorzugt Marismas oder Salinen, die Antiklinalen werden aus miozänen oder pliozänen Schichten gebildet. Charakteristisch ist, daß nur bei den Antiklinalen tyrrhenzeitliche Sedimente angelagert sind, wie etwa bei La Marina und La Mata.

Die Lokalität La Marina (geschichtete Feinsande mit Schill und Schotterlagen, vielen Exemplaren von Strombus bubonius sowie einer starken Oberflächenkalkkruste) reicht bis maximal 3 m ü.M. und ist als fossiler Strandwall zu interpretieren. BERNAT et al. (1982) haben insgesamt 13 Th/U-Daten an Strombus bubonius aus dieser Lokalität vorgelegt mit Altern zwischen 65.000 und 150.000 BP. Die Autoren geben einen Durchschnittswert von 98.000 BP ± 5.800 an. Auch diese Bandbreite der Daten bestätigt das unter 2.3 hinsichtlich des Neo- und Eutyrrhen Gesagte.

Am Cabo Cervera ist das Tyrrhen bei La Mata ebenfalls an eine Antiklinale angelagert und erreicht mit +2,60 m etwa das gleiche Niveau wie bei La Marina. Hier hat DUMAS (1981, 45) ein Th/U-Alter von 92 Ka (85-99) bestimmt.

Der Segura fließt in einer Synklinale zwischen beiden Lokalitäten. In seinem Unterlauf fehlen Alluvialterrassen, ein Hinweis auf die weitere Absenkung dieses Gebietes. Auffällig ist auch, daß in seinem Mündungsgebiet bei Guardamar del Segura die Abschlußsedimente des obersten - nach MONTENAT (1970, 3195) sizilzeitlichen - Sedimentationszyklus (marine Sande mit im oberen Bereich eingelagerten Kiesschnüren) mit 6° Gefälle zum Segura und damit zum Zentrum der Synklinale hin einfallen. Sie bilden die ältestpleistozäne Terrasse und stellen eine Analogie zu der von BRÜCKNER (1982) in Süditalien beschriebenen Irsina-Terrasse als Abschluß des calabrischen Sedimentationszyklus dar.

Südlich des Cabo Cervera verschwinden alle marinen Terrassen. Die Küste wird von mehrgliedrigen Schwemmfächerserien aufgebaut, die in bis 25 m hohen Kliffen aufgeschlossen sind. Ein Beispiel ist das von ROHDENBURG/SABELBERG (1969) eingehend untersuchte Profil am Cabo Roig.

Zusammenfassend läßt sich für den Litoralbereich um Alicante festhalten: Die altpleistozänen/pliozänen Meeresterrassenreste - etwa in der Bucht von Altea, auf der Santa Pola-Halbinsel oder südlich des Segura - wurden stark, die Tyrrhen- und Versilvorkommen demgegenüber nur noch schwach tektonisch beeinflußt. Die Synklinal-Antiklinal-Faltungsstrukturen pausen sich durch, wobei die Intensität der Faltung vom Alt- zum Jungquartär hin abnimmt. Man kann insgesamt von einer tradierten Orogenese sprechen. Auffällig ist die stratigraphische Lücke im marinen Quartär zwischen altpleistozänen und tyrrhenzeitlichen Sedimenten.

4. Das Litoral von Almería

Zwischen Cabo de Gata und Campo de Dalías sind in der Fußzone von Sierra Alhamilla bzw. Sierra de Gador bis zu 8 Meeresterrassenniveaus ausgebildet, die eingehend von Madrider (vor allem GOY und ZAZO) und französischen (FOURNIGUET) Geologen untersucht wurden. Aufgrund eigener Forschungen stießen wir jedoch auf Widersprüche und noch offene Fragen. In diesem Artikel legen wir erste Ergebnisse der noch laufenden Arbeiten vor.

4.1 Das Campo de Dalías

Hier ist die klarste und vielleicht vollständigste marine Terrassentreppe in Spanien ausgebildet. In der Fußflächenzone der Sierra de Gador treten zunächst mehrere Schwemmfächergenerationen auf. Sie münden in eine Senkungszone, den sog. 'zonas de playa', die das eigentliche Campo de Dalías vom Gebirge trennt. Da die Schwemmfächer nicht bis zum Meer vorstoßen, wurden die Meeresterrassen weder überfahren noch ausgeräumt, sondern blieben erhalten.

Nach GOY/ZAZO (1982) transgredierte das Meer in acht verschiedenen Zyklen: den sog. "Episoden" von Balanegra (mindestens 90 m hoch), Onayar (bis 78 m), Balerma (bis 40 m), Bahia (bis 29 m), Callejón (bis 18 m, mit St. b.), G. Viejas (bis 14 m, mit St. b.), La Punta (bis 6 m, mit St. b.) und Albuferas (bis 2 m, ohne St. b.). Daraus entwickelte sich eine siebenstufige Terrassentreppe (die unteren beiden Niveaus sind morphologisch nicht zu trennen).

Problematisch ist es, daß die Autoren hier - wie auch bei anderen Abbildungen (vgl. ihre Fig. 4a, 4b) - einen synthetischen Profilschnitt veröffentlichen, den man im Gelände vergebens sucht (das überhaupt durch eine Unzahl von Gewächshäusern völlig zugebaut ist). Bedenklich ist außerdem, daß drei verschiedene Niveaus mit Strombus bubonius ausgewiesen werden, die unterschiedlichen Sedimentationszyklen zugeordnet werden. Demgegenüber stellt FOURNIGUET (1976) nur eine Sedimentationsphase mit Strombus bubonius fest. Es ist bezeichnend, daß BAENA/GOY/ZAZO (1981, Fig. 9) bei einem tatsächlichen Geländequerschnitt durch das Campo de Dalías auch nur ein Strombus bubonius-Niveau kartieren.

Sicher gab es starke Tektonik mit mehreren Hauptverwerfungsrichtungen, die von FOURNIGUET (1975) bestätigt werden: N 160, N-S, N 120. Diese Verwerfungen betreffen alle pleistozänen Terrassen, waren also auch noch im Jungquartär aktiv. Dazu kommt ein generelles Ansteigen des Campo de Dalías nach Südwesten, das von der Betischen Kordillere gesteuert worden ist. Aktive Neotektonik wird zudem daran deutlich, daß Strombus bubonius im Litoral von Almería und Murcia in einer Variationsbreite von 0-15 m ü.M. auftritt, wobei der höchste Fundort auf dem Campo de Dalías bei +14,5 m liegt (vgl. BAENA et al. 1981, Fig. 2).

Die älteste Meeresterrasse in diesem Gebiet zeigt große Quarz- und Quarzitgerölle, die als Restschotter mit intensiv rotverwitterter Matrix in eine mächtige pedogene Kalkkruste übergehen. Diese Terrasse entspricht der Episode von Balanegra und muß ins Ältestpleistozän eingestuft werden[1]. Damals herrschte wohl ein feucht-heißeres Klima als heute, denn der Beginn einer Desilifizierung zeigt sich an mürben Quarzschottern.

---

[1] Nach BAENA et al. (1981, 9) entspricht dies dem Sizil I. Diese Terminologie wird hier nicht aufgegriffen, da wir - wie bereits oben betont - die Zuordnung der Meeresterrassen zur Paläotemperaturkurve - etwa von SHACKLETON/OPDYKE (1973, 48) - bevorzugen.

Auch die zweitälteste, durch die Episode von Onayar geschaffene Terrasse liegt diskordant auf dem Pliozän. In ihr sind ebenfalls starke Flexuren erkennbar. Dann folgende tiefere Niveaus sind wesentlich kleinräumlicher als schmale Terrassenleisten küstenparallel ausgebildet.

Datierbar ist nur das unterste pleistozäne Niveau mit Strombus bubonius bis +4 m am P.C. de Perros (Foto 3): Probe E-18 ergab ESR-Alter von 112 Ka ± 20 % bzw. 122 Ka ± 20 %. Im Liegenden dieser St. b.-Terrasse ist eine Brekzie, im Hangenden ein Äolianit ausgebildet. Es folgt meerwärts die bereits erwähnte holozäne Episode von Albufera, die von ANGELIER et al. (1976, 430) auf 4.520 BP ± 130 ^{14}C-datiert wurde und somit dem Versil entspricht.

Zusammenfassend läßt sich zum Campo de Dalías festhalten, daß diese Region aus einer vielstufigen Terrassentreppe aufgebaut ist, die mit einer altpleistozänen Terrasse einsetzt und dann getreppt bis zur tyrrhen- und schließlich versilzeitlichen abfällt. Alle Terrassen wurden stark durch Hebung, Flexuren und Bruchtektonik beansprucht. Seit dem Altpleistozän erfolgte eine Hebung um mindestens 90 m (ohne Glazialeustasie), die bis ins Jungpleistozän andauert, wie die Höhenlagen der Strombus bubonius-Funde zeigen.

4.2 Profile östlich von Almería

Hier wurden von GOY/ZAZO (1982, Fig. 6) sechs Terrassen kartiert, von denen die unteren vier Strombus bubonius enthalten sollen, die tiefste davon (Episodio Sepultura) mit einem Alter von 39.000 BP ± 2.000 (Th/U) bzw. 34.720 BP ± 1.740 (^{14}C), womit ein bis 1 m ü.M. reichender innerwürmzeitlicher Meereshochstand belegt werden soll.

Mehrere Probleme tauchen bei dieser Interpretation auf: Zunächst handelt es sich wieder um ein zusammengesetzes Profil, das man im Gelände so nicht vorfindet. Dann ist das Vorkommen von vier eigenständigen Sedimentationszyklen mit Strombus bubonius äußerst unwahrscheinlich, da es bisher nirgendwo sonst im Mittelmeerraum nachgewiesen werden konnte. Innerwürmzeitliche Meereshochstände, die heute über dem Meer liegen, erfordern sehr hohe Hebungsraten und beruhen meist auf an marinen Fossilien wenig verläßlichen ^{14}C-Daten. Schließlich sind im o.g. Profil die Verwerfungen falsch eingezeichnet, da sie sich zwar durch die Terrassensedimente hindurchziehen, diese aber lt. Skizze nicht beeinträchtigen.

Unsere vorläufigen Ergebnisse sind in einem Profilschnitt westlich der Rambla del Puente de la Quebrada, die 4 km nordwestlich des Torre García ins Meer mündet, zusammengefaßt (Fig. 7): Am Fuß der Sierra Alhamilla liegen plio/altpleistozäne Meeresterrassen auf neogenen Sedimenten. Sie reichen lt. geologischer Karte bis 450 m ü.M. (Mapa Geológica de España, 1:50.000, Blatt 1.045 Almería, segunda serie, hrsg. IGME) und sind tektonisch stark verstellt. Ihre Sedimente weisen die für Terrassen ihres Alters typische große Ausbildung der Gerölle und Fossilien (Ostrea, Pecten u.a.) auf, sie sind zum Teil von mehreren Schuttfächergenerationen verdeckt und heute stark von Ramblas zerschnitten. Ein Datierungsversuch an Probe E-15 bei +140 m brachte kein Ergebnis.

Etwa zwischen 80 und 100 m setzt dann eine flache Rampe an, die sich mit gleichmäßigem Gefälle zum Meer hinzieht. Ein Aufschluß an der Straße N 332 von Almería nach Nijar bei Km 11,5 in +33 m zeigt eine als Konglomerat verkrustete Terrasse mit großen Transgressionsgeröllen (bis 70 cm Ø) und Austern an der Basis über neogenen Mergeln (Foto 4). Eine Datierung ergab ein Minimalalter von 452 Ka (ESR, Probe E-19). Das kalzitisch verbackene Konglomerat der Terrasse ist verkarstet; in den Schlotten liegt Rotlehm. Eine Karsttasche zeigt an ihrem Rand eine sekundäre Kalkkruste, die auf 170 Ka ± 30 % ESR-datiert wurde (Probe E-20 N).

Offenbar ist es noch im Alt- oder aber Mittelpleistozän zu intensiver Rotverwitterung gekommen, wobei die kalzitische Verkrustung der Terrassensedimente als C_{Ca}-Horizont interpretiert werden kann. Im Mittelpleistozän verkarstete das Konglomerat, der Oberboden wurde abgetragen und teilweise als Rotlehm in die Schlotten eingewaschen. Heute findet in diesem semiariden Südosten Spaniens keine Rotverwitterung mehr statt; das Paläoklima im Alt- oder im älteren Mittelpleistozän muß feuchter als heute gewesen sein.

An der Mündung der Rambla, wo die küstenparallele Piste verläuft, ergibt sich folgendes Profil: Vereinzelte Fossilien konnten im Null-Meter-Niveau aus losem Meeressand mit Schottern ergraben werden, darüber war eine Lehmlage als lagunäre Abschlußfazies ausgebildet und schließlich das Profil von 2 m mächtigen Rambla-Schottern überlagert. Erste Datierungen der Fossilien zeigen eindeutig holozäne ESR-Spektren (Probe E-98). Ein innerwürmzeitliches Niveau können wir nicht bestätigen.

Bei Torre García tritt das Tyrrhen mit Strombus bubonius in mindestens zwei morphologisch getrennten Terrassen auf. Die unterste ist als Beachrock ausgebildet und wird heute vom Meer abradiert. Wir datierten Probe E-13 auf 102 Ka (94-133) (Th/U) und 113 Ka ± 20 % (ESR), was das von BERNAT et al. (1979) für diese Lokalität publizierte Durchschnittsalter von 98.000 BP (Th/U) im wesentlichen bestätigt. Das bis 15 m reichende obere Niveau mit Strombus bubonius zeigt ebenfalls letztinterglaziales ESR-Spektrum. Es handelt sich nach unseren Untersuchungen also am Torre García um einen einzigen Sedimentationszyklus mit Strombus bubonius, der eine marine Terrasse schuf, die später zerbrach und deren bergwärtiger Teil stark gehoben wurde.

4.3 Zusammenfassung

Der Litoralbereich von Almería zeichnet sich durch eine Vielzahl von morphologisch getreppt übereinanderliegenden Meeresterrassen aus. Sie bildeten sich seit dem Pliozän. Die plio-/altpleistozänen Terrassen sind in Gebirgsnähe östlich von Almería durch Schwemmfächer überlagert.

Bruchtektonik, Flexuren und Hebung beanspruchten alle Terrassen und verstellten sie. CADET et al. (1978) geben beispielsweise für das "Tyrrhénien ancien (Anfatien)" (Fig. 4) auf dem Campo de Dalías Höhen zwischen 80 und 35 m, für das "Tyrrhénien moyen (Harounien)" (Fig. 3) zwischen 20 und 40 m und für das "Tyrrhénien récent (Ouljien)" (Fig. 2) mit Strombus bubonius 5 bis 15 m an[1] (vgl. auch ANGELIER et al. 1976). Die Bruchtektonik war auch im Posttyrrhen aktiv, wie die Torre García-Lokalität zeigt. Weitere Untersuchungen müssen feststellen, wieviele Sedimentationszyklen mit Strombus bubonius es tatsächlich insgesamt hier gab und wann sie jeweils stattfanden.

5. Schluß

An Spaniens Mittelmeerküste wurden schwerpunktmäßig drei Regionen des marinen Quartärs untersucht: (1) das Gebiet zwischen den Deltas von Llobregat und Ebro, (2) das Litoral von Alicante und (3) dasjenige von Almería. Die Ergebnisse sind im folgenden zusammengefaßt:

---

[1] Problematisch bleiben allerdings die Korrelationskriterien für Niveaus ohne Leitfauna und ohne absolute Datierungen.

a) Hinsichtlich der Tektogenese läßt sich feststellen, daß im Norden (Gebiet 1) zumindest im Jungquartär relative Ruhe herrschte; evtl. fand eine leichte Senkung statt. Im mittleren Bereich kam es zu tradierter Orogenese, die sich in Antiklinal-Synklinal-Faltungsstrukturen zeigt und im Verlauf des Quartärs zwar schwächer wird, aber auch noch die Tyrrhensedimente erfaßt. Im Süden (Gebiet 3) fanden auch im Jungquartär rege Bruchtektonik und Hebung, die von der Betischen Kordillere gesteuert wurde, statt. Durch viele Verwerfungen ist diese Zone als tektonisch mobil ausgewiesen.

b) Das Tyrrhen mit Strombus bubonius als Leitfauna ist in allen drei Regionen vorhanden, liegt in der Regel bis 2,50 m ü.M. und wird an vielen Stellen heute marin abradiert. Die ESR- und Th/U-Daten häufen sich um 100.000 BP und um 125.000 BP. Ob es sich tatsächlich um zwei eigenständige Transgressionszyklen handelt - etwa Neotyrrhen (Isotopenstufe 5a) und Eutyrrhen II (Isotopenstufe 5e) - oder dieser Unterschied im Bereich der Datierungsungenauigkeiten liegt, ist zur Zeit in der Diskussion. Weitere Untersuchungen müssen zeigen, wieviele eigenständige Strombus bubonius-Sedimentationszyklen es gab und wann sie stattfanden. Nirgendwo gibt es u.W. ein Profil mit zwei eindeutig morphologisch und geologisch getrennten und auf unterschiedliche Alter datierten Sedimentationszyklen. Alle von uns untersuchten Profile lassen sich mit einem tyrrhenen Strombus bubonius-Zyklus erklären; die unterschiedliche Höhenlage dieser Terrassen im Gebiet um Almería ist wahrscheinlich tektonisch bedingt.

c) Mittel- und altpleistozäne Terrassen sind - außer im Gebiet 3 - selten erhalten. Sie wurden oft aufgrund der terrestrischen Prozesse überprägt. Es fehlen uns bis heute die absoluten Datierungsmöglichkeiten für solche Terrassen. Wenn ältere Niveaus als Tyrrhen auftreten, ist meist ein zeitlicher Hiatus zwischen ihnen und den Tyrrhen-Terrassen festzustellen. Das Mittelpleistozän kommt selten vor.

d) Neben dem von BRÜCKNER (1983) beschriebenen Modell einer Akkumulationsterrasse kann jetzt ein zweiter Typ vorgestellt werden: Mit Erosionsdiskordanz einsetzende Transgressionsgerölle (eulitorales Milieu) gehen nach oben in mehr sandige Fazies über (submarin), die dann kontinuierlich in einen Äolianit überleiten (supralitoral). Die Regression geschah offenbar rasch, so daß ein zweiter Stranddurchgang sich faziell nicht ausprägte. Die Küstendüne wurde sofort auf die marinen Sande aufgeweht. Diese Äolianite sind nicht klimaspezifisch, sondern sedimentationsmilieubedingt. Darüber liegt manchmal noch terrestrischer Schutt, es können auch ganze Schwemmfächerserien ausgebildet sein.

Summary

New findings on the marine Quaternary from the Spanish Mediterranean coast

Three coastal areas of Spain were examined in detail: (A) between the deltas of Llobregat and Ebro, (B) around Alicante, and (C) around Almería. New findings on the chronostratigraphical position of several terraces were obtained and implications derived for the Quaternary tectogenesis and climatic evolution. Numerous absolute datings (ESR-, $^{230}Th/^{234}U$-, TL- and ^{14}C-datings of fossils, calcretes and aeolianites) yielded the following results:

1. In the Upper Quaternary, a relative tectonic stability existed in area A,

whereas area B shows a traditional orogenesis with anticlinal-synclinal-folding structures, and area C underwent an intense fracture-tectonic and uplift.

2. The Tyrrhenian with Strombus bubonius Lmk. as guide fossil is found in all three regions, normally lying up to 2.50 m a.s.l. (in area C up to 14.50 m), and is often being eroded by the sea. These sediments were dated in many sites with ESR and $^{230}Th/^{234}U$. The dates show a maximum around 100,000 BP and a second peak around 125,000 BP. Whether two different transgression-cycles existed - e.g. the Neotyrrhenian one (oxygenisotope-stage 5a) and the Eutyrrhenian-II one (oxygenisotope-stage 5e) - or whether these different ages have technical causes (inaccuracies of the dating-techniques) remains an open question.
3. Middle and old Pleistocene marine terraces are rare - except for area C. If they existed at all, most of them were removed by the dominant terrestrial processes. A stratigraphic gap often exists between the Pliocene/lower Pleistocene and the Tyrrhenian terraces where they occur.
4. A standard model for a marine accumulation terrace is introduced and interpreted with respect to its genesis.

Literatur

ANGELIER, J., CADET, J.P., DELIBRIAS, G., FOURNIGUET, J., GIGOUT, M., GUILLEMIN, M., HOGREL, M.T., LALOU, C., PIERRE, G. (1976): Les déformations du Quaternaire marin, indicateurs néotectoniques. Quelques exemples méditerranéens. - Revue de Géographie physique et de Géologie dynamique (2), vol. 18, fasc. 5, 427-448, Paris.

BADIA, S.C. (1970): Una turbera parálica postwürmiense en Vilanova y La Geltrú (Barcelona). - Acta Geológica Hispanica, t. V, no. 2, 48-50, Barcelona.

BAENA, J., GOY, J.L., ZAZO, C. (1981): Litoral de Almería. - in: Union Internationale pour l'Etude du Quaternaire, Commission des Lignes de Rivages, Sous-Commission Méditerranée-Mer Noire. Excursion - Table Ronde sur le Tyrrhénien d'Espagne (2-9 septembre 1981), hrsg. von E. AGUIRRE, 1981, 75 p, hier: 25-43, Madrid-Lyon.

BERNAT, M., BOUSQUET, J.-C., DARS, R. (1978): Io-U dating of the Ouljian stage from Torre García (southern Spain). - Nature 275, 302-303, London.

BERNAT, M., ECHALLIER, J.C., BOUSQUET,J.-C. (1982): Nouvelles datations Io-U sur des strombes du dernier Interglaciaire en Méditerranée (La Marina, Espagne) et implications géologiques. - C.R. Acad. Sc. Paris 295, série II, 1023-1026, Paris.

BRÜCKNER, H. (1980): Marine Terrassen in Süditalien. Eine quartärmorphologische Studie über das Küstentiefland von Metapont. - Düsseldorfer Geographische Schriften 14, 1980, 235 p., Düsseldorf.

ders. (1982): On the stratigraphy and geochronology at the end and immediately after the end of the Calabrian in Lucania (Southern Italy). - in: Le Villafranchien méditerranéen: Actes du Colloque international "Le Villafranchien méditerranéen", Lille, 9 et 10 Décembre 1982; stratigraphie, environment bioclimatique, morphogenèse et néotectonique. - Lille 1982, 2 vol., 590 p.; hier: vol. I, 93-103.

ders. (1983): Ein Modell zur Genese mariner Akkumulationsterrassen. - Essener Geographische Arbeiten 6, 161-186, Paderborn.

BRUNNACKER, K. (1983): Bemerkungen zu quartären Strandterrassen des Mittelmeers. - N. Jb. f. Geol. u. Paläont., Monatshefte, 129-135, Stuttgart.

BUTZER, K.W. (1983): Global sea level stratigraphy: an appraisal. - Quaternary Science Reviews 2, 1-15, Oxford/N.Y.

CADET, J.P., FOURNIGUET, J., GIGOUT, M., GUILLEMIN, M., PIERRE, G. (1978): La néotectonique des littoraux de l'arc de Gibraltar et des pourtours de la mer d'Alboran. - Quaternaria 20, 185-202, Roma.

DUMAS, B. (1981): La région d'Alicante. - in: Union Internationale pour l'Etude du Quaternaire, Commission des Lignes de Rivages, Sous-Commission Méditerranée-Mer Noire. Excursion - Table Ronde sur le Tyrrhénien d'Espagne (2-9 septembre 1981), hrsg. von E. AGUIRRE, 1981, 75 p., hier: 45-65, Madrid-Lyon.

FOURNIGUET, J. (1975): Stratigraphie du Quaternaire et néotectonique à l'Ouest d'Almería. - Réunion Annuelle des Sciences de la Terre, hrsg.: Soc. géol. de France, 115 p., Montpellier/Paris.

ders. (1976): Quaternaire marin et néotectonique sur la côte andalouse méridionale (Espagne). - C.R. Acad. Sc. Paris, t. 282, série D, 1849-1852, Paris.

GAIBAR-PUERTAS, C., CUERDA BARCELO, J. (1969): Las playas de Cuaternario marino levantadas en el Cabo de Santa Pola (Alicante). - Boletin Geológico y Minero, T. LXXX-II,105-123, Madrid.

GIERMANN, G. (1962): Meeresterrassen am Nordufer der Straße von Gibraltar. - Ber. Naturf. Ges. Feiburg i.Br. 52, 111-118, Freiburg i.Br.

GIGOUT, M. (1959): A propos du Quaternaire marin sur le littoral de la province de Tarragona. - C.R. Acad. Sc. Paris, t. 249, p. 2351-2353, Paris.

GOY, J.L., ZAZO, C. (1982): Niveles marinos cuaternarios y su relación con la neotectónica en el litoral de Almería (Espana). - Bol. R. Soc. Española Hist. Nat. (Geol.) 80, 171-184.

GÜNTHER, E. (1941): Die quartären Niveauschwankungen im Mittelmeer unter besonderer Berücksichtigung des Beckens von Alboran. - Jenaische Zeitschrift für Naturwissenschaften, N.F. 74, 252 p., Jena.

HEY, R.W. (1978): Horizontal Quaternary shorelines of the Mediterranean. - Quaternary Research 10, 197-203, N.Y./London.

MONTENAT, M.C. (1970): Sur l'importance des mouvements orogéniques récents dans le Sud-Est de l'Espagne (Provinces d'Alicante et de Murcia). - C.R. Acad. Sc. Paris, t. 270, série D, 3194-3197, Paris.

OVEJERO, G., ZAZO, C. (1971): Niveles marinos pleistocenos en Almería (S.E. de España). - Quaternaria 15, 145-160, Roma.

PORTA, J., MARTINELL, J., BECH, J., MALDONADO, A. (1981): Litoral de Cataluña. - in: Union Internationale pour l'Etude du Quaternaire, Commission des Lignes de Rivages, Sous-Commission Méditerranée-Mer Noire. Excursion - Table Ronde sur le Tyrrhénien d'Espagne (2-9 septembre 1981), hrsg. von E. AGUIRRE, 1981, 75 p., hier: 67-75, Madrid-Lyon.

RADTKE, U. (1983): Genese und Altersstellung der marinen Terrassen zwischen Civitavecchia und Monte Argentario (Mittelitalien) unter besonderer Berücksichtigung der Elektronenspin-Resonanz-Altersbestimmungsmethode. - Düsseldorfer Geographische Schriften 22, 182 p., Düsseldorf.

RADTKE, U., MANGINI, A., GRÜN, R. (1985): ESR dating of marine fossil shells. - Nuclear Tracks (in press).

ROHDENBURG, H., SABELBERG, U. (1969): "Kalkkrusten" und ihr klimatischer Aussagewert - neue Beobachtungen aus Spanien und Nordafrika. - Göttinger Bodenkundl. Berichte 7, 3-26, Göttingen.

SABELBERG, U. (1978): Jungquartäre Relief- und Bodenentwicklung im Küstenbereich Südwestmarokkos. - Landschaftsgenese und Landschaftsökologie, H. 1, 171 p., Cremlingen-Destedt.

SHACKLETON, N.J., OPDYKE, N.D. (1973): Oxygen Isotope and Palaeomagnetic Stratigraphy of Equatorial Pacific Core V28-238: Oxygen Temperatures and Ice Volumes on a 10^5 and 10^6 Year Scale. - Quat. Res. 3, 39-55, N.Y./London.

SOLE, N., PORTA, J. (1955): Las formaciones tirrenienses del Cabo de Salou (Tarragona). - Memorias y Communicaciones del Inst. Geol., Dip. Provincial 13, 5-35, Barcelona.

STEARNS, C.E. (1976): Estimates of the position of sea level between 140,000 and 75,000 years ago. - Quaternary Research 6, 445-449, N.Y./London.

STEARNS, C.E., THURBER, D.L. (1965): Th^{230}/U^{234} dates of late Pleistocene marine fossils from the Mediterranean and Moroccan littorals. - Quaternaria 7, 29-42, Roma.

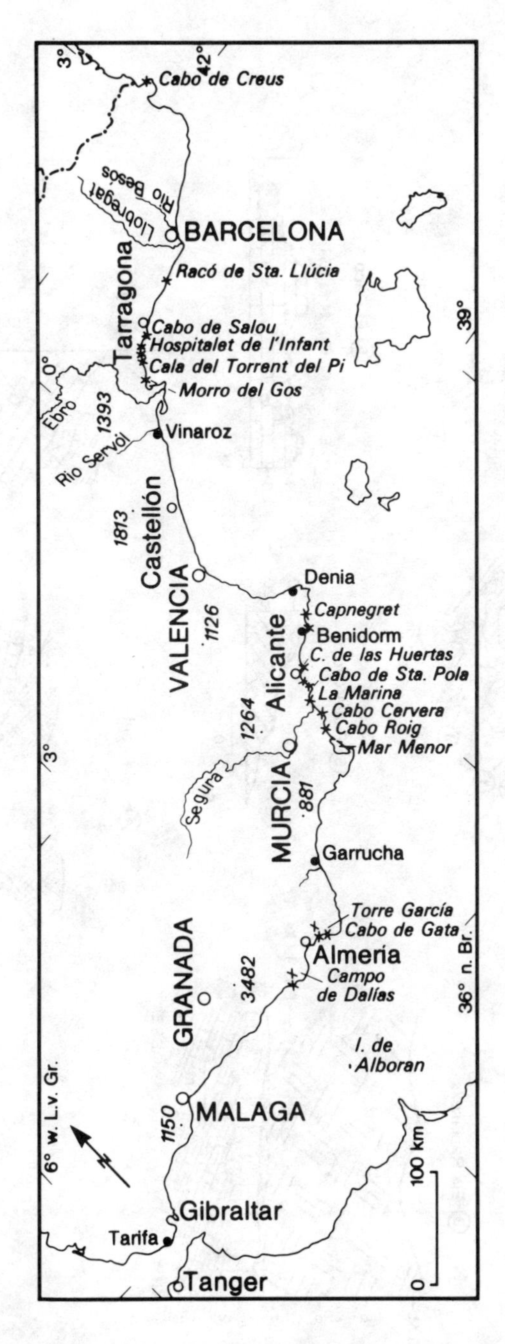

Fig. 1: Lokalitäten zum marinen Quartär an Spaniens Mittelmeerküste

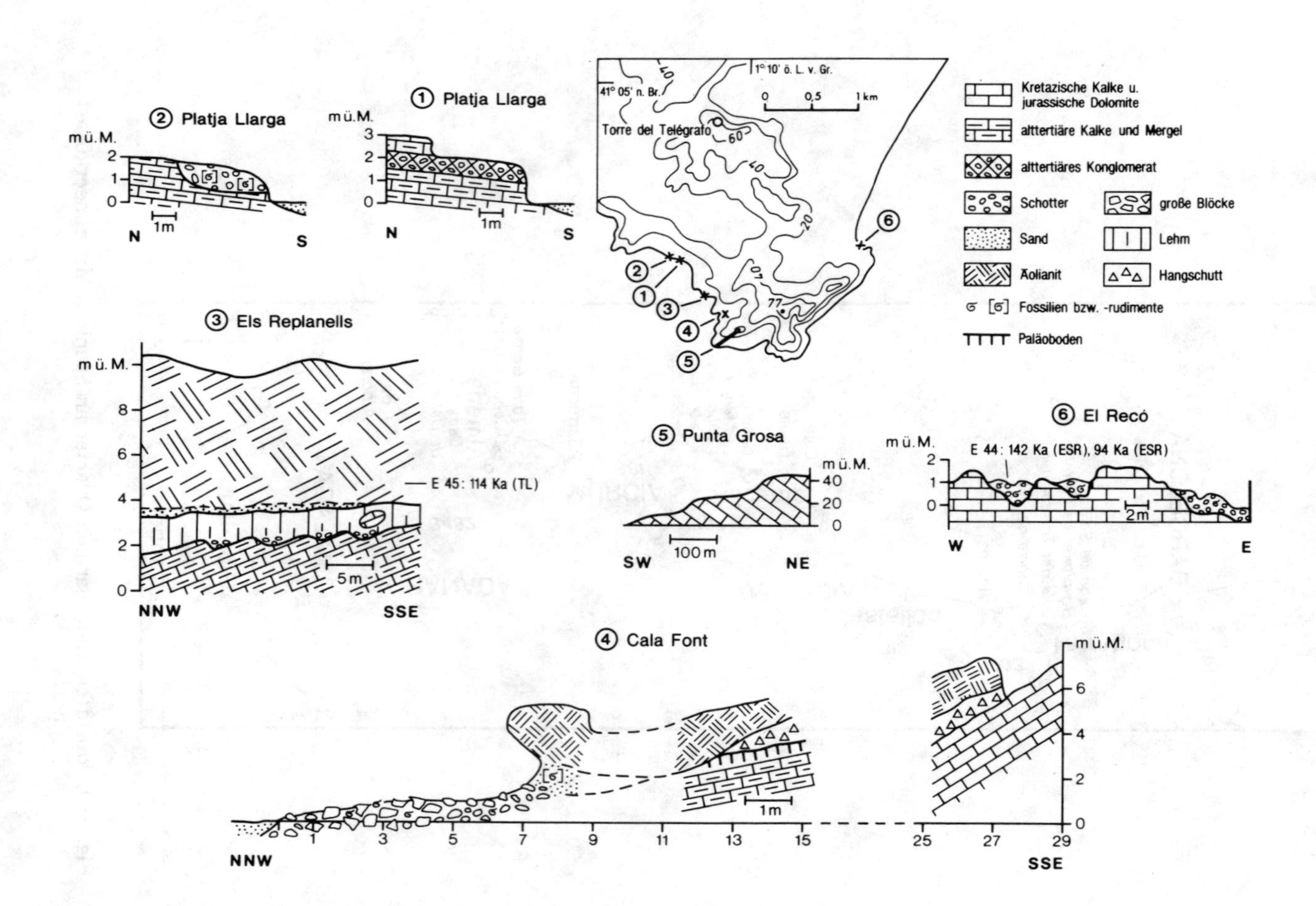

Fig. 2: Profile zum marinen Quartär am Cabo de Salou

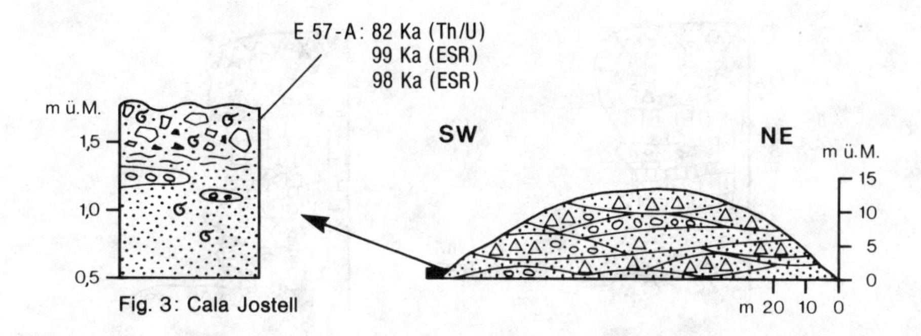

Fig. 3: Cala Jostell

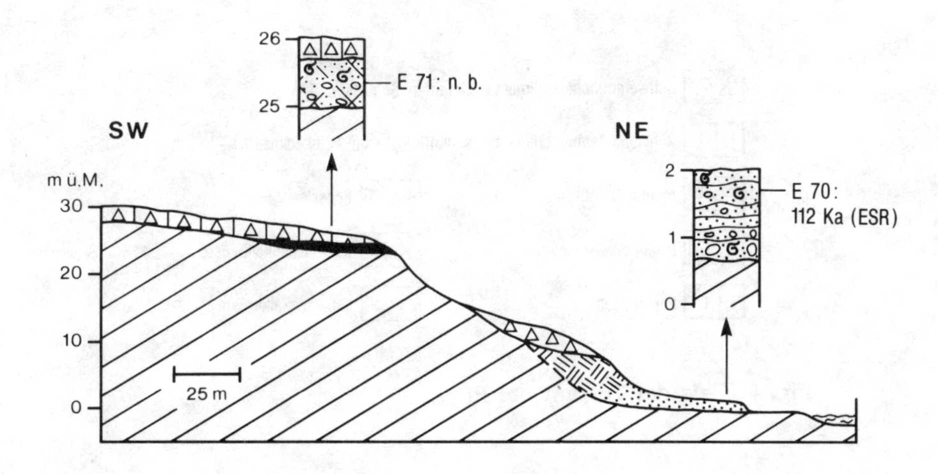

Fig. 5: Ostspitze des Cabo de Las Huertas

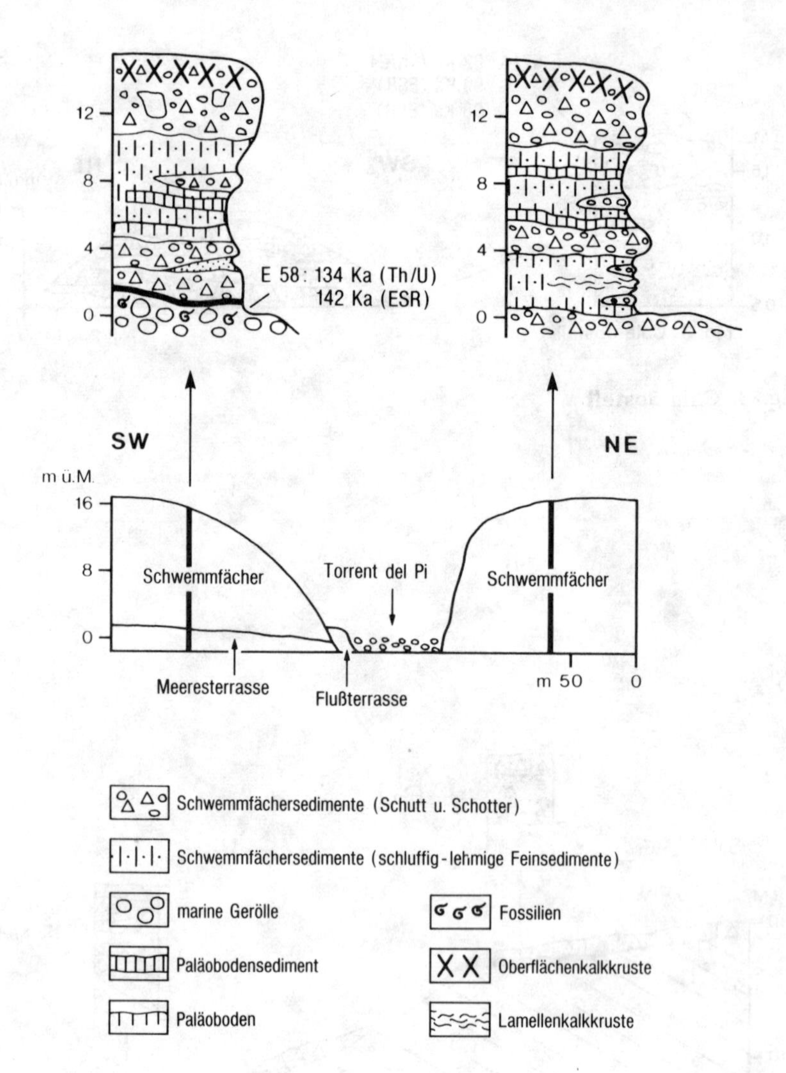

Fig. 4: Cala del Torrent del Pi

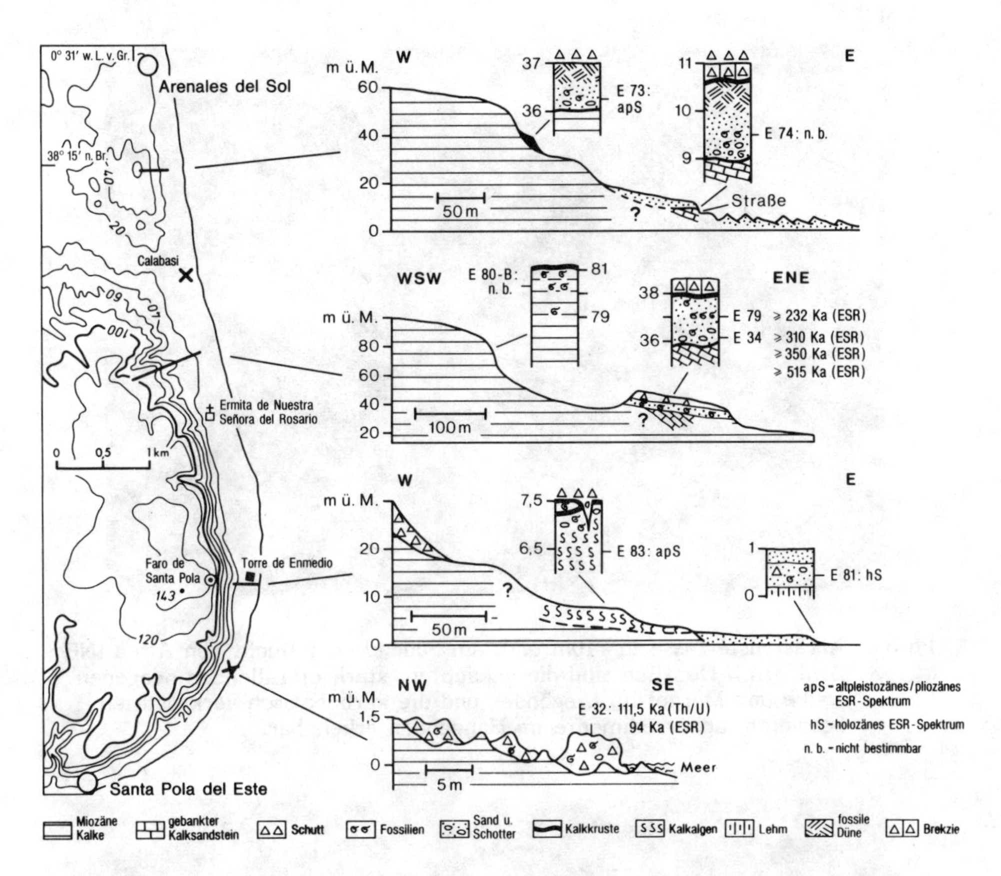

Fig. 6: Meeresterrassenprofile im Bereich der Santa Pola-Halbinsel

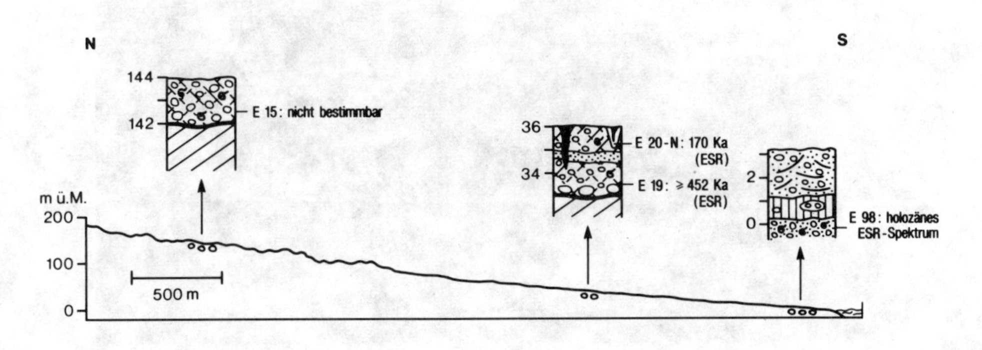

Fig. 7: Profil westlich der Rambla del Puente de la Quebrada

Foto 1: Abrasionsterrasse in +10m ü.M. am Südende der Bucht von Altea (NE Benidorm). Deutlich sind die gekappten, stark einfallenden neogenen Kalke und Mergel im Liegenden und die karbonatisch verkrusteten Schwemmfächersedimente im Hangenden erkennbar.

Foto 2: Strombus bubonius-Konglomerat bei Capnegret, das von +2,50m ü.M. (Vordergrund) nach NNE (Hintergrund) bis unter den Meeresspiegel abtaucht.

Foto 3: Verbogener, bis +4m ü.M. ansteigender Tyrrhenterrassenrest unterhalb des byzantinischen Kastells am Punto Culo de Perros, Südwestspitze des Campo de Dalías.

Foto 4: Durch Rambla- und Straßeneinschnitt aufgeschlossene Meeresterrasse bei El Alquián (11,5 km E Almería) in +33m Höhe (Terrassenbasis) über neogenen Mergeln (vgl. Fig. 7, mittleres Profil).

Untersuchungen zur zeitlichen Stellung mariner Terrassen und Kalkkrusten auf Fuerteventura (Kanarische Inseln, Spanien)

Ulrich Radtke

1. Einleitung

Die vorliegende Untersuchung zur Genese und zeitlichen Stellung der marinen Terrassen Fuerteventuras ist innerhalb der geomorphologischen Küstenforschung dem genetisch-geochronologischen Ansatz zuzuordnen, dessen Ziel und Aufgabe in der Rekonstruktion und Datierung der phasenhaften Entwicklung des Küstenreliefs liegt (KLUG 1984, 96).

Nachdem die Suche nach einer Meeresspiegelschwankungskurve mit weltweiter Gültigkeit beendet worden ist, liegt heute das Schwergewicht bei der Erforschung von Interferenzen zwischen Meeresspiegelschwankungen und Vertikalbewegungen der Lithosphäre eindeutig auf Regionaluntersuchungen. Zwar gibt es noch vereinzelt Vertreter, die eine global anwendbare Meeresspiegelschwankungskurve für erstellbar halten, doch ist dies sicherlich ein Irrweg, da weltweite Korrelationen anhand von Typuslokalitäten zu mannigfachen Widersprüchen geführt und einer fundierten geochronologischen Überprüfung nicht standgehalten haben. Durch die konsequente Anwendung absoluter Datierungsmethoden zeigte es sich, daß immer lokale bzw. regionale und überregionale tektonische Prozesse die eustatischen Meeresspiegelschwankungen überlagerten. Inwieweit Geoiddeformationen (MÖRNER 1981) einen entscheidenden Einfluß auf diese Schwankungen gehabt haben, braucht in diesem Zusammenhang nicht näher untersucht werden, doch muß festgehalten werden, daß sich die Blickrichtung der geomorphologisch-geochronologisch orientierten Küstenforschung in den letzten 20 Jahren grundlegend geändert hat. Dies bildet u.a. auch den Anlaß für eine küstenmorphologische Neuuntersuchung der Ostkanaren-Insel Fuerteventura und stellt somit einen Beitrag zum laufenden internationalen Korrelationsprojekt IGCP 200 (Late Quaternary sea-level changes) dar. Ziel dieses Programms ist die differenzierte Erfassung aller Einflüsse auf den Meeresspiegel, um u.a. eine weitestgehend gesicherte Basis für "prognostische und anwendungsbezogene Aussagen zu schaffen" (KLUG 1984, 97).

2. Physiogeographische Merkmale von Fuerteventura

Fuerteventura hat eine Größe von ca. 1731 km^2 und besitzt die "flache Gestalt eines asymmetrisch aufgewölbten Ovals" (KLUG 1968, 23 f.), dem im Süden der Hauptinsel die sichelförmige Halbinsel Jandia angegliedert ist. Die Länge der Insel beträgt insgesamt ca. 110 km und ist im Nord-Süd ausgerichteten Hauptteil ca. 25 km breit. 30 % der Oberfläche liegen unter 400 m ü. NN, ca. 1 % über 700 m. Der höchste Punkt Fuerteventuras befindet sich auf der mehr West-Ost ausgerichteten Halbinsel Jandia (Pico de la Zarza, 807 m ü. NN) (vgl. Abb. 1).

Der geologische Aufbau Fuerteventuras wird im wesentlichen durch vulkanische Gesteine bestimmt. Über einem prävulkanischen Basalkomplex mit über 1000 m mächtigen Kalk-, Ton-, Mergel- und Sandsteinen lassen sich vier unterschiedlich alte vulkanische Formationen unterscheiden. Die prävulkanischen mesozoischen Sedimentgesteine belegen, daß es sich - wie auch bei Lanzarote - bei den beiden ostkanarischen Inseln nicht um "ozeanische" Inseln handelt, sondern sie sind Teil des afrikanischen Kontinents oder zumindest seines Schelfes (ROTHE 1968) und vielleicht als "microcontinent" (DIETZ/SPROLL 1970) durch die Kontinentaldrift vom afrikanischen Kontinentalrand abgelöst worden.

Vor ca. 40 Mio. Jahren BP setzte dann zuerst ein submariner Vulkanismus ein, der vor ca. 20 Mio. Jahren BP in einen subaerischen überging und der die heutige Gestalt Fuerteventuras entscheidend geprägt hat.

Die Unterteilung in vier Basaltserien (HAUSEN 1958 und FUSTER et al. 1968) stützt sich neuerdings auch auf radiometrische K/Ar-Daten (z.B. ABDEL-MONEM et al. 1971, MECO/STEARNS 1981).

Während der Basalkomplex, der von ultrabasischen und intermediären Intrusionskörpern durchsetzt ist, vorwiegend im westlichen Betancuria-Massiv ansteht, wird der östliche Teil der Hauptinsel hauptsächlich von miozänen und pliozänen Basalten bedeckt. Das Nord-Süd ausgerichtete Längstal zwischen Betancuria-Massiv und Plateaulandschaft im Osten ist durch quartäre Abtragungs- und Verwitterungsprodukte aufgefüllt.

Der Nordteil der Insel besteht aus relativ jungen pleistozänen bis subrezenten Vulkaniten (vgl. Abb. 2).

Plio-pleistozäne Kalkarenite sind bedeutsam für die Entstehung breiter Sandstrände und Dünenfelder im Nordosten der Insel. Größere Dünenfelder und Kalkarenite befinden sich auch noch auf der Halbinsel Jandia und besonders im Bereich der Landenge von La Pared, die die beiden Inselteile verbindet.

Im Inneren der Insel und an den Küsten sind Kalkkrustenvorkommen von zum Teil größerem Ausmaß ausgebildet. Bezüglich der kontroversen Diskussion über die Genese und paläoklimatische Bedeutung der Krusten kann in diesem Kontext nur auf die einschlägige Literatur verwiesen werden (z.B. ROHDENBURG/SABELBERG 1973, WENZENS 1974, BLÜMEL 1981).

Geomorphologische Prozesse auf Fuerteventura und Probleme der Erforschung der semiariden aktuellen und vorzeitigen Morphodynamik sind ausführlich bei HEMPEL (1978, 1980) und HÖLLERMANN (1982) dargestellt, so daß hier auf diese den Untersuchungsgegenstand nicht direkt betreffende Übersicht verzichtet werden kann.

Bezüglich einer klima- und vegetationsgeographischen Gliederung wird auf die Arbeit von KUNKEL (1976, Hrsg.) verwiesen.

3. Forschungen zum marinen Neogen Fuerteventuras

Eine Dreigliederung der marinen Ablagerungen auf Fuerteventura wurde von HAUSEN (1958) vorgenommen. Er gliederte neben einem 1-2 m-Niveau eine 15 m-Terasse und ein "Hohes Kliff" in ca. 60 m ü.M. aus. Zwar fand er auf der 15 m-Terrasse miozäne Foraminiferen, doch hielt er diese für aus älteren Sedimenten aufgearbeitet und ordnete die beiden unteren Niveaus dem letztinterglazialen Meeresspiegelhochstand zu, während er für das höhergelegene Kliff eine Bildung im Tertiär nicht ausschloß.

Eine erste ausführliche Bearbeitung des marinen Quartärs erfolgte durch CROFTS (1965, 1967). CROFTS untersuchte vornehmlich die Westküste der Hauptinsel und fand eine vielgliedrige Terrassentreppe mit Stufen bei 2, 7 (4-11,5), 16, 23, 35 und 55 m ü.M.; die zeitliche Zuordnung gründete er auf eine Korrelation mit dem marokkanischen marinen Quartär (BEAUDET et al. 1967): Mellahien (2 m, Flandrien), Ouljien (8 m, Neotyrrhen), Rabatien (20 m, Eutyrrhen), Anfatien (30 m, Paläotyrrhen), Maarfien (50-60 m, Sizil) und Messaoudien (100 m Kalabrien). Diese Ergebnisse von CROFTS übernahmen LECOINTRE et al. (1967) und FUSTER et al. (1968).

Auch KLUG (1968) hielt sich im wesentlichen bei seiner küstenmorphologischen Studie an diese Gliederung. Zwar lag sein Schwerpunkt bei der Bearbeitung der Kanarischen Inseln nicht auf Fuerteventura, doch beschrieb er in Ergänzung zu CROFTS Gliederung der Ostküste der Hauptinsel noch ein eigenständiges 3-4 m- sowie ein 55 m-Niveau auf Jandia. Das 3-4 m-Niveau war durch eine C-14-Analyse (MÜLLER/TIETZ 1966) auf 22.000 BP datiert worden. Daraus deduzierte KLUG für die Entstehung der 55 m-Terrasse ein jungquartäres Alter, welches er auch durch einen "jugendlichen" morphologischen Formenschatz oberhalb der 55 m-Terrasse belegt sah. Jandia würde somit im Gegensatz zu der Hauptinsel - wie auch den anderen Kanarischen Inseln - ein eigenständiges tektonisches Verhalten aufweisen.

Unter Zugrundelegung neuer Forschungsergebnisse kamen MECO (1975, 1977) und MECO/STEARNS (1981) zu gänzlich anderen Resultaten.

Die älteste marine Einheit bildet bei ihnen eine durch K/Ar-Datierungen auf 12-6 Mio. Jahre BP eingegrenzte obermiozäne Abrasionsfläche. Der innere Saum, d.h. also die alte Klifflinie, ist zwar nirgendwo direkt aufgeschlossen, doch dürfte sie 40-50 m nicht überschreiten. Zeitlich wird diese Transgression mit der Transgression I auf Gran Canaria (Oberes Miozän) in Anlehnung an die Ergebnisse von LIETZ/SCHMINCKE (1975) parallelisiert.

Gleichfalls auf der Basis von K/Ar-Daten erfolgt die Zuordnung der nächstfolgenden Transgression zur sog. Transgression II auf Gran Canaria; die zeitliche Eingrenzung lag auf Fuerteventura im Altersbereich zwischen 2,7 und 4,25 Mio. Jahre BP. Die entsprechenden Sedimente lagern in Höhen von ca. 10 bis 55 m ü.M.; in ihnen wurde Strombus coronatus (früher bei CROFTS, LECOINTRE et al. und KLUG als Strombus bubonius beschrieben) und Rothpletzia rudista gefunden, welches auf ein wahrscheinlich oberpliozänes Alter schließen läßt (MECO/STEARNS 1981, 202). Die von CROFTS beschriebenen Terrassen in 7, 10 und 16 m ü.M. werden von ihnen diesem altpliozänen Hochstand zugeordnet.

Jungpleistozäne Sedimente in ca. 1-3 m ü.M. lassen sich in zwei Ablagerungen untergliedern, in denen entweder Strombus bubonius auftritt oder Patella sp. dominiert. Erstgenannte Sedimente könnten nach der Meinung von MECO/STEARNS dem Eutyrrhen, letztgenannte dem Neotyrrhen entsprechen. Für den möglichen Ablagerungszeitraum werden die letzten 250.000 Jahre vermutet, doch konnte aufgrund fehlender Datierungen keine genauere Differenzierung erfolgen.

Interessanterweise erlebt die "klassische" Gliederung von KLUG und CROFTS bei KLAUS (1983) eine unerwartete Renaissance. Leider geht aus der Arbeit nicht hervor, warum er auf eine Diskussion der Ergebnisse von MECO (1975, 1977) und MECO/STEARNS (1981) verzichtet. KLAUS findet auf Jandia in Anlehnung an die Ergebnisse von KLUG (1968) und LIETZ/SCHMINCKE (1975) auf Gran Canaria eine 2, 7 und 28 m-Terrasse, die er dem Holozän, dem Eem und dem Cromer-Interglazial, respektive, zuordnet. Bei der Deutung der 55 m-Terrasse schließt er sich trotz Bedenken gegen das C-14-Alter von 22.000 BP der Meinung KLUG's an und datiert sie als tyrrhenzeitlich (oder jünger), d.h. er vermutet zusätzlich eine differenzierte Tektonik auf Jandia.

Diese kontroversen Ansichten sind natürlich, z.B. für einen Geomorphologen, wenig hilfreich, der mit der Fußflächenentstehung oder der Kalkkrustengenese beschäftigt ist und die marinen Terrassen zur "Datierung" heranziehen möchte. Auch HÖLLERMANN weist auf das Problem hin, daß eine Datierung der Fußflächen (1982, 38) und Kalkkrusten (1982, 292), die die Strandterrassen als "Leithorizont" benutzt, zu interpretatorischen Schwierigkeiten führt; z.B. müßte sich die ausgedehnte Fußfläche im Nordwesten der Insel, die auf das 16 m-Niveau ausläuft, nach der "klassischen" Theorie noch bis in das Jungpleistozän fortgebildet haben.

Insgesamt erscheint es daher folgerichtig, die vorgestellten Ergebnisse einer kritischen Prüfung zu unterziehen und eine möglichst gesicherte Ausgangsbasis für weitergehende Arbeiten zu finden. Im folgenden werden zunächst die Ergebnisse der absoluten Altersbestimmungsmethoden vorgestellt und anschließend an typischen Lokalitäten im morphologisch-stratigraphischen Kontext exemplarisch diskutiert.

4. Die Ergebnisse der Th-230/U-234-Altersbestimmungsmethode

Mit der Th/U-Altersbestimmungsmethode wurden 8 Proben untersucht, um zu überprüfen, ob die Sedimente der 10-55 m-Terrasse von MECO/STEARNS pliozänen Alters sind oder ob sie sich jung- und mittelquartären Hochständen zuordnen lassen. Außerdem sollte festgestellt werden, ob die Sedimente der 2-3 m-Terrasse tatsächlich während der letzten 250.000 Jahre abgelagert wurden (MECO/

Tab. 1: Ergebnisse der $^{230}Th/^{234}U$-Altersbestimmungsmethode

Probe	U-238 (ppm) U-234 (ppm)	$\frac{U-238}{U-234}$	Th-232 (ppm)	Th-230 (dpm/g)	Alter (Ka)
Fossilien, 2-3 m-Terrasse (Strombus bubonius)					
D-594	0,72±0,02	1,29±0,06	0,02±0,001	0,49±0,01	$136(^{154}_{122})$
D-609	0,88±0,03	1,30±0,05	0,01±0,005	0,51±0,02	$103(^{116}_{91})$
Fossilien, 10-55 m-Terrasse (Ostrea sp.)					
D-602-c	0,33±0,08	1,06±0,08	0,02±0,005	0,31±0,01	∞(>500.000)
Umkristallisationen in Fossilien der 10-55 m-Terrasse					
D-608-c	0,12±0,02	0,99±0,16	0,01±0,005	0,017±0,003	$17(^{21}_{14})$
D-612-b	0,13±0,02	0,81±0,18	0,03±0,006	0,012±0,003	$17(^{27}_{11})$
Kalkkrusten					
D-587	0,57±0,03	1,05±0,05	0,57±0,002	0,44±0,01	$445(^{\infty}_{270})$
D-590-b	0,26±0,04	1,40±0,26	1,05±0,05	0,238±0,01	$222(^{\infty}_{146})$
D-591-b	0,66±0,02	1,08±0,05	1,07±0,04	0,45±0,01	$209(^{251}_{181})$

(Für die Analysen danke ich Herrn Priv.-Doz. Dr. A. Mangini, Institut für Umweltphysik der Universität Heidelberg.)

STEARNS) und dem Eutyrrhen bzw. dem Neotyrrhen zugeordnet werden können, oder ob es sich vielleicht doch um holozäne Bildungen handelt. Letztlich sollte untersucht werden, inwieweit die Datierung der Kalkkrusten in einem von KLAUS beschriebenen Profil an der Valluelomündung eine Abhängigkeit der Krustengenese von bestimmten Meeresspiegelhochständen nachgewiesen werden kann.

Eine verläßliche Datierung bei einem für Uran und Thorium geschlossenen System ist bis ca. 250.000 BP möglich; die absolute Datierungsobergrenze ist durch die unterschiedlichen Zerfallzeiten der Isotope begründet und liegt bei ca. 500.000 Jahren BP. Ermittelte Alter zwischen 250.000 und 500.000 Jahren BP müssen immer mit größter Vorsicht interpretiert werden und sind für stratigraphische Korrelationen nur von untergeordneter Bedeutung.

Die Datierungen an Strombus bubonius (Proben D-594 und D-609) ermöglichen eine eindeutige Zuordnung zum letztinterglazialen Meeresspiegelhochstand. Die hier untersuchte aragonitische Schnecke Strombus bildet für Thorium und Uran ein geschlossenes System und stellt bei ausreichender Größe des Fossils ein geeignetes Untersuchungsobjekt dar; aber auch an weniger geeignetem Material gemessene Th/U-Alter von z.B. 80.000 Jahren BP müssen in der Regel dem Maximum um 125.000 zugeschrieben werden. Dies bedeutet, daß zahlreiche im mediterranen Raum datierte sog. Neotyrrhen-Terrassen neu überprüft werden sollten (vgl. RADTKE 1983). Eine Überinterpretation der Möglichkeiten der Th/U-Methode führt schnell zu paläoklimatischen und tektonischen Fehlinterpretationen. Allein in Gebieten, in denen eine eindeutige Diskordanz in den Sedimenten oder eine eindeutige Terrassenstufe zwischen den Transgressionen des letzten Interglazials besteht, ist ein sinnvoller Einsatz der Th/U-Methode zur Trennung der Stufen 5a und 5e möglich.

Bei der Datierung der (vermutlich) pliozänen Sedimente der 10-55 m-Terrasse erreicht man natürlich die Obergrenze der Altersbestimmungsmethode (D-602-c); wegen übereinstimmender Ergebnisse mit der ESR-Methode konnte somit auf weitere aufwendige und kostenintensive Th/U-Datierungen verzichtet werden.

Interessante Ergebnisse zeigen aber die Datierungen an calcifizierten "Negativabdrücken" der gelösten Ostrea-Schalen. Zwei übereinstimmende Alter von ca. 17.000 BP (D-608 und D-612) sprechen für eine erhöhte Mobilisierung des Kalkes im Hochwürm, der anschließend in den oberflächennah anstehenden marinen Konglomeraten die "Hohlformen" wieder ausfüllte. Für die Altersbestimmung der Terrassen sind diese Alter natürlich ohne Belang, doch ergeben sich interessante paläoklimatische Interpretationsmöglichkeiten hinsichtlich eines relativ feuchten Klimaregimes im Hochwürm (vgl. LAUER/FRANKENBERG 1979).

Die Datierung des von KLAUS (1983) beschriebenen viergliedrigen Kalkkrustenprofils an der Valluelomündung östlich des Pico de la Zarza auf Jandia erbrachte ein etwas schwieriger zu interpretierendes Ergebnis. Zwar scheint die oberste Kruste mit 209(181-251) relativ sicher datiert, doch erlauben die hohen Fehlergrenzen bei der Datierung der darunterliegenden Krusten mit D-587 (445_{270}^{∞} Ka) und D-590-b (222_{146}^{∞} Ka) nur eine sehr vorsichtige Interpretation.

Die oberste Kruste auf der wahrscheinlich pliozänen 10-55 m-Terrasse ist nach dem ermittelten Alter dem vorletzten Interglazial um 200.000 zuzuordnen. Natürlich muß man berücksichtigen, daß bei der Datierung einer Kalkkruste jeweils nur die letzte Umbildungs- oder Neubildungsphase bestimmt wird. Die Anlage der Kruste kann in einer älteren erdgeschichtlichen Epoche zu suchen sein. Dies ist auch bei der Interpretation der unterlagernden Kalkkrusten zu beachten. So ist es wahrscheinlich zu erklären, daß die zweitunterste Kruste (D-587) wahrscheinlich älter ist als die drittunterste (D-590-b). Möglicherweise wurde die letztgenannte Kruste durch einen temporären Grundwasserstand oder -zufluß "verjüngt". In Anbetracht der "unendlichen" oberen Fehlergrenze ist es aber theoretisch auch möglich, daß die Alter der Krusten außerhalb des Datierungsbereiches der Th/U-Methode liegen und älteren Klimazyklen gleichzusetzen sind, d.h. eine Interpretation der Kalkkrusten als Zeugen (plio-)pleistozäner Klimaschwankungen möglich aber nicht beweisbar ist. Leider scheitert eine Überprüfung durch die ESR-Methode an den in Kap. 5 erläuterten Gründen.

Zwar kann man über das Entstehungsalter des Krustenstapels nur spekulieren, doch ist eine Parallelisierung mit vier pleistozänen Meeresspiegelschwankungen, wie sie KLAUS (1983) vorgenommen hat, m.E. aus morphologischen wie geochronologischen Gründen auszuschließen.

5. Die Ergebnisse der Elektronenspin-Resonanz-Altersbestimmungsmethode (ESR)

Bei der ESR-Altersbestimmungsmethode macht man sich die Tatsache zunutze, daß durch radiogene Strahlung paramagnetische Defekte induziert werden, d.h. ehemals gepaarte Elektronen werden auf ein höheres Energieniveau gebracht und können dann als ungepaarte Elektronen in diesen Elektronenfallen, je nach Stabilität des Kristallgitters, mehrere Millionen Jahre verharren.

Je länger also eine Probe der natürlichen Strahlung ausgesetzt bleibt, umso mehr ungepaarte Elektronen müssen entstehen. Mit dem Ausdruck "Archäologische Dosis" (AD) bezeichnet man dann das Maß für die vom Kristall seit seiner Entstehung aufgenommene natürliche Strahlungsdosis, d.h. die Anzahl der in den Fallen festgehaltenen Elektronen. Unter der Voraussetzung, daß die jährliche radioaktive Strahlung konstant geblieben ist, läßt sich das Alter der Probe aus folgender Beziehung berechnen:

$$\text{Alter (a)} = \frac{\text{Archäologische Dosis (rad)}}{\text{Jährliche Dosis (rad/a)}}$$

Die Archäologische Dosis erhält man dadurch, daß man die zu untersuchende Probe mit einer künstlichen Strahlungsquelle (z.B. Co-60) sukzessive bestrahlt. Hierdurch nimmt die Intensität der ESR-Signale zu (vgl. Abb. 3).

Die anwachsenden Signalhöhen werden dann gegen die jeweilige Dosisrate aufgetragen (z.B. 0, 2,5, 5, 7,5, 10 Krad). Nach Errechnung und Zeichnung der Ausgleichsgeraden (der Korrelationskoeffizient sollte immer angegeben werden), ermittelt man die Archäologische Dosis aus dem Schnittpunkt der Geraden mit der (negativen) Dosisrate (vgl. Abb. 4).

Die jährliche Dosis setzt sich aus einer internen und externen Strahlungsdosis zusammen; da die mittleren Reichweiten der verschiedenen Strahlungsarten sehr unterschiedlich sind (Alpha 20 µm, Beta 2 mm, Gamma ca. 30-40 cm) und der Gehalt an radioaktiven Elementen zwischen Fossil und Umgebungsmaterial i.d.R. verschieden ist, muß die durch Eigenbestrahlung entstehende interne Dosisrate getrennt von der externen berechnet werden.

Entweder wird durch die Bestimmung des K-, Th- und U-Gehaltes des Matrixmaterials die externe Dosis ermittelt (vgl. RADTKE 1983, GRÜN 1985), oder sie kann mit einem portablen Detektor direkt im Gelände gemessen werden. Maximale Uran- und Thoriumgehalte (2 bzw. 4 ppm) wurden bei dem Umgebungsmaterial der Probe D-607 ermittelt, i.d.R. lagen die Werte bei ca. 1 ppm U- und 1-2 ppm Th-Gehalt. Den höchsten Gehalt an Kalium hatte das Matrixmaterial von D-603 und D-595 (1,2 % K), den niedrigsten Anteil zeigte D-602 (0,053 %) bei

Tab. 2: Ergebnisse der ESR- und C-14-Altersbestimmung[1]

(Bei den eingeklammerten Werten handelt es sich um Durchschnittswerte.)

Probe	Externe Dosis (mrad/a)	Interne Dosis (mrad/a)	Archäologische Dosis (rad)	ESR-Alter (a) (±20 %)	^{14}C-Alter (a)
Fossilien, 1-3 m-Terrasse (Patella sp.)					
D-596	-	-	-	-	>37.900 (Ki-2335)
D-597	-	-	-	-	1.140±70 (Ki-2336)
Fossilien, 2-4 m-Terrasse (Strombus bubonius)					
D-594-a	39,6	16,8	7.200	128.700	
D-594-b	39,6	24	8.750	137.600	
D-595	93,3	3	(0)	(-)	1.940±70 (Ki-2334)
D-603	93,3	15	11.700	108.000	
D-609	51,9	19	9.590	135.000	
D-609	51,9	15	9.850	147.200	
D-613-I	79,5	7,4	9.100	104.800	
Fossilien, 10-55 m-Terrasse (Ostrea sp.)					
D-602-a	27,7	12,3	18.740	>625.000	
D-602-b	34,1	10	27.700	>628.000	
D-602-c	34,1	12	157.000	≥3.406.000	
D-606-a	106,3	12	48.900	>415.000	
D-606-b	106,3	(12)	21.200	>179.000	
D-607-a	170	8	29.000	>163.000	
D-607-b-I	160	1,9	114.900	>710.000	
D-607-b-II	160	5	142.100	>861.000	
D-607-c	160	8	67.500	>402.000	
D-608-a	87,5	4	86.600	>916.000	
D-608-b	87,5	5	39.000	>422.000	
D-610	72,5	27,5	28.700	>287.000	
D-610-I	87,5	(27,5)	640	>5.600	
D-611-a-I	169	12	20.270	>112.000	
D-611-a-II	169	(12)	18.290	>101.000	
D-611-b	154	15	2.090	>12.400	
D-611-c	164	(10)	49.000	>282.000	
D-612-a	159	5,7	55.000	>335.000	
D-616	45,7	47	118.260	>1.276.000	
D-617-a	60	(40)	9.210	>92.000	
D-617-b	45	40	111.450	>1.312.000	
Kalkkrusten					
D-580	-	n.b.	n.b.	n.b.	155±55 (Ki-2333)
D-581	-	73	3.400	46.600	
D-601	-	55	24.600	447.000	

[1] Für die durchgeführten C-14-Analysen danke ich Herrn Dr. J. Erlenkeuser, Institut für Kernphysik, Universität Kiel.

den Sedimenten und D-601-a (0,024 %) bei den Kalkkrusten[1].

Bei Kalkkrusten von ausreichender Mächtigkeit (ca. 0,6 m) und homogener Verteilung der radioaktiven Elemente sind externe und interne Dosis natürlich identisch. Für die Bestimmung des U-Gehaltes von Kalkkrusten reicht die Gammaspektrometrie im allgemeinen nicht aus; der Gehalt wird dann mittels der Fissiontrack-Methode ermittelt, welche auch bei Gehalten bis 0,1 ppm eine hohe Auflösung ermöglicht. Bei der Ermittlung der internen Dosisrate, die praktisch allein vom U-Gehalt abhängig ist, muß dieser natürlich möglichst exakt bestimmt werden. Die Werte, die anhand chemischer Trennung (vgl. Tab. 1) und durch Fissiontrack-Methode[2] nachgewiesen wurden, schwanken zwischen 0,038 ppm (D-596) und 1,1 ppm (D-616). Der Th-Gehalt von durchschnittlich 0,01-0,02 ppm bei Fossilien ist für die Altersberechnung ohne praktische Bedeutung. Eine Zusammenstellung der ESR-Alter zeigt die Tab. 2, in der jeweils interne und externe jährliche Dosis sowie Archäologische Dosis und Alter getrennt aufgeführt sind.

Die ermittelten absoluten Alter müssen wie folgt interpretiert werden.

Die Fossilien, unter denen Patella sp. dominiert und die an einigen Lokalitäten den älteren Ablagerungen mit Strombus bubonius auflagern und in der Regel kaum verfestigt sind, können anhand der C-14-Alter bei Puerto Rico zweifelsfrei als holozän datiert werden und gehören nicht generell - wie vermutet - (MECO/STEARNS 1981) zu einem jungquartären (neotyrrhenzeitlichen Meeresspiegelhochstand (vgl. Profil Abb. 6).

Die Datierungen an Strombus bubonius aus der 2-4 m-Terrasse erbringen in Übereinstimmung mit den Th/U-Altern eine sichere Zuordnung zu dem letztinterglazialen Hochstand um 125.000 Jahre BP. Zwar schwanken die Alter zwischen 104.000 und 147.000, doch liegt dies innerhalb der Fehlertoleranz.

Die Altersbestimmungen an den Fossilien der sog. 10-55 m-Terrasse, die an der Westküste der Hauptinsel und auf Jandia entnommen wurden, bieten auf den ersten Blick ein chaotisches Bild: D-610-I (≥5.600 Jahre BP) und D-602-c (≥3.406.000 Jahre BP) lassen nur schwerlich vermuten, daß es sich bei ihnen um Muscheln eines wahrscheinlich gleich alten Sediments handelt.

Erklärt werden kann diese breite Streuung der Daten durch zwei Erkenntnisse:

a) Die ESR-Methode ist nach "oben" durch die Rekombination der Elektronen im Kristallgitter begrenzt; bei Calcit liegt die Obergrenze einer möglichen Datierung wahrscheinlich bei ca. 2,5-3 Mio. Jahre BP. Die Untersuchungen an Fossilien aus einer Schicht haben gezeigt, daß diese Rekombination zu unterschiedlichen Zeitpunkten und unterschiedlich stark einsetzen kann. Bei sehr alten Proben ist es deshalb notwendig, sehr viele Proben eines Fundortes zu datieren; man erhält dann sehr viele Minimalalter in aufsteigender Linie, von der das älteste Alter wiederum zwar nur ein Minimalalter repräsentiert, doch ist es dem "wahren" Alter i.d.R. schon beträchtlich näher gekommen. Das heißt also, daß z.B. D-606-a (≥415.000) und D-606-b (≥179.000), welche bei der Entnahme direkt nebeneinander lagen, gleich alt sind, und zwar mindestens so alt wie die "ältesten" Alter von z.B. D-617-b und D-602-c mit >1,3 bzw. ≥3,4 Mio. Jahren BP. Berücksichtigt man dieses physikalische Phänomen, so wird belegt, daß die marinen Sedimente im Bereich zwischen 10 und 55 m ü.M. zu-

---

[1] Für die geochemischen und gammaspektrometrischen Analysen danke ich Herrn Dr. H. Pietzner, Geologisches Landesamt, Krefeld.

[2] Für die Bestimmung des U-Gehaltes durch die Fissiontrack-Methode danke ich Herrn Dr. R. Grün, Geologisches Institut der Universität zu Köln.

mindest pliozänen, wenn nicht älteren Alters sind. Auf keinen Fall ist aber eine Korrelation mit quartären Meeresspiegelhochständen möglich.

b) Zum Teil wurden Proben entnommen, die durch erosive Prozesse bedingt direkt an der Oberfläche des Konglomerats lagen, wie z.B. D-610-I, D-611-a oder D-617-a. Die teilweise extrem jungen Alter (D-610-I: >5.600 Jahre BP) sind wahrscheinlich der direkten Sonneneinstrahlung auf die Probe zuzuschreiben, denn die Verweildauer der Elektronen in den Fehlstellen sinkt mit steigender Temperatur. Mit Hilfe von Erhitzungsversuchen wird so auch im Labor versucht, die Obergrenze der Datierbarkeit anhand der einzelnen Signale im ESR-Spektrum zu ermitteln. Bei den hohen Temperaturen und der langen Sonnenscheindauer auf Fuerteventura wird das "in vitro"-Experiment des Labors praktisch "in vivo" vorgeführt und somit eine "Verjüngung" der Fossilien erreicht.

Eine deutliche Zunahme des Alters mit der Tiefe demonstrieren z.B. die in der Profilskizze bei Morro del Jable dargestellten ESR-Alter (vgl. Abb. 5).

Die "natürliche" Rekombination wird durch die zusätzliche Wärmestrahlung beschleunigt. Nur bei Proben, die in hinreichender Tiefe lagerten, kann man sicher sein, daß die Rekombinationsgeschwindigkeit vorwiegend durch die jährliche Durchschnittstemperatur gesteuert wurde.

Aufgrund der Mangan-Kontamination der Kalkkrusten war eine ESR-Altersbestimmung bis auf zwei Ausnahmen unmöglich. Wie die geochemischen Analysen zeigen, reicht schon ein Mangangehalt von 0,012 % (D-601-a) aus, um ein eigenes Signal zu erzeugen, welches das Calcit- bzw. Aragonitsignal völlig überlagert.

Um zu überprüfen, inwieweit die Kalkkrusten hinsichtlich ihrer geochemischen Zusammensetzung homogen sind, wurden D-601-a und D-601-b an verschiedenen Stellen entnommen. Zwar differieren die Werte bei Phosphor, Schwefel und Chlor leicht, doch sind die Proben hinsichtlich der für die Dosimetrie wichtigen Elemente K, Th und Uran praktisch identisch. Da aber bei D-601-a eine Infiltration von Eisen und Mangan stattgefunden hat, ist sie mit der ESR-Methode nicht mehr zu datieren. Allein D-601-b erbringt ein Alter von >447.000 Jahren BP. Diese Kruste lagert auf der sog. 16 m-Terrasse (im Nordwesten der Insel bei Playa Aljibe de la Cueva (vgl. Abb. 9) und widerlegt somit das postulierte tyrrhenzeitliche Alter der unterlagernden Terrassensedimente (vgl. Tab. 3).

Natürlich unterliegt die ESR-Datierung von Kalkkrusten ebenfalls den normalen Limitierungen der Methode, so daß das Minimalalter nur als zeitliche Untergrenze von Bedeutung sein kann (vgl. Kap. 6).

Die Datierung eines mit terrestrischen Mollusken durchsetzten und verfestigten Dünensandes südlich von Corralejo (D-581) ergab ein Alter von 46.000 Jahren BP, d.h. die Verfestigung des aus dem freigewordenen Schelfbereich ausgewehten Sandes muß schon im Frühwürm eingesetzt haben.

Dies ist nur ein solitäres Datum, welches natürlich nicht ausschließt, daß auch - wie im allgemeinen angenommen - eine verstärkte Auswehung aus dem Schelfbereich während des hochwürmzeitlichen absoluten Meeresspiegeltiefstands stattgefunden hat. Eine flächendeckende Untersuchung könnte über den Ablauf von Auswehung und Verfestigung sicherlich interessante Ergebnisse liefern.

Wie die C-14-Datierungen von VERMEIRE et al. (1974) zeigen, ist wahrscheinlich während zahlreicher Perioden im Pleistozän und Holozän eine Kalkkrustenbildung möglich gewesen. Innerhalb einer Kruste, die südlich von P. de la Pena entnommen wurde, konnten von innen und außen folgende Alter ermittelt werden: 23.900, 17.500 und 5.130 Jahre BP.

Tab. 3: Geochemische Analysen von Kalkkrusten
(x = nicht vorhanden, - = nicht untersucht)

	D-581	D-606-K	D-585	D-601-a	D-601-b
SiO_2	2,29	7,18	7,93	6,87	6,40
TiO_2	0,073	0,390	0,319	0,209	0,170
Al_2O_3	0,632	1,61	2,12	1,30	1,27
Fe_2O_3	0,365	1,32	1,27	0,779	0,093
Cr_2O_3	x	-	-	-	x
MnO	x	0,24	0,030	0,012	x
MgO	2,69	7,60	2,65	3,58	3,37
CaO	49,48	40,95	43,85	44,45	45,11
SrO	0,260	0,124	0,054	0,100	0,112
BaO	x	0,006	0,018	0,012	0,023
Na_2O	x	x	0,163	x	x
K_2O	0,028	0,053	0,169	0,024	0,029
Rb_2O	x	-	-	-	x
P_2O_5	0,135	x	x	x	0,112
SO_3	0,463	0,137	0,15	0,155	0,852
Cl	0,085	0,066	x	0,128	0,499
Il	43,58	40,86	39,73	41,01	41,25
Alter (a)	46.000				$\geq$447.000

Das C-14-Alter des Kalkbandes aus dem Profil bei Puerto Rico (D-580) belegt, daß die "Kalkkrustenbildung" praktisch bis zum heutigen Tag möglich ist und auch stattfindet. Bei der untersuchten Kruste handelt es sich aber um ein geringmächtiges Band (vgl. Abb. 6) von wenigen Zentimetern; die zum Teil schon sehr stark verfestigten Krusten mit Mächtigkeiten von 1-2 Metern sind natürlich älteren Entstehungsalters und können unmöglich in wenigen Jahrhunderten gebildet worden sein.

6. Exemplarische Beschreibung von relevanten Terrassenprofilen

Im folgenden sollen noch einmal kurz einige der ermittelten absoluten Alter anhand einiger wichtiger Lokalitäten erläutert werden.

a) Puerto Rico

In dem Terrassenprofil bei Puerto Rico lagern holozäne Sedimente über dem jungquartären Beachrock mit Strombus bubonius (vgl. Abb. 6). Wie die Datierungen zeigen, sind holozäne Fossilien in den älteren Beachrock mit eingearbeitet worden (D-595, C-14-Alter: 1.940 Jahre BP; D-603, ESR-Alter: 108.000 Jahre BP), was die Notwendigkeit von Kontroll- bzw. Reihendatierungen eindringlich belegt. Die auflagernden, kaum verfestigten Schotter mit Patella sp. (D-597, C-14-Alter: 1.140 Jahre BP) sind erst in jüngerer Zeit abgelagert worden, wahrscheinlich während eines frühmittelalterlichen Meeresspiegelhochstandes (für den es kaum Belege gibt) oder während einer Sturmflut zu dieser Zeit. Abgeschlossen wird das Profil durch eine dünne, sehr junge Kalkkruste (D-580: 155 Jahre BP).

Die Altersbestimmung an Patella sp. aus einem vom äußeren Erscheinungsbild ähnlichen Aufschluß bei Punta de Gerepe ergab aber ein C-14-Alter von >37.000 (D-596). Das bedeutet, daß nicht alle unverfestigten Schotterkörper mit Patella sp. über dem Beachrock mit Strombus bubonius unbedingt gleichen Alters sind. Auch hier müssen weitergehende Untersuchungen zeigen, ob es sich bei diesen Sedimenten nicht vielleicht doch um letztinterglaziale Zeugen eines neotyrrhenzeitlichen Hochstandes handelt, wie es z.B. MECO/STARNS vermuten. Eine generelle Zuweisung der Patella-Sedimente zum Jungquartär konnte aber widerlegt werden.

b) Punto del Viento und Morro del Jable

In den in Abb. 7 und Abb. 8 abgebildeten Profilen von der Südküste Jandias findet man im 2-4 m-Bereich einen Beachrock mit Strombus bubonius, welcher sicher in das letzte Interglazial datiert werden konnte (D-613-I, D-609).

Ihnen schließt sich landwärts ein deutlich ausgeprägtes Kliff von durchschnittlich 15-25 m Höhe an. Marine Sedimente auf der nächsthöheren Terrassenfläche können bei Morro del Jable bis ca. 55 m ü.M. verfolgt werden; diese Ablagerungen enthalten ..icht, wie früher angegeben, Strombus bubonius, sondern Strombus coronatus, der nach MECO/STEARNS charakteristisch für eine pliozäne Fauna ist. Dies wird durch die absoluten Datierungen bestätigt, obwohl die ermittelten Minimalalter natürlich kein Beweis für ein pliozänes Alter sind.

c) Playa del Aljibe de la Cueva

An der Westküste von Fuerteventura sind im Gegensatz zur geschützten Ostküste keine jungquartären Sedimente erhalten geblieben, was durch die ungehinderte Abrasion erklärt werden kann. Wie schon ausgeführt, konnten die von CROFTS, KLUG und anderen beschriebenen jung- und mittelquartären Terrassenflächen weder morphologisch noch geochronologisch bestätigt werden. Am Profil in Abb. 9 sind die gewonnenen Erkenntnisse noch einmal veranschaulicht.

Über dem Basiskomplex lagern marine Sedimente von durchschnittlich 1 m Mächtigkeit, deren Alter auf mindestens 3,4 Mio. Jahre bestimmt wurde. Überlagert wird diese Schicht von jüngeren Basalten, zum Teil aber auch von einem marinen Kalk, auf dem ein zweites marines fossilführendes Band folgt (vgl. HÖLLERMANN 1982, 291). Abgeschlossen wird die Abfolge von einer Kalkkruste, dessen harte Oberkruste ca. 0,5-1 m mächtig ist. Aus dieser Schicht wurde auch die Probe D-601 entnommen (ESR-Alter: ≥447.000 Jahre BP). Kalkkruste und landeinwärts sich anschließendes Pediment müssen also deutlich älter sein als bisher angenommen (HÖLLERMANN 1982), da eine jungquartäre 7-8 m-Terrasse nicht nachzuweisen ist, auf die sich die zitierte Alterseinstufung gründet.

Die marinen Ablagerungen auf der wahrscheinlich miozänen 16 m-Abrasionsterrasse können durch MECO/STEARNS anhand von K/Ar-Datierungen auf ein Intervall zwischen 2,7 und 4,25 Mio. Jahre BP eingegrenzt werden, wodurch die Vermutung eines oberpliozänen Alters erhärtet wird.

Zusammenfassung

Der morphologische Befund und die geochronologischen Analysen belegen zweifelsfrei, daß die Etablierung einer mehrgliedrigen Terrassentreppe auf Fuerteventura (CROFTS 1967, LECOINTRE et al. 1967, KLUG 1968 und KLAUS 1983) nicht nachvollzogen werden kann.

Allein die ersten Untersuchungen von HAUSEN (1959) kommen dem heutigen durch absoluten Datierungen belegten Forschungsstand sehr nahe. Zwar ordnete er seine 16 m-Terrasse trotz miozäner Fauna - die er für aufgearbeitet hielt - dem letzten Interglazial zu, doch erkannte er richtig, daß neben einer tertiären (?) Terrasse in max. 60 m ü.M. und der (miozänen) 16 m-Abrasionsterrasse nur noch marine Sedimente existieren, die in geringer Höhenlage über dem heutigen Meeresspiegel zu finden sind. Von den Anhängern der Theorie rein eustatisch entstandener Meeresterrassen wurden diese Ergebnisse nicht genügend berücksichtigt, und man versuchte, sämtliche Verebnungen in das enge Korsett der "klassischen" Gliederung des mediterranen marinen Quartärs zu zwängen. Aufkommende Zweifel wurden i.d.R. verdrängt oder mit tektonischen Verstellungen erklärt.

Durch die Möglichkeit der K/Ar-Datierung von Vulkaniten auf Gran Canaria konnte LIETZ (1975) zwar die Transgressionen der Westinseln zeitlich eingrenzen, doch können diese Ergebnisse nicht auf die Ostinseln - zumindest nicht auf Fuerteventura - übertragen werden.

Dies erkannten MECO (1975, 1977) und MECO/STEARNS (1981) und wiesen neben Transgressionen im Miozän (16 m-Abrasionsplattform) und Altpliozän (10-55 m-Terrasse, Strombus coronatus) zwei Hochstände im Jungpleistozän nach (3-4 m, Strombus bubonius; 1-3 m, Patella sp.); für die letztgenannten Meeresspiegelschwankungen wurde ein Zeitraum von ca. 250.000 Jahren angegeben und eine Parallelisierung mit Eutyrrhen und Neotyrrhen vermutet.

Die vorgelegten Datierungen belegen demgegenüber, daß die Sedimente mit Strombus bubonius nicht älter als ca. 120.000-130.000 Jahre alt sein können und die Ablagerungen mit Patella sp. zum Teil jungholozänes Alter besitzen.

Betrachtet man die auf Fuerteventura gewonnenen Ergebnisse im weltweiten Vergleich, so erkennt man, daß während der letzten 150.000 Jahre allein während des Maximums des letzten Interglazials um 120.000-130.000 BP der Meeresspiegel eine Höhe erreicht hat, die wahrscheinlich 5 m über dem heutigen gelegen hat (vgl. Abb. 10).

Dieser Befund koinzidiert ebenso mit den Verhältnissen auf Fuerteventura wie die Untersuchungen z.B. auf Barbados, welche durchweg belegen, daß sich der Meeresspiegel zumindest während der Brunhes-Epoche, d.h. während der letzten 700.000 Jahre, in den Interglazialen in einer Höhenlage befand, die der heutigen Meeresspiegelhöhe vergleichbar war. Die Abb. 11 demonstriert dies an zwei Terrassenprofilen auf Barbados. Unter Zugrundelegung einer konstanten Hebungsrate sind die (eustatisch bedingten) Meeresspiegelschwankungen auf maximal ±20 m einzugrenzen.

Bei einem völligen Fehlen von älteren marinen Terrassen auf Fuerteventura könnte dies für eine relative tektonische Stabilität der Insel zumindest im Mittel- und Jungpleistozän sprechen, d.h. der rein eustatisch bedingte Meeresspiegelanstieg hätte die +5 m-Linie nie überschritten und die vorangegangenen Warmzeiten wären nicht "wärmer" als die letzte gewesen. Rein theoretisch sind natürlich auch Senkungsbewegungen während des Mittelpleistozäns in Betracht zu ziehen, die eine Absenz der korrelaten Terrassen erklären könnten, doch sollte die erstgenannte Möglichkeit bei weiteren Untersuchungen verstärkte Beachtung finden.

Summary

Using absolute dating methods (C-14, Th-230/U-234 and ESR) it was demonstrated that the "classic" eustatic terrace model is not applicable to Fuerteventura, Canary Islands.

The Investigations - relating to the International Geological Correlation Project "IGCP 200"- indicate once again that a complete world-wide revision of the chronostratigraphy of marine terraces is urgently needed. Besides Holocene sediments (0-3 m a.s.l., 1000-2000 years BP) only sediments of the Upper Quaternary (2-(4)m a.s.l., 125.000 years BP) and the Pliocene (?) (max. 55 m a.s.l., $\geq$3,4 Mio. year) were found. A completely lack of Middle- and Lower Quaternary terraces exists.

Since that Last Interglacial Epoch, at least, the island appears not to have been affected by tectonic movements, even most probably during the Middle Pleistocene, if one takes into account that the paleo-sea-level was only around 125.000 BP higher than at present.

Literatur

ABDEL-MONEM, A., WATKINS, N.D., GAST, P.W. (1971): Potassium-Argon ages, volcanic stratigraphy, and geomagnetic polarity history of the Canary Islands: Lanzarote, Fuerteventura, Gran Canaria and La Gomera. American Journal of Science, 271, 490-521.

ARANA, V., CARRECEDO, J.C. (1979): Los volcanes de las Islas Canarias II: Lanzarote y Fuerteventura. Madrid, 176 S.

BEAUDET, G., MAURER, G., RUELLAN, A. (1967): Le quaternaire Marocain. Observations et hypothèses nouvelles. Rev. Geogr. Phys. Geol. Dyn. (2), Vol. 9, Fasc. 4, 269-310.

BENDER, M.L., FAIRBANKS, R.G., TAYLOR, F.W., MATTHEWS, R.K., GODDARD, J.K., BROECKER, W.S. (1979): Uranium-series dating of the Pleistocene reef tracts of Barbados, West Indies. Geol. Soc. Am. Bull., I, 90(1), S. 577-594.

BLÜMEL, W.D. (1981): Pedologische und geomorphologische Aspekte der Kalkkrustenbildung in Südwestafrika und Südostspanien. Karlsruher Geographische Hefte, 10, 228 S.

BRAMWELL, D. (1976): The endemic flora of the Canary Islands. In: G. KUNKEL (Hrsg.), Biogeography and Ecology in the Canary Islands, Monographiae Biologicae 30, The Hague, 207-240.

BUTZER, K.W. (1983): Global sea level stratigraphy: An Appraisal. Quat. Sci. Rev. 2, 1-15.

CAREY, S.W. (1981): Causes of sea-level oscillations. Proc. Roy. Soc. Victoria 92(1), 13-17, Melbourne.

CENDRERO, A. (1966): Los volcanos recientes de Fuerteventura (Islas Canarias). Estudios Geologicos 22, S. 201-226, Madrid.

CLARK, J.A. (1980): A numerical model of worldwide sea level changes on a viscoelastic earth. In: N.A. MÖRNER (Hrsg.): Earth Rheology, Isostasy and Eustasy, 525-534.

CROFTS, R.A. (1965): The raised beaches of west Fuerteventura, Canary Island. B.A. thesis, Liverpool.

ders. (1967): Raised beaches and chronology in north west Fuerteventura, Canary Island. Quaternaria 9, 247-260.

CRONIN, T.M. (1983): Rapid sea level and climate change: Evidence from continental and island margins. Quat. Sci. Rev. 1, 177-214.

DIETZ, R.S., SPROLL, W.P. (1970): East Canary Islands as a microcontinent within the Africa-North America continental drift fit. Nature 226, 1043-1045.

FERNANDOPULLE, D. (1976): Climatic characteristic of the Canary Islands. In: G. KUNKEL (Hrsg.) Biogeography and Ecology in the Canary Islands, The Hague, 185-206.

FUSTER, J.M., CENDRERO, A., GASTESI, P., IBARROLA, E., RUIZ, J.L. (1968): Geology and volcanology of the Canary Islands, Fuerteventura. Inst. 'Lucas Mallada', Madrid, Intern. Symp. Volcanology, Tenerife, Sept. 1968, Spec. Pub., 239 S.

GERSTENHAUER, A., RADTKE, U., MANGINI, A. (1983): Neue Ergebnisse zur quartären Küstenentwicklung der Halbinsel Yucatán/Mexico. Essener Geogr. Arb. 6, 187-199.

GOUDIE, A. (1973): Duricrusts in tropical and subtropical landscapes. Oxford, 174 S.

GRÜN, R., BRUNNACKER, K. (1983): Absolutes Alter jungpleistozäner Meeresterrassen und deren Korrelation mit der terrestrischen Entwicklung. Z. Geomorph. N.F. 27,3, 257-264.

GRÜN, R. (1985): Beiträge zur ESR-Datierung. Sonderveröffentl. d. Geol. Inst. Univ. Köln, 59, 157 S.

HAUSEN, H. (1958): On the geology of Fuerteventura (Canary Islands). Soc. Sci. Fennica, Comm. Phys.-Math. 22(2), 211 S.

HEMPEL, L. (1978): Physiogeographische Studien auf der Insel Fuerteventura (Kanarische Inseln). Münst. Geogr. Arb. 3, 53-102.

ders. (1980): Studien über rezente und fossile Verwitterungsvorgänge im Vulkangestein der Insel Fuerteventura (Islas Canarias, Spanien) sowie Folgerungen für die quartäre Klimageschichte. Münst. Geogr. Arb. 9, 7-67.

HENNIG, G.J., GRÜN, R. (1983): ESR dating in Quaternary Geology. Quat. Sci. Rev. 2, 157-238.

HÖLLERMANN, P. (1982): Studien zur aktuellen Morphodynamik und Geoökologie der Kanareninseln Teneriffa und Fuerteventura. Abh. Akad. Göttingen, Math.-Physikal. Klasse, 3(34), 406 S.

KERR, R.A. (1980): Changing global sea levels as a geologic index. Science, 209, 483-486.

KIDSON, C. (1982): Sea level changes in the Holocene. Quat. Sci. Rev. 1, 121-151.

KLAUS, D. (1983): Verzahnung von Kalkkrusten mit Fluß- und Strandterrassen auf Fuerteventura/Kanarische Inseln. Ess. Geogr. Arb. 6, 93-127.

KLUG, H. (1968): Morphologische Studien auf den Kanarischen Inseln. Beiträge zur Küstenentwicklung und Talbildung auf einem vulkanischen Archipel. Schr. Geogr. Inst. Univ. Kiel 24(3), 184 S.

ders. (1984): Die Geomorphologie der Küsten und des Meeresbodens zwischen Tradition, Innovation und Determination. Z. Geomorph. N.F., Suppl.-Bd. 50, 91-105.

KUNKEL, G. (1976) (Hrsg.): Biogeography and Ecology in the Canary Islands. Monographiae Biologicae, 30 (J. Illies, Hrsg.). The Hague.

KREJCI-GRAF, K. (1960): Zur Geologie der Makaronesen: 4. Krustenkalke. Z. Dt. Geol. Ges. 112, 36-61.

KU, T.-L., BULL, W.B., FREEMAN, S.T., KNAUSS, K.G. (1979): Th-230/U-234 dating of pedogenic carbonates in gravelly desert soils of Vidal Valley, Southern California. Geol. Soc. Am. Bull. 90(2), 1063-1073.

LAUER, W., FRANKENBERG, P. (1979): Zur Klima- und Vegetationsgeschichte der westlichen Sahara. Akad. Wiss. Lit. Mainz, Abh. Math. Naturw. Kl. 1, 3-61.

LECOINTRE, G., TINKLER, K.J., RICHARDS, G. (1967): The marine Quaternary of the Canary Islands. Acad. Nat. Sci. Philadelphia Proc. 119, 325-344.

LIETZ, J., SCHMINCKE, H.-U. (1975): Miocene-Pliocene sea-level changes and volcanic phases on Gran Canaria (Canary Islands) in the light of new K-Ar ages. Palaeogeogr., Palaeoclimat., Palaeoecol. 18, 213-239.

MECO, J. (1975): Los niveles con "Strombus" de Jandia (Fuerteventura, Islas Canarias). Anuario Estudios Atlanticos 21, 643-660.

ders. (1977): Paleontologia de Canarias I: "Los Strombus neogenes y cuaternarios del Atlantico euroafricano". Ediciones del Excmo., Cabildo Insular de Gran Canaria, 142 S.

MECO, J., STEARNS, C.E. (1981): Emergent littoral deposits in the Eastern Canary Islands. Quat. Res. 15, 199-208.

MÖRNER, N.A. (1979): Eustasy and geoid changes as a function of core/mantle changes. In: Earth Rheology, Isostasy and Eustasy, N.A. Mörner (Hrsg.), 535-553.

ders. (1981): Eustasy, Paleoglaciation and Paleoclimatology. Geol. Rundsch. 70, 691-702, Berlin.

MÜLLER, G., TIETZ, G. (1966): Recent dolomitaziation of quaternary biocalcarenites from Fuerteventura (Canary Islands). Contr. Mineral. Petrol. 13, 89-96.

diess. (1975): Regressive diagenesis in Pleistocene eolianites from Fuerteventura, Canary Islands. Sedimentology 22, 485-496.

MÜLLER, J. (1969): Mineralogisch-sedimentpetrographische Untersuchungen an Karbonatsedimenten aus dem Schelfbereich um Fuerteventura und Lanzarote (Kanarische Inseln). Diss. Heidelberg, unveröff., 99 S.

NETTERBERG, F. (1978): Dating and correlation of calcretes and other pedocretes. Trans. Geol. Soc. S. Afr. 81, 379-391.

RADTKE, U. (1983): Genese und Altersstellung der marinen Terrassen zwischen Civitavecchia und Monte Argentario unter besonderer Berücksichtigung der Elektronenspin-Resonanz-Altersbestimmungsmethode. Düss. Geogr. Schr. 22, 182 S.

RADTKE, U., HENNIG, G.J., LINKE, W., MÜNGERSDORF, J. (1981): $^{230}Th/^{234}U$- and ESR-dating problems of fossil shells in Pleistocene marine terraces (Northern Latium, Central Italy). Quaternaria 23, 37-50.

RADTKE, U., MANGINI, A., GRÜN, R. (1985): ESR dating of fossil marine shells. Nuclear tracks, 10(1,2), (im Druck).

ROHDENBURG, H., SABELBERG, U. (1973): Quartäre Klimazyklen im westlichen Mediterrangebiet und ihre Auswirkungen auf die Relief- und Bodenentwicklung. Catena 1, 71-180.

RONA, P.A., NALWALK, A.J. (1970): Post-early Pliocene uncomformity on Fuerteventura, Canary Islands. Geol. Soc. Am. Bull. 81, 2117-2122.

ROTHE, P. (1966): Zum Alter des Vulkanismus auf den östlichen Kanaren. Soc. Sci. Fenn., Comm. Phys. Math. 31, 80.

ders. (1968): Mesozoische Flyschablagerungen auf der Kanareninsel Fuerteventura. Geol. Rundsch. 58, 314-322.

SCHMINCKE, H.-U. (1976): The Geology of the Canary Islands. In: G. KUNKEL (Hrsg.), Biogeography and Ecology in the Canary Islands, Monographiae Biologicae 30, The Hague, 67-184.

SHACKLETON, N.J., OPDYKE, N.D. (1973): Oxygen isotope and paleomagnetic stratigraphy of equatorial Pacific core V28-238; oxygene temperature and ice volumes on a 10^5 and 10^6 year cycle. Quat. Res. 3, 39-46.

STEARNS, C.E. (1983): Uranium-series dating and the history of sea level. New York Univ. Symp. on Quart. Dating Methods, 1981, Manuskript.

TIETZ, G.F. (1969): Mineralogische, sedimentpetrographische und chemische Untersuchungen an quartären Kalkgesteinen Fuerteventuras (Kanarische Inseln, Spanien). Diss. Heidelberg, unveröff., 148 S.

VAIL, P.R., HARDENBOL, J. (1979): Sea level changes during the Tertiary. Oceanus, 22, 71-86.

VERMEIRE, R., DAUCHOT-DEHON, M., DE PAEPE, P. (1974): Sur l'âge d'une croûte calcaire de la zone occidentale de l'île de Fuerteventura (Ile Canaires). Pedologie, 14(1), 40-48.

WENZENS, G. (1974): Morphologische Entwicklung ausgewählter Regionen Nordmexikos unter besonderer Berücksichtigung des Kalkkrusten-, Pediment- und Poljeproblems. Düsseldorfer Geogr. Schr. 2, 330 S.

Abb. 1: Höhenschichtenkarte Fuerteventuras und Lageverzeichnis der Probenentnahmestellen

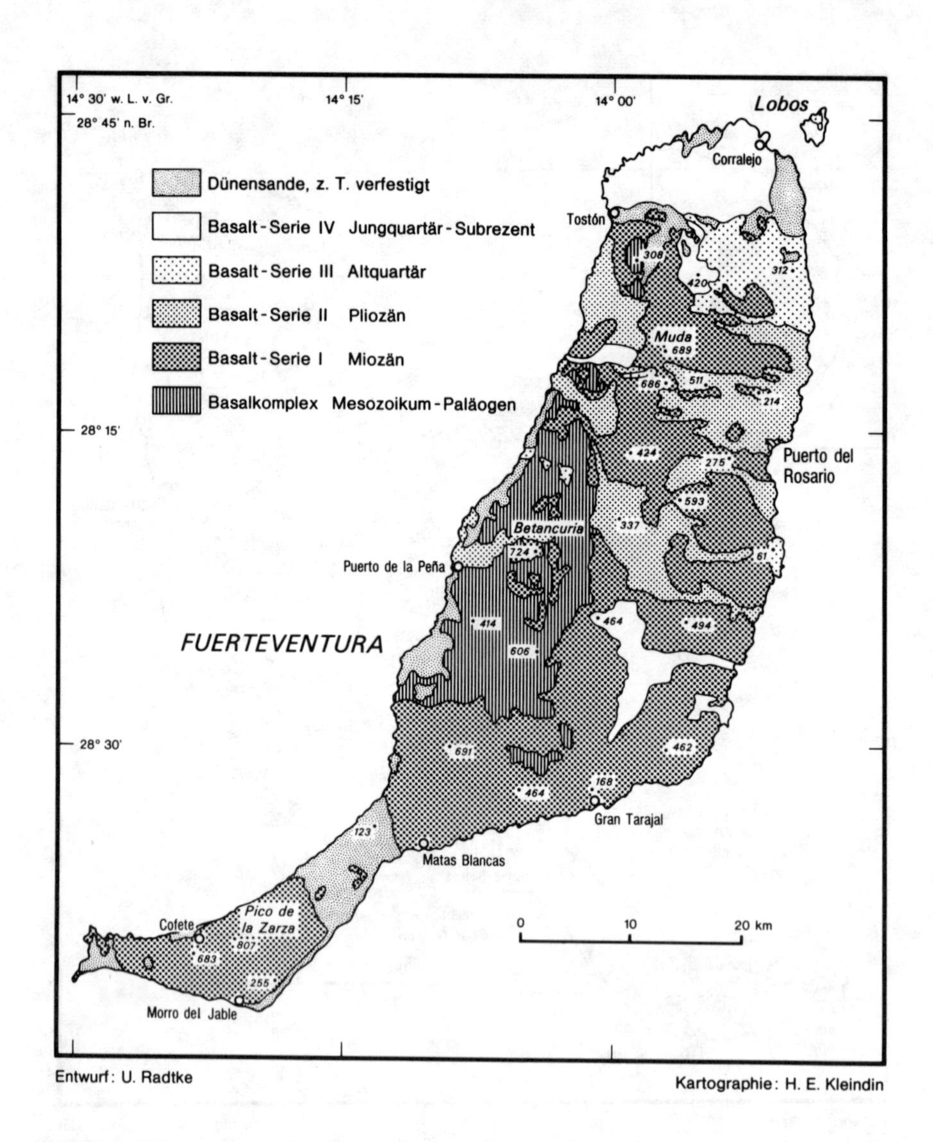

Abb. 2: Die geologische Struktur Fuerteventuras

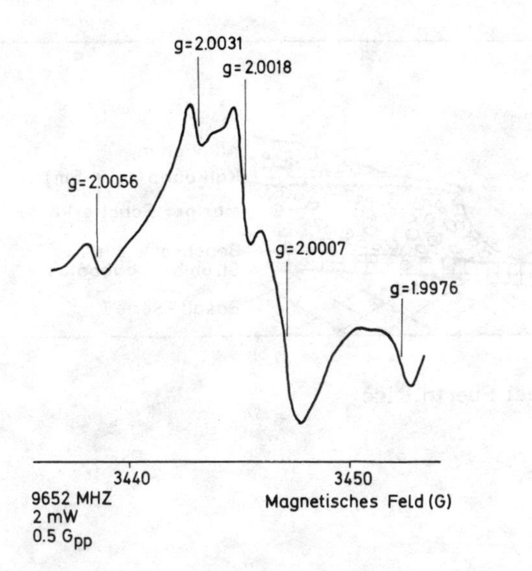

Abb. 3: Typisches ESR-Spektrum einer aragonitischen Muschel oder Schnecke

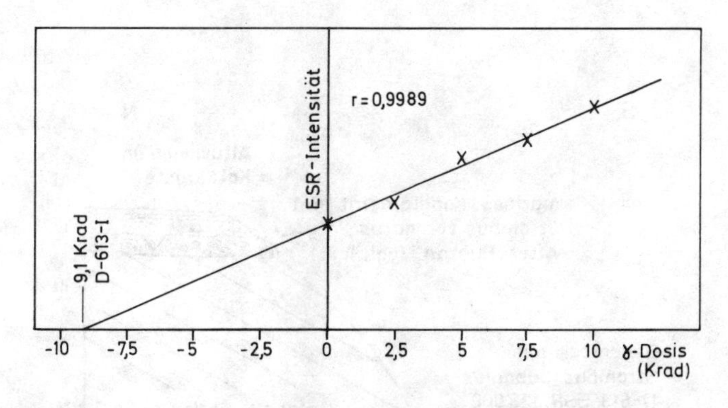

Abb. 4: Ermittlung der Archäologischen Dosis

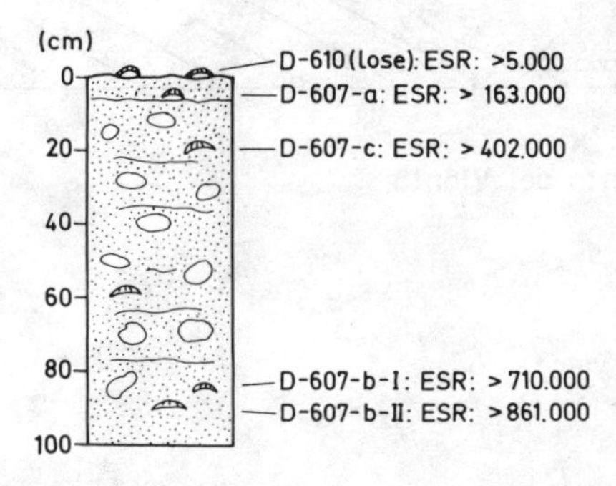

Abb. 5: Abhängigkeit des ESR-Alters von Sonnenexposition und Entnahmetiefe

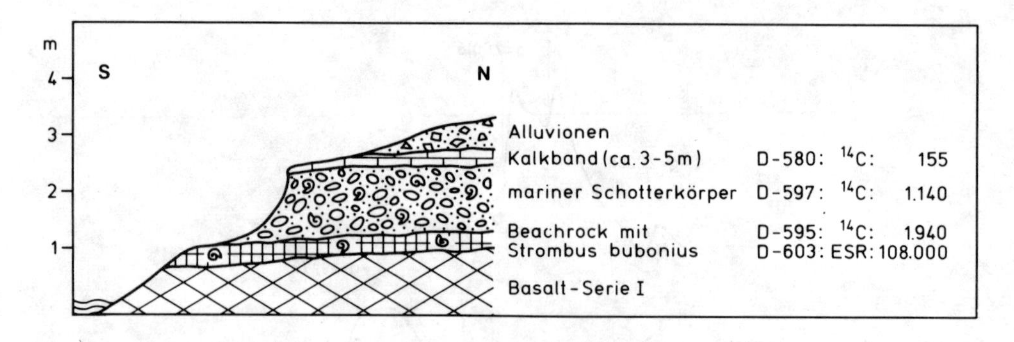

Abb. 6: Profil bei Puerto Rico

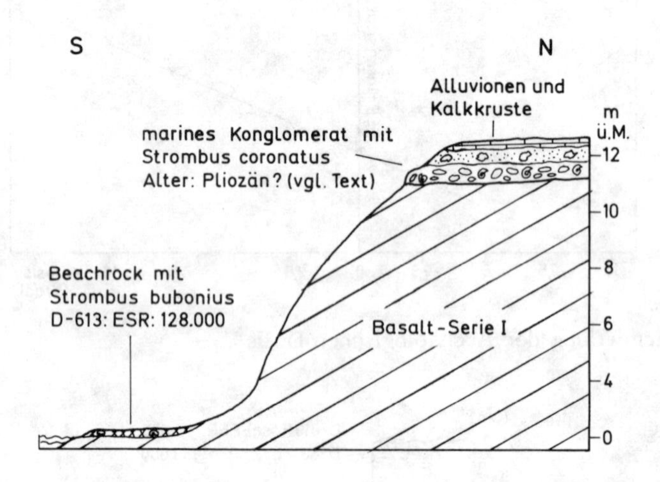

Abb. 7: Profil bei Punto del Viento

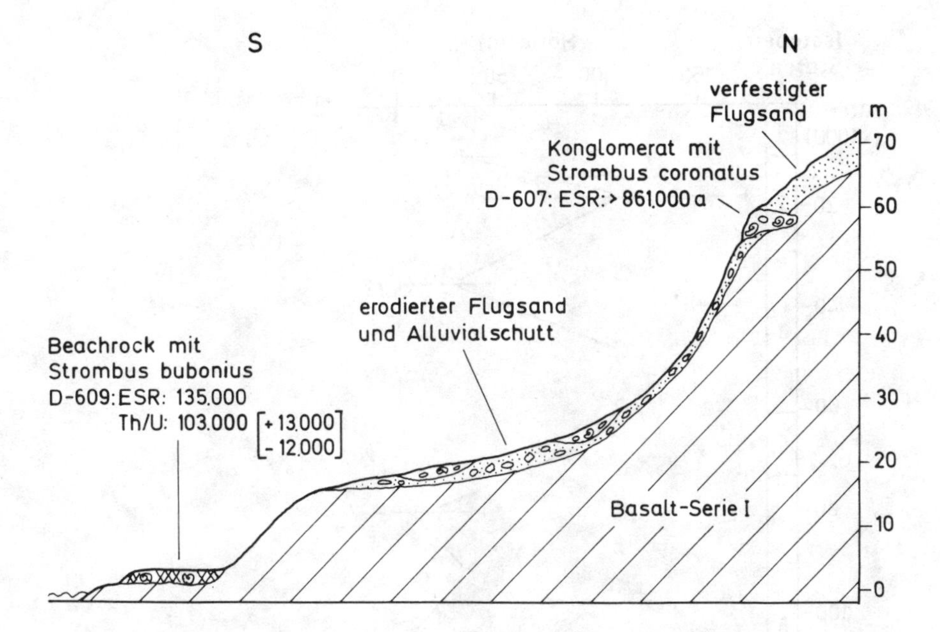

Abb. 8: Profil bei Morro del Jable

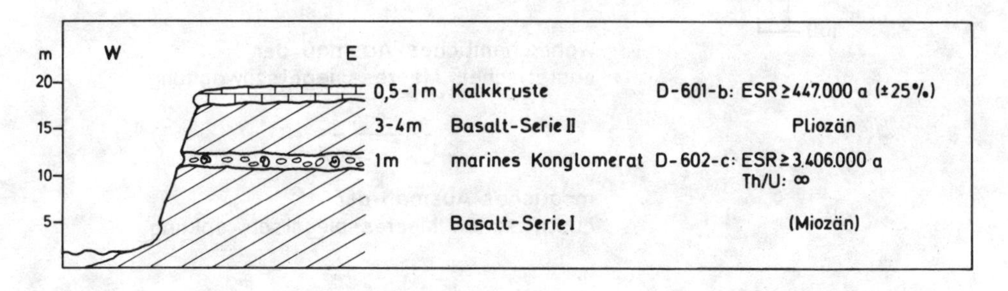

Abb. 9: Profil bei Playa del Aljibe de la Cueva

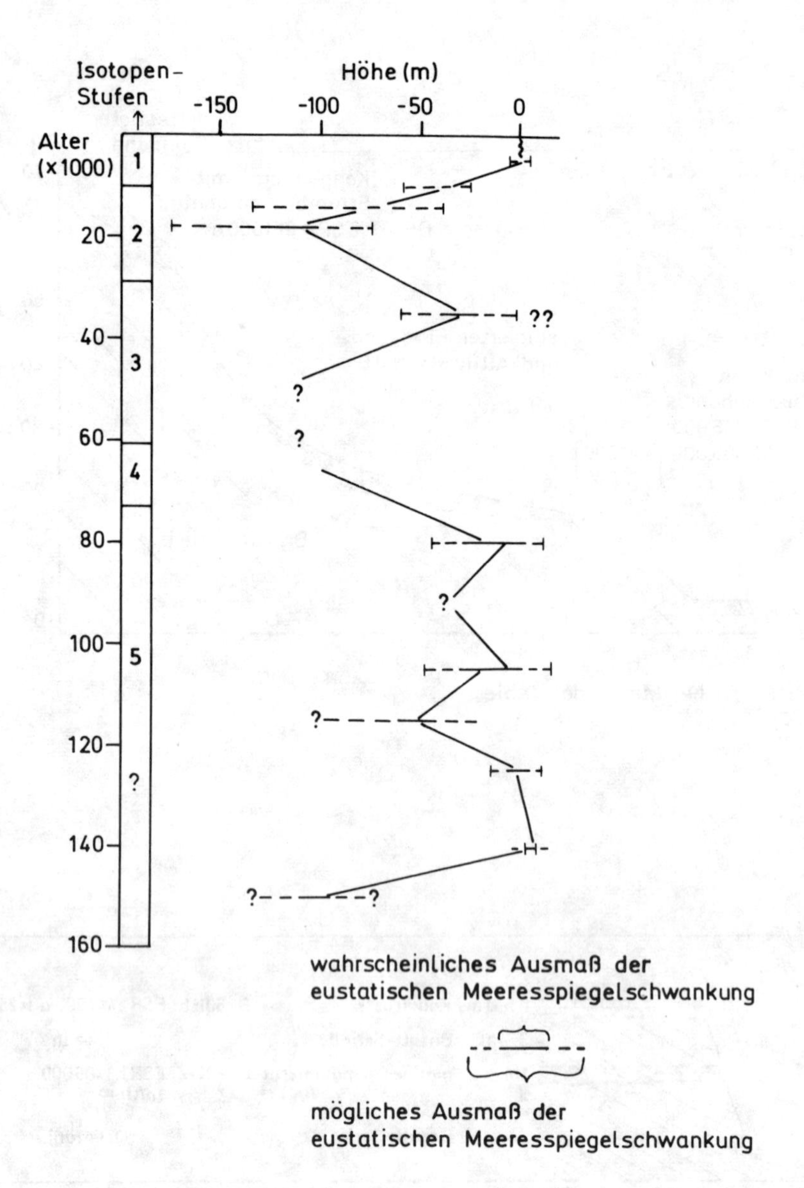

Abb. 10: Der Verlauf der Meeresspiegelhöhe während der letzten 150.000 Jahre (nach CRONIN 1983)

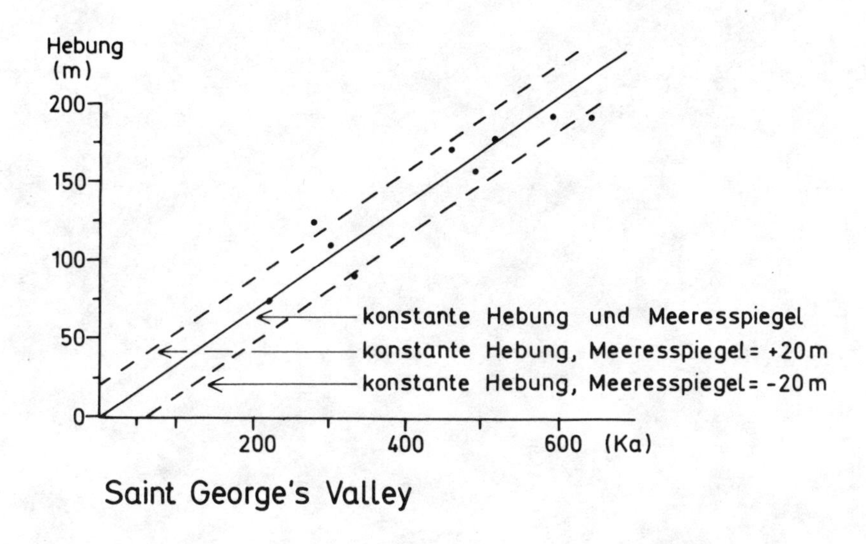

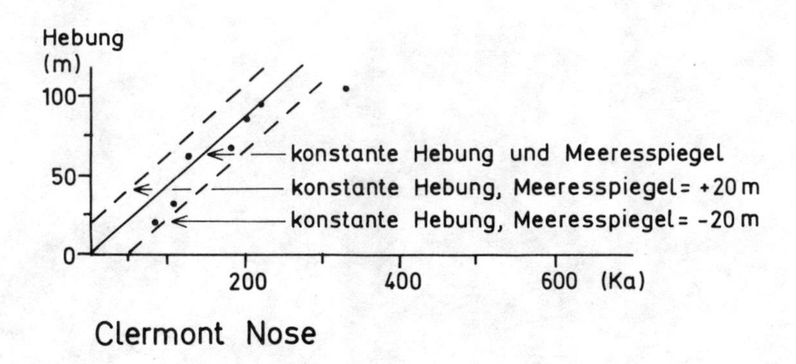

Abb. 11: Heraushebung von Riffkomplexen auf Barbados
(BENDER et al. 1979)

Küstenmorphologie und junge Tektonik an der Westküste des Golfes von Elat - Aqaba

Ulrich Cimiotti

PROF. DR. H. VALENTIN ZUM GEDÄCHTNIS

Anhand von Luftbildern wird eine küstenmorphologische Kartierung der Randbereiche des Golfs von Elat-Aqaba durchgeführt. Die Anregung zur Beschäftigung mit dem Thema verdanke ich den Herren Prof. Klug und Prof. Valentin. Hinweise verdanke ich den Kollegen Biewald und Zimmermann (Berlin) sowie Herrn Kapitän Stegmann (Kiel-Holtenau).

Ich beginne mit einer kurzen Darstellung der Tektonik im Randbereich des Golfs von Elat-Aqaba:

Der Golf bildet den südlichsten Abschnitt des Jordan-Grabensystems, das mit N 15° E von der südlichen Türkei bis zur Südspitze der Sinai-Halbinsel reicht. Im Bereich des Roten Meeres findet durch Aufdringen von Mantel-Material ein Auseinanderdriften der Arabischen und der Nubischen Platte statt. Es liegen eine Reihe von Untersuchungen über die Bewegung der beiden Platten vor, eine abweichende Bewegung der Sinai-Mikroplatte konnte festgestellt werden.

Somit handelt es sich im Südabschnitt des Jordan-Grabensystems nicht mehr lediglich um eine parallele Plattengrenze, im Bereich des Golfs sind Tendenzen in Richtung auf eine divergente Plattengrenze zu erkennen.

In den Randbereichen des Golfs können neben Verwerfungen präkambrischen bis mesozoischen Alters vier weitere sich überlagernde Systeme von Verwerfungen unterschieden werden. Das älteste dieser Systeme verläuft mit N 30° W parallel zum Roten Meer. Das Alter dieses Systems ist Spät-Miozän oder Früh-Pliozän, da häufig spätmiozäne Sedimente beeinträchtigt werden. Parallel zu diesen Verwerfungen verlaufen eine Reihe von bis z.T. 100 km langen Basaltgängen im Sinai und im nordwestlichen Arabien. Datierungen mit der K-Ar-Methode ergaben im Sinai Alter von 18 - 22 Mio Jahren. Untersuchungen an Material aus der östlichen Wüste Ägyptens und aus Saudi-Arabien ergaben mit 20 - 25 Mio Jahren vergleichbare Werte.

Das zweite System von Verwerfungen verläuft in der N 15° E Richtung und begrenzt das Jordan-Grabensystem von Ras Muhammad bis Marj Ajjun. Verwerfungen dieser Richtung finden sich auch im nördlichen Roten Meer, z.B. auf Shadwan Island. Das Alter dieses Systems liegt bis ca. 1,6 Mio Jahren (zeitlich etwa die Grenze Glaziales-Präglaziales Pleistozän, bei einer Gesamtdauer des Pleistozäns von ca. 2,8 Mio Jahren).

Das dritte Verwerfungssystem datiert etwa 0,6 - 0,3 Mio Jahre vor heute (Mindel-Riss-IG), es handelt sich um die von PICARD als "Intra-graben" bezeichneten Verwerfungen.

Das vierte System entstammt einer relativ schwachen tektonischen Aktivität nach 18.000 ys BP. Es handelt sich ebenfalls um intra-graben Tektonik. Es entstehen einzelne Becken innerhalb der Grabenzone. Tiefbohrungen im Bereich des Jordan-Grabensystems und seismische Profile im Gebiet des Golfs von Elat-Aqaba lassen vermuten, daß bereits in einem frühen Stadium Teile des Grabenbodens einsanken und in die entstehenden Senken große Mengen von Sediment geschüttet wurden. Hinzu kommt die Ablagerung mächtiger Evaporit-Serien, die die klastischen Sedimente im Hangenden als Diapire durchstoßen (Mt Sdom und Diapire im Bereich der Becken des Golfs von Elat-Aqaba).

Für die Luftbildauswertung standen Photos des Survey of Israel als Kontakte im Maßstab 1:48.000 bzw. Vergrößerungen im Maßstab 1:25.000 von den Originalnegativen zur Verfügung. Der Bildflug wurde im Februar 1957 geflogen, im Gegensatz zu den gezeigten Folien sind die Bilder von hervorragender Qualität und erlauben eine detaillierte Auswertung. (Reproduziert mit frdl. Gen. des Survey of Israel, Direktor: Dr. Ron Adler.)

Verschiedene Stadien in der Schüttung von Schwemmfächern, herausgehobene Korallenriffe und Terrassen können kartiert werden.

An 5 Beispielen soll demonstriert werden, welche Möglichkeiten die Luftbildauswertung in diesem Bereich bietet:

1. Der Schwemmfächer von Nuweiba. Dieser wird vom Wadi Watir geschüttet, welches bedeutende Teile des nordöstlichen Siani entwässert (2.095 km^2), mit einer Breite von 8,5 km bei Radien von 3,5-5,5 km ist er einer der größten Schwemmfächer der Region, zwei größere Abschnitte in seiner Entwicklung können unterschieden werden. In der älteren Phase erfolgte eine Schüttung in SE-Richtung, typisch für diese Phase sind gerade, tief eingeschnittene Kanäle, sie sind im südlichen Bereich vielleicht auch noch in der jüngeren Phase aktiv gewesen, deren Ablagerungen über den älteren liegen. Die jüngere, bevorzugt nach NE geschüttete Phase kann in wenigstens 2 Abschnitte gegliedert werden, ca. 20 % ihrer Ablagerungsfläche (4,5 km^2) bilden eine Mesa, die nur verwilderte Kanäle aufweist und in jüngerer Zeit eindeutig nicht aktiv waren. Nördlich des zentralen Mesabereiches und im südlichen Teil erstrecken sich Bereiche von in jüngerer Zeit aktiven, verwilderten Kanälen, die allerdings nicht sehr tief eingeschnitten sind. Von diesen ist der nördlich sicher noch in jüngster Zeit aktiv gewesen, da in seiner Mündung nur ein schwach ausgebildetes Korallenriff existiert. Der Rand des jüngeren Schwemmfächers wird von einer Flugsand- und Dünenfläche bedeckt (Transport durch nördl. Winde).

2. Der Schwemmfächer von Dahab. Das Wadi Dahab entwässert ca. 2.000 km^2 im mittleren Bereich der östl. Sinai-Halbinsel. Die Umrisse des Schwemmfächers sind trapezförmig mit einer Grundseite von 5 km und einer Höhe von 2 km am nördlichen bzw. 3 km am südlichen Ende. Eine Auswertung von Lotungen und seismischen Profilen im Randbereich des Schwemmfächers deutet auf eine Begrenzung durch Verwerfungen hin. Im Gegensatz zu allen anderen Schwemmfächern ist der aktive Kanal des Wadi bei e.ner Breite von 350-550 m ca. 3 m in die Oberfläche des Fan eingetieft und das über die gesamte Breite. Er endet in der kleinen Bucht von Gahaza, die der Beginn eines submarinen Canyons ist. Dieser läßt sich auf seismischen Profilen bis in größere Tiefen verfolgen, er ist zum Teil nachträglich mit Sediment verfüllt.

Es können mindestens 4 ntwicklungsstufen des Fan unterschieden werden:

1. zweistufiges älteres Stadium im SE

2. mittl. Stadium (Mesa)

3. der durch Kliffs begrenzte jüngere Wadilauf

4. der weiter eingetiefte aktive Kanal.

Südlich der Gahaza Bay beginnt ein Strandwall von 3 km Länge, dessen Material entstammt den Fanglomeraten und wird vom Küstenlängsstrom nach S transportiert. Der anschließende Haken biegt nach SW um und bildet die Kara Bay, während das seewärts liegende Saumriff weiter N-S verläuft. Der eigentliche Haken besteht aus einem Strandwallkomplex, der 2 Lagunen einschließt. In diesem Bereich finden sich zahlreiche Beachrock-Vorkommen die stark dunkel gefärbt sind. Die Südküste besteht aus einem Strandwall-Komplex, für den Materialtransport sind hier Südwinde verantwortlich. Die Luftbilder zeigen westlich der Strandwallzone einen flachen, sandbedeckten Meeresboden mit zwei küstenparallelen Sandriffen. Materiallieferant ist ein südlich gelegener kleiner Schwemmfächer.

3. Das Gebiet der Lagunen von Shora el Manqata. In diesem Bereich ist das Korallenriff besonders breit entwickelt. Im Westen vorgelagert sind Schwemmfächer, deren Schüttungen unterschiedlichen Alters häufig von subrezenten bis rezenten Verwerfungen begrenzt werden. Östlich anschließend erstreckt sich eine bis 800 m breite Zone älterer Strandablagerungen, die heute weitgehend über MHW liegen. Es handelt sich um von Beachrock bedeckte Teile des Riffkomplexes IV. Dieser fällt nach Osten leicht ein und bildet das Liegende des Riffkomplexes V (rezent, 10.000 ys BP). Der Komplex IV ist bisher nicht datiert. Seine Lage zu MSL und seine stratigraphische Stellung lassen vermuten, daß es sich hierbei um das weiße 6 m-Riff WALTHER's (1888) handelt. Seine Altersstellung ist vermutlich zwischen 60 und 70 ka, also letztes Stadium des Riss-Würm-IG.

In zahlreichen Einbuchtungen liegen ovale bis kreisrunde Wasserflächen mit z.T. erheblichen Tiefen (Naqeb Shaheen 80 m), während die Mangrove umstandenen Lagunen lediglich Tiefen um 5 m erreichen. Die relativ großflächigen Lagunen sind in die rezente Riff-Platte eingetieft. Die ovalen bis kreisrunden Wasserlöcher müssen jedoch anders entstanden sein. GVIRTZMANN et al. (1977) glauben, daß es sich hierbei um die Überprägung eines fluviatilen Reliefs durch das rezente Riff handelt. Jedoch sind zahlreiche Wasserlöcher nicht mit fluviatilen Formen im Küstenbereich in Verbindung zu bringen. Es wird deshalb ein anderer Entstehungsmechanismus vorgeschlagen: Es fällt auf, daß diese Wasserlöcher nur dort in Erscheinung treten, wo das rezente Riff von dem schräggestellten Komplex IV unterlagert wird. Die z.T. großen Tiefen dieser Löcher bei relativ kleinen Grundflächen legen den Gedanken an Lösungsvorgänge nahe. Danach wäre das Riff IV mit Beginn der Klimaveränderung des Würm-Glazials (niedrigere Temperaturen, leicht erhöhter Niederschlag und Abfluß) einer Kalklösung unterworfen gewesen, die zur Ausbildung zahlreicher Karstschlote geführt hat. Eventuell hat sich die untere Begrenzung der Schlote auf ein niedriges Meeresniveau der Würm-Eiszeit eingestellt. Ähnliche Vorgänge sind z.B. vom Johnston-Atoll im Pazifik beschrieben (ASHMORE 1973). Dort sind auf der leicht geneigten Oberfläche des Atolls Hunderte von Karstschloten zu finden, deren Tiefen drei ehemaligen niedrigen Meeresspiegelständen zugeordnet werden können. Mit Beginn der Rekolonisierung des Golfes durch riffbildende Korallen, ca. 10.000 ys BP, werden diese Schlote dann verkleinert und in der Form verändert.

Das bis zu 400 m breite im Osten vorgelagerte rezente Riff ist durch lange und schmale Einbuchtungen gekennzeichnet. Hierbei handelt es sich zum größten Teil um die Mündungsbereiche von Kanälen auf den Schwemmfächern. Im Bereich der Kanal-Mündungen wird das Korallenwachstum durch episodische Zufuhr von Süßwasser und klastischen Sedimenten stark behindert.

4. Das Gebiet von Nabeq. Das rezente Riff ist hier bis zu 600 m breit, es umschließt eine Lagune von ca. 0,5 km^2 Fläche. Zwei Kanäle verbinden die Lagune mit dem Meer. Der Eingang wird zunehmend von riffbildenden Korallen versperrt. Landeinwärts liegt hinter einer ca. 200 m breiten und 2 m hohen Strandwallzone eine Sebcha mit den Ausmaßen 400 x 600 m; der Wasserstand in der Sebcha wird durch nachfließendes Wasser durch den Strandwall hindurch aufrechterhalten. Durch Verdunstung wird der Salzgehalt innerhalb der Sebcha erhöht, das spezifisch schwerere Wasser fließt durch den Untergrund in Richtung

Golf ab. Die Zonen unterschiedlicher Sedimentation innerhalb der Sebcha sind deutlich zu unterscheiden.

Südlich der Sebcha beginnt die Verbreitungszone großflächiger herausgehobener Korallenriffe unterschiedlichen Alters. Sie sind in diesem Bereich sehr deutlich begrenzt durch tektonische Linien. In diesem Bereich, wie in der Region um Sharm el Sheik sind fünf Riffkomplexe zu unterscheiden. Das obere Niveau liegt bei + 24 m SL und ist teilweise tektonisch leicht verstellt. Datierungen ergaben ein Alter über 250 Ka. Das mittlere Niveau liegt bei + 16 m SL und datiert zwischen 230 und 240 Ka.

Das untere Niveau liegt zwischen + 8 und + 12 m SL und datiert zwischen 105 und 140 Ka.

Am Strand liegen im HW Bereich Reste des Niveaus IV, sie fallen gegen See zu leicht ein. Das Niveau IV wird von Beachrock Fanglomeraten überlagert.

Oberhalb dieser Serie liegt das rezente Riff (Niveau V). Südlich von Nabeq sind zwei submarine Terrassen bei - 15 bis - 25 m SL sowie bei - 60 bis - 65 m SL bei Echolotvermessungen registriert worden.

5. Sharm el Sheikh Bereich. In diesem Gebiet finden sich neben den bereits beschriebenen Riffkomplexen ein evtl. sechster Komplex. In Höhen zwischen 20 und 100 m SL finden sich ältere, verstellte Riffablagerungen, welche diskordant über miozänen Klastika lagern. Dieser Komplex konnte bisher nicht datiert werden. Dies ist vermutlich auf diagenetische Veränderungen zurückzuführen. Von den übrigen Komplexen sind wahrscheinlich 2 der 3 oberen Korallenriffe auskartiert worden (unteres Riff + 8 m SL; + 12 bis + 16 m und + 16 bis + 22 m SL). Auch diese lagern diskordant über miozänen klastischen Sedimenten und entzogen sich der Datierung.

Die Mächtigkeit der Riffablagerungen beträgt 0,5 - 6,0 m, ein Mittelwert liegt bei 1,5 m. Nach der morphologischen Ausprägung der Oberflächen könnte es sich hierbei um das Riff II und um ein zweistadiges Riff III handeln. Südlich von Sharm el Sheikh findet sich noch ein zusätzliches rezentes Niveau entlang der Mersa Bareika. Es verläuft entlang der Nordküste der Bucht in + 2 m MHW, während das lebende Riff sich ca. 2 m unter MHW befindet. Entlang der Südküste liegt das lebende Riff bei MSL und geht langsam in das rezente Riff bei MHW über. Dies wird als Hinweis auf eine rezente Aufwärtsbewegung der Ras Muhammad Halbinsel relativ zur Nordküste der Mersa Bareika gewertet.

Im Bereich des GEA wurden Korallenriffe nach Luftbildern kartiert. Sie liegen zwischen - 65 und + 320 m und können mit Vorbehalt in fünf Gruppen eingeteilt werden:

1) Höhenlagen über 40 m - vermutlich älter als Mindel-Riß-IG

2) Höhenlagen von 8 bis 36 m - vermutlich Mindel-Riß-IG

3) Höhenlagen von 3 bis 16 m - Riß-Würm-Interglazial

4) Höhenlagen von -3 bis +2 m mit Altern von rezent bis 10 Ka BP - eindeutig Holozän

5) vermutliche Basis von 4) Höhenlage -6 bis +2 m, Alter vermutlich ca. 70 Ka (letzte Phase des Riß-Würm-IG)

Zum Vergleich wurden alle publizierten Werte aus dem Bereich des Roten Meeres und des Golfs von Aden zusätzlich ausgewertet. Die Daten zeigen bei ± gleicher Höhenlage eine breite Streuung, drei Gruppen können unterschieden werden:

1) sehr hoch liegende Komplexe (60-90 m) großen Alters, evtl. Mindel-Riß-IG oder älter

2) Komplexe unterschiedlicher Höhenlage (2 bis 16 m) mit Altersgruppen 120-130 Ka, 80-90 Ka, und ca. 70 Ka, die ins letzte Interglazial zu stellen sind

3) Komplexe unterschiedlicher Höhenlage (2 bis 10 m) die ^{14}C-datiert zwischen 15 und 30 Ka BP alt sind.

Auffallend war ein hoher Prozentsatz von Datierungen ohne Ergebnis; sämtliche Daten wurden als qualitativ gleich gewertet. Insgesamt scheint das Ausmaß der tektonischen Bewegungen im Bereich des Roten Meeres größer gewesen zu sein, was sich in der Gleichaltrigkeit von Komplexen stark unterschiedlicher Höhenlage ausdrückt. Die Variationsbreite in der Höhenlage ist im GEA geringer, lediglich die Grenzbereiche zum Roten Meer zeigen größere Schwankungen in der Höhenlage gleichaltriger Riff-Komplexe.

Abstract

Anhand von Luftbildern werden herausgehobene Korallenriffe und Terrassen an der Westküste des Golfes von Elat - Aqaba kartiert. Die Höhenlagen dieser Komplexe, zusammen mit vorliegenden Datierungen mit ^{14}C und U - Th, führen zur Ausgliederung von fünf Gruppen von Riffkomplexen:

1) Höhenlagen über 40 m - vermutlich älter als Mindel-Riß-IG
2) Höhenlagen von 8 bis 36 m - vermutlich Mindel-Riß-IG
3) Höhenlagen von 3 bis 16 m - Riß-Würm-Interglazial
4) Höhenlagen von -3 bis +2 m mit Altern von rezent bis 10 Ka BP - eindeutig Holozän
5) vermutliche Basis von 4) Höhenlage -6 bis +2 m, Alter vermutlich ca. 70 Ka (letzte Phase des Riß-Würm-IG)

Die datierten postglazialen Komplexe im nördlichen Teil des Golfes erlauben, in Kombination mit Daten für den weltweiten Meeresspiegelanstieg, eine Abschätzung des möglichen Ausmaßes jüngerer tektonischer Bewegungen an der Westküste des Golfes.

Summary

On the west coast of the Gulf of Elat-Aqaba raised coral reefs and terraces have been mapped by aerial photographs. Five groups of reef complexes have been distinguished by evaluation of height levels and published datings by ^{14}C and U - Th:

1) Height level above +40 m s.l. - possibly older than the Mindel-Riß Interglacial
2) Height level between +8 and +36 m s.l. - possibly Mindel-Riß - Interglacial
3) Height level between +3 and +16 m s.l. - Riß-Würm - Interglacial
4) Height level between -3 and +2 m s.l. - with ages between recent and 10.000 ys BP, definitely Holocene
5) Underlying level IV with heights between -6 and +2 m s.l. - possibly older than 70.000 ys BP, last phase of Riß-Würm - Interglacial

Dated postglacial reef complexes in the northern part of the gulf together with data on worldwide postglacial rise in sea-level could allow an estimate of possible young tectonic movements on the west coast of the Gulf of Elat-Aqaba.

Literaturverzeichnis

ASHMORE, ST.A. (1973): The Geomorphology of Johnstone Atoll.- U.S. Navy Naval Oceanographic Office TR-237: 1-27.

COHEN, S. (1978): Red Sea Diver's Guide.- Tel Aviv.

GVIRTZMANN, G. et al. (1977): Morphology of the Red Sea tringing reefs: a result of the erosional pattern of the last-glacial low-stand sea level and the following holocene recolonization.- Mém. B.R.G.M. No. 89: 480-491; Paris.

ders. (1978): Recent and Pleistocene Coral Reefs and Coastal Sediments of the Gulf of Elat.- in: Tenth International Congress on Sedimentology, Guidebook Part II: Postcongress, Israel: 163-191; Jerusalem.

HUME, W.F. (1906): The Topography and Geology of southeastern Sinai.- Cairo.

WALTHER, J. (1888): Die Korallenriffe der Sinai-Halbinsel.- Abh. Kgl. Sächs. Ges. Wiss. math.-phys. Cl., 14: 439-505; Leipzig.

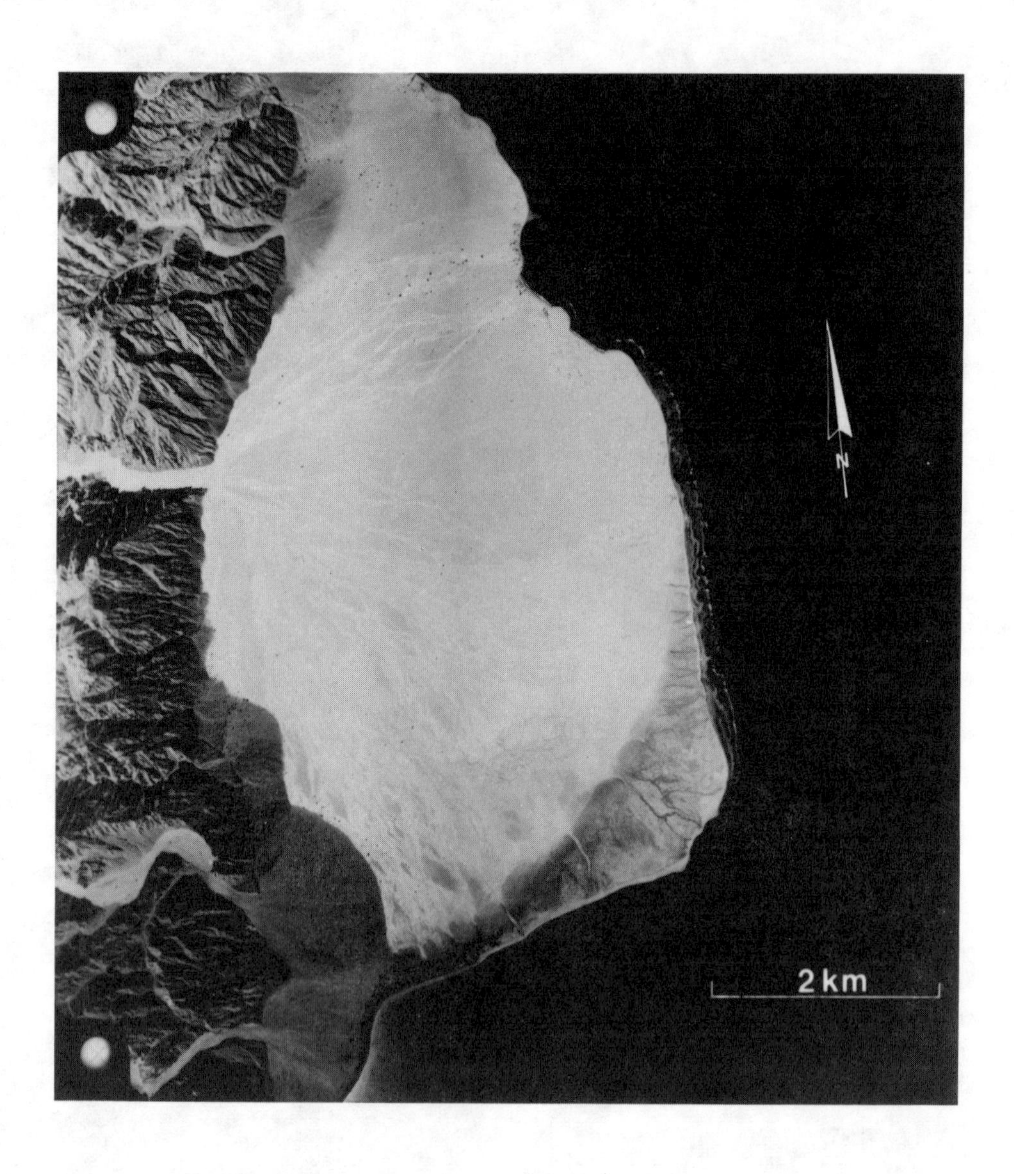

Abb. 1: Luftbild-Nr. 0005 Sortie MM 17 (15.02.1957) Nuweiba
(Veröffentlicht mit frdl. Gen. des Survey of Israel)

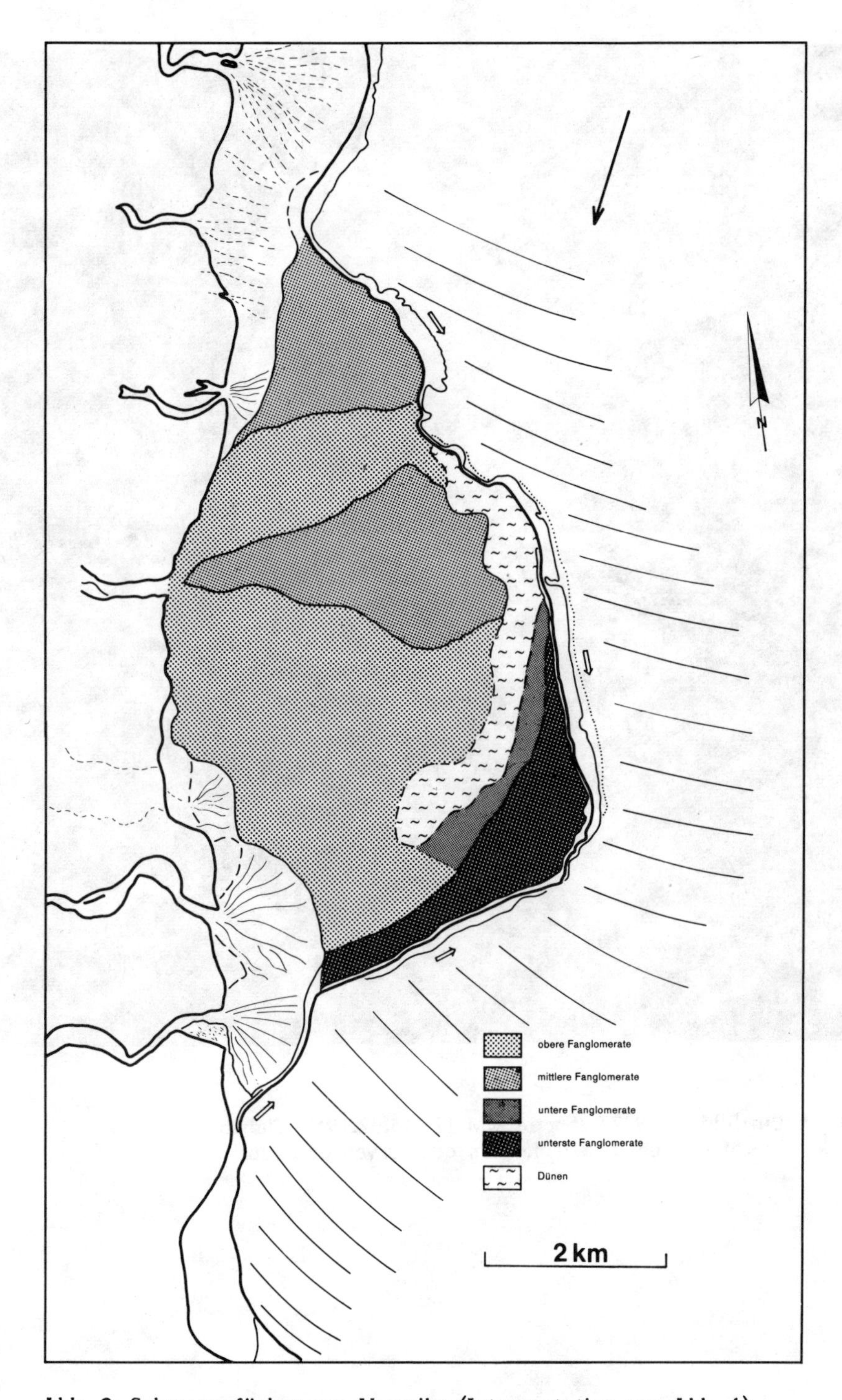

Abb. 2: Schwemmfächer von Nuweiba (Interpretation von Abb. 1)

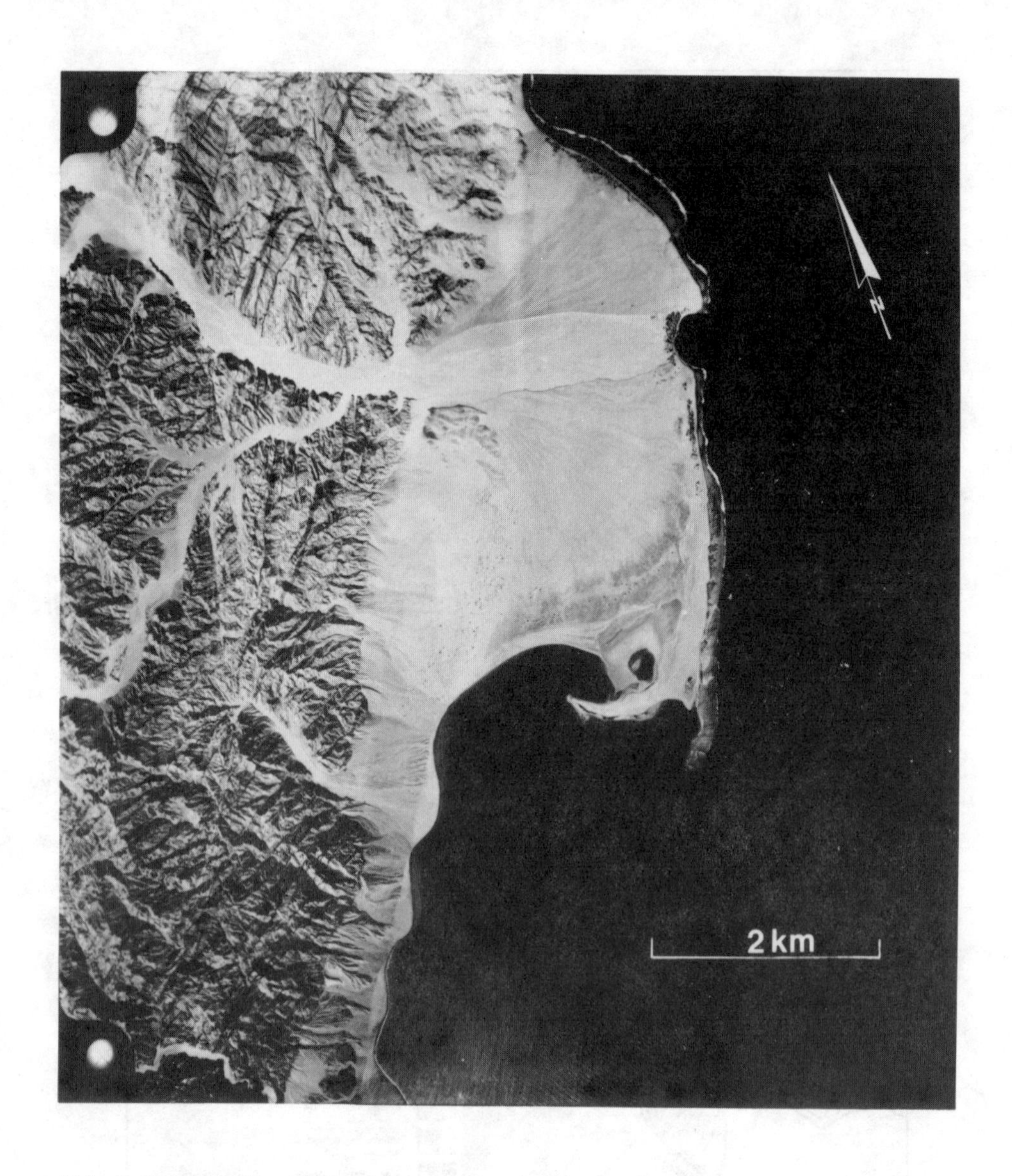

Abb. 3: Luftbild-Nr. 9977 Sortie MM 17 (15.02.1957) Dahab
(Veröffentlicht mit frdl. Gen. des Survey of Israel)

Abb. 4: Schwemmfächer von Dahab (Interpretation von Abb. 3)

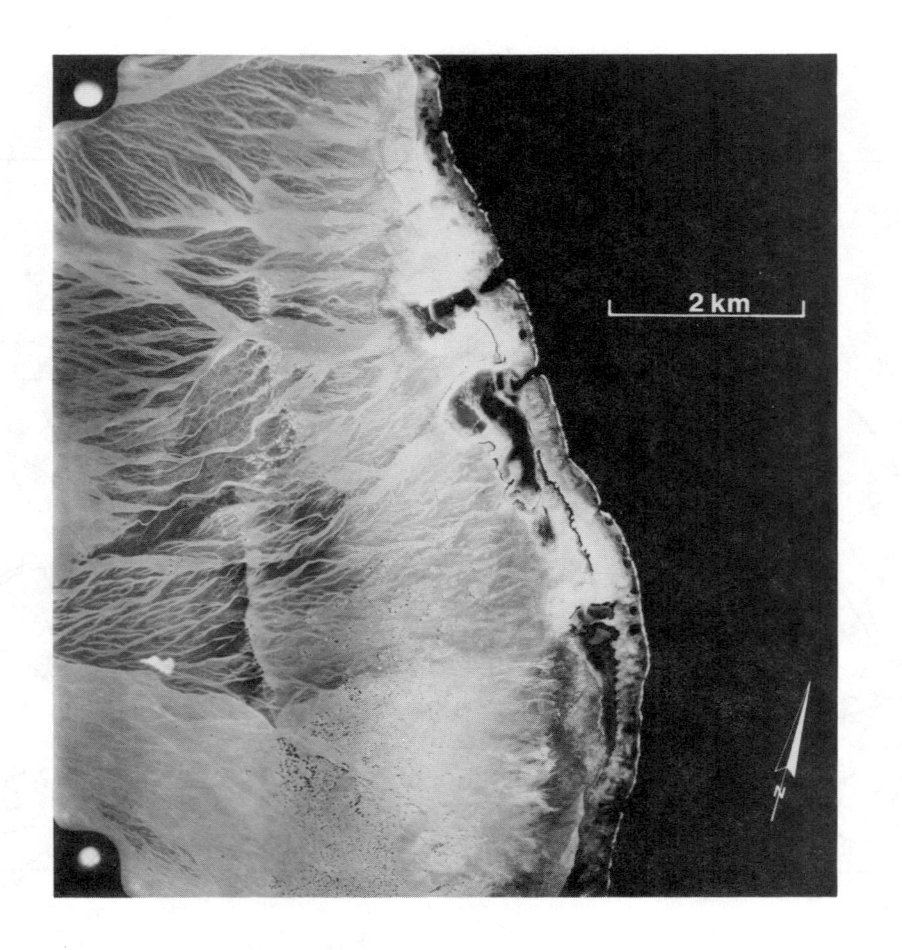

Abb. 5: Luftbild-Nr. 9955 Sortie MM 17 (15.02.1957) Shora el Manqata
(Veröffentlicht mit frdl. Gen. des Survey of Israel)

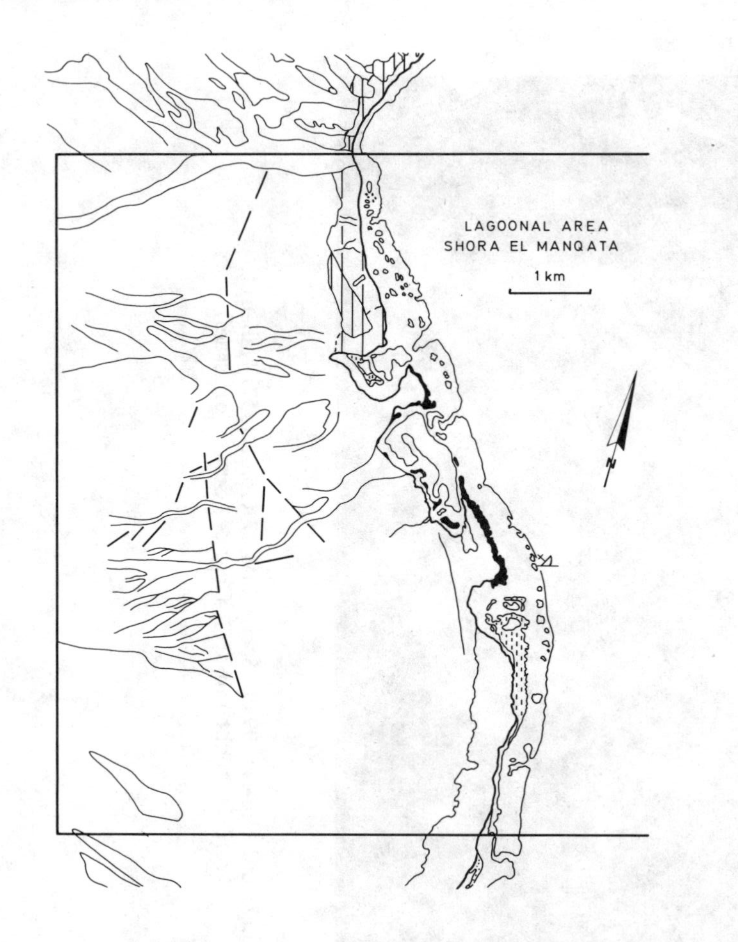

Abb. 6: Lagunen-Gebiet von Shora el Manqata (Interpretation von Abb. 5)

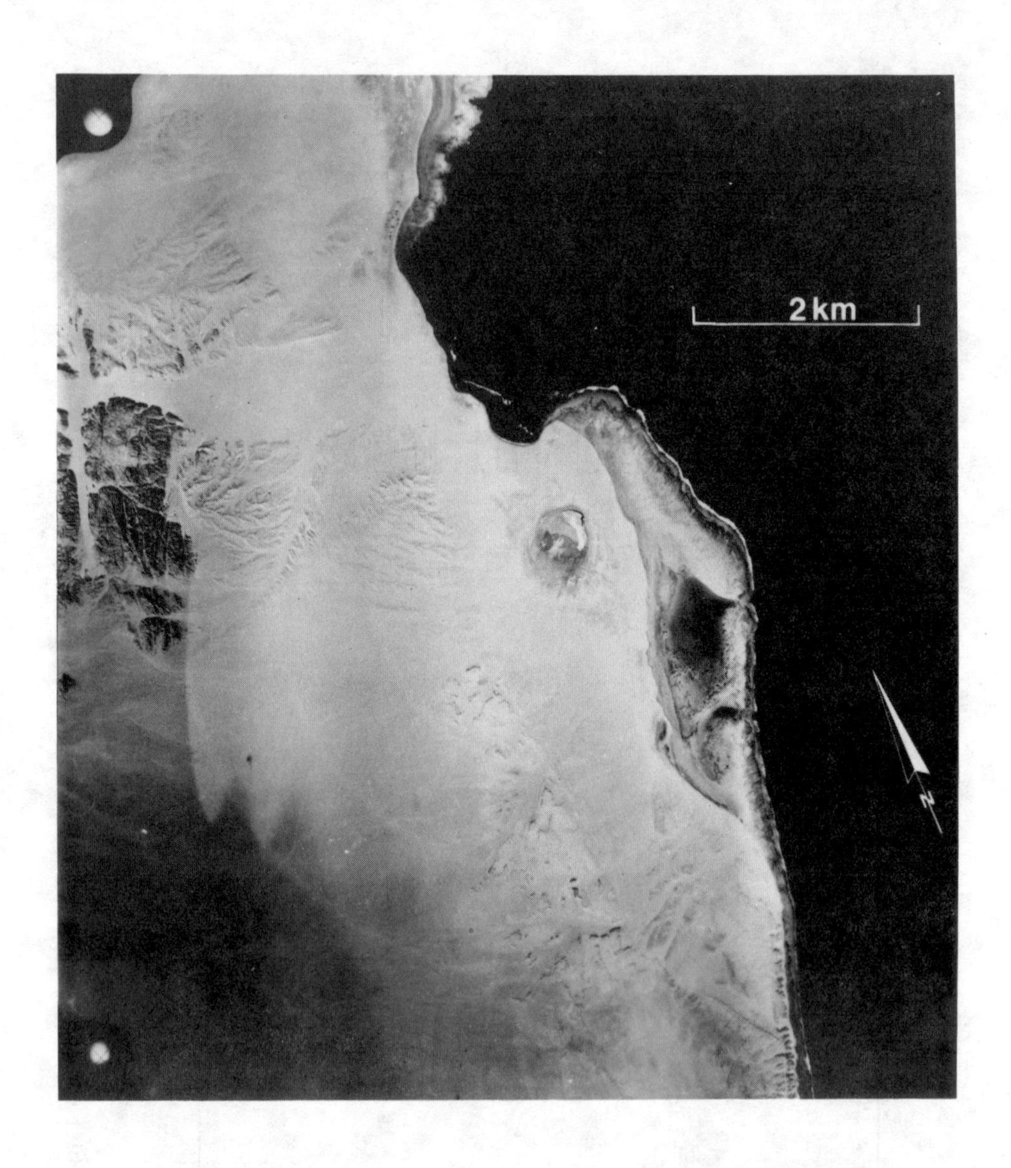

Abb. 7: Luftbild-Nr. 9949 Sortie MM 17 (15.02.1957) Nabeq
(Veröffentlicht mit frdl. Gen. des Survey of Israel)

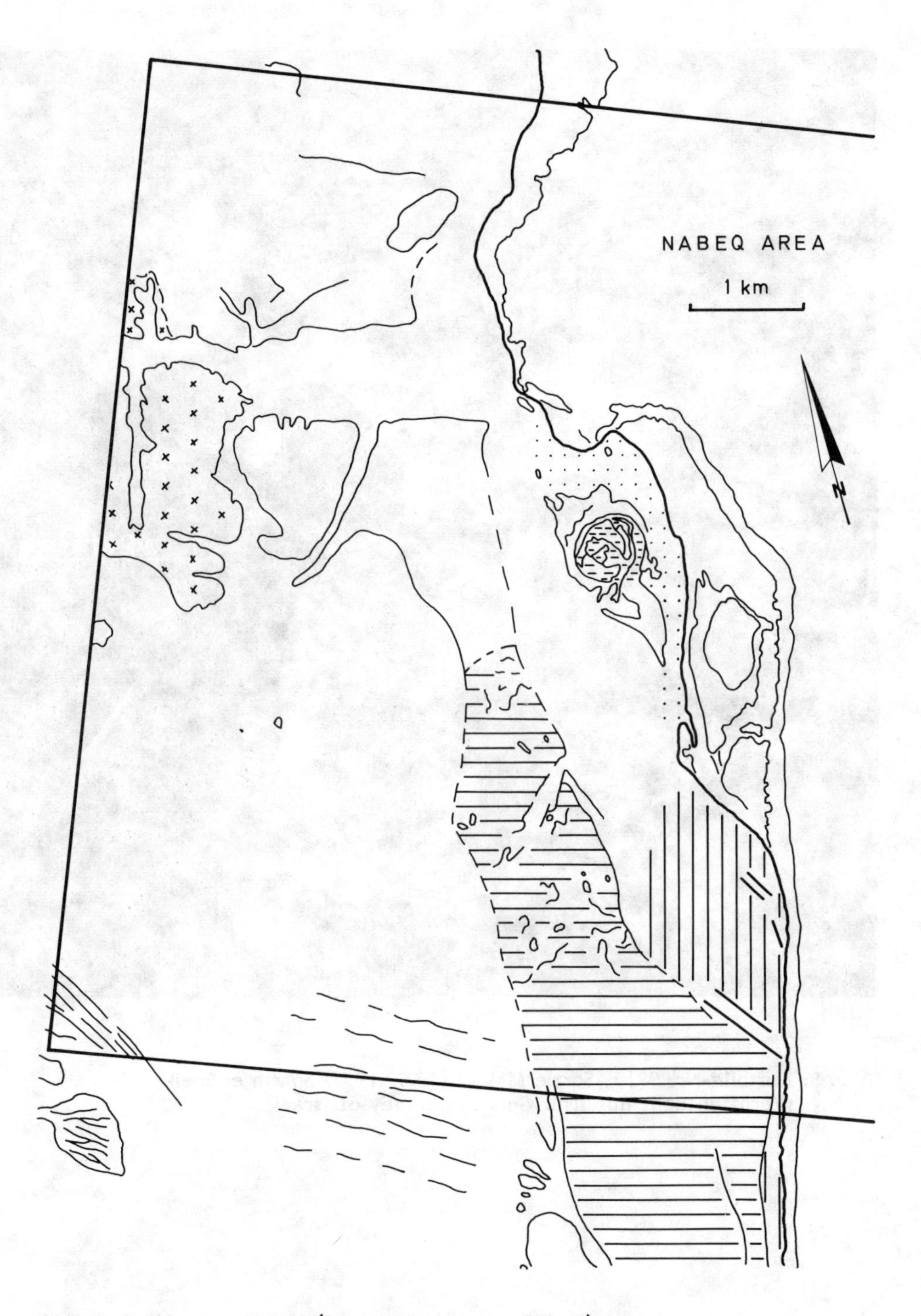

Abb. 8: Sebkha von Nabeq (Interpretation von Abb. 7)

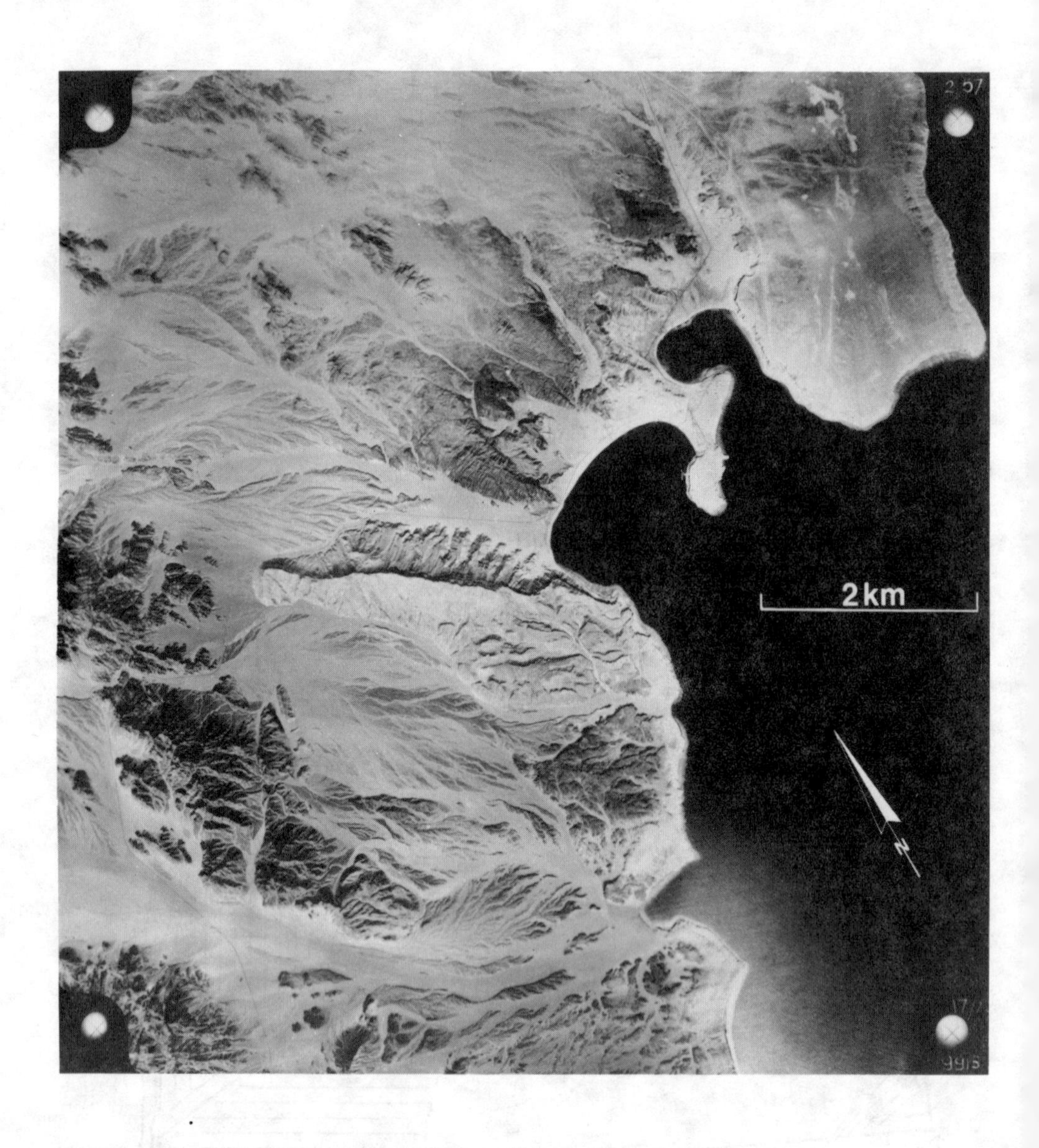

Abb. 9: Luftbild-Nr. 9915 Sortie MM 17 (15.02.1957) Sharm el Sheikh
(Veröffentlicht mit frdl. Gen. des Survey of Israel)

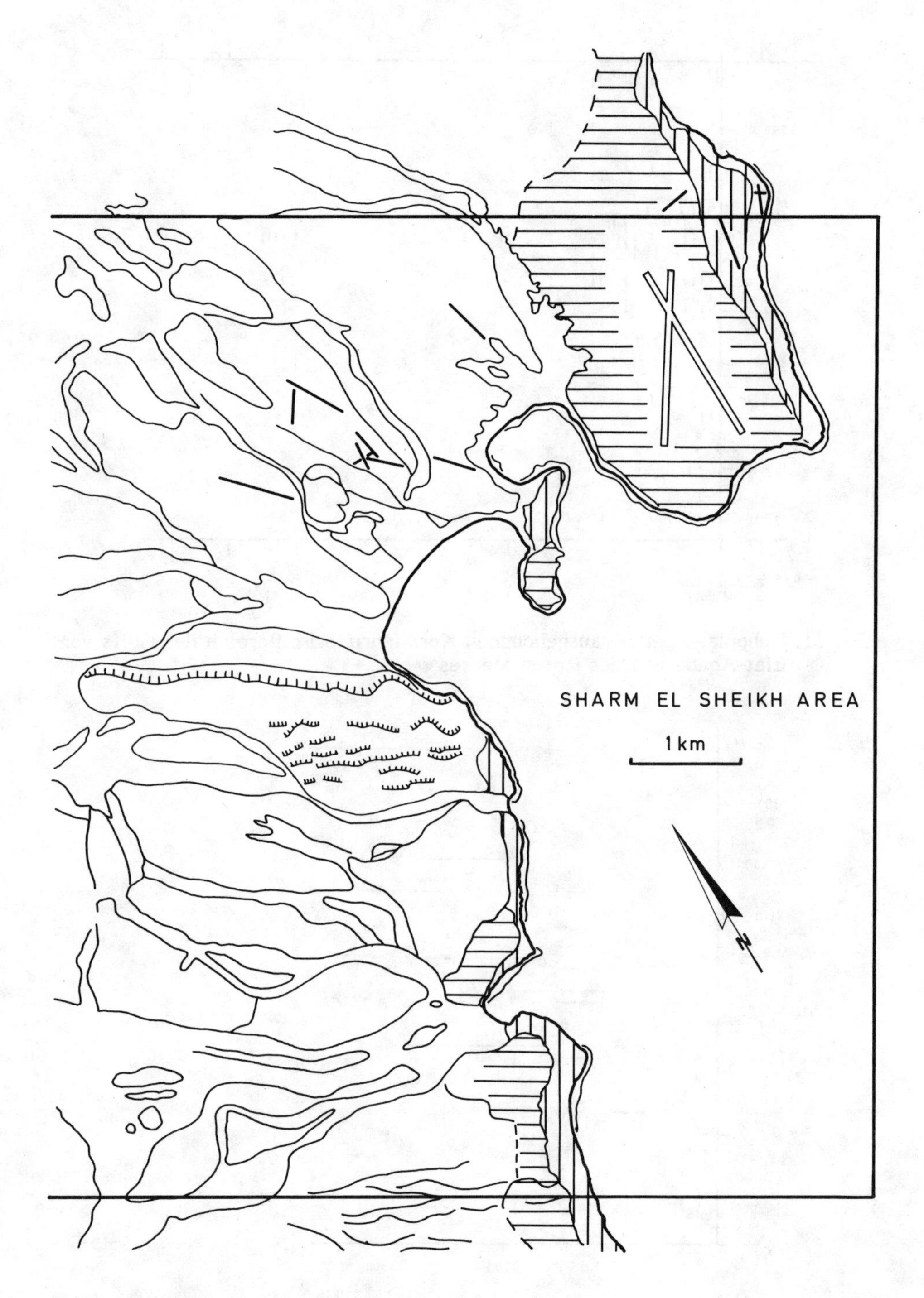

Abb. 10: Gebiet von Sharm el Sheikh (Interpretation von Abb. 9)

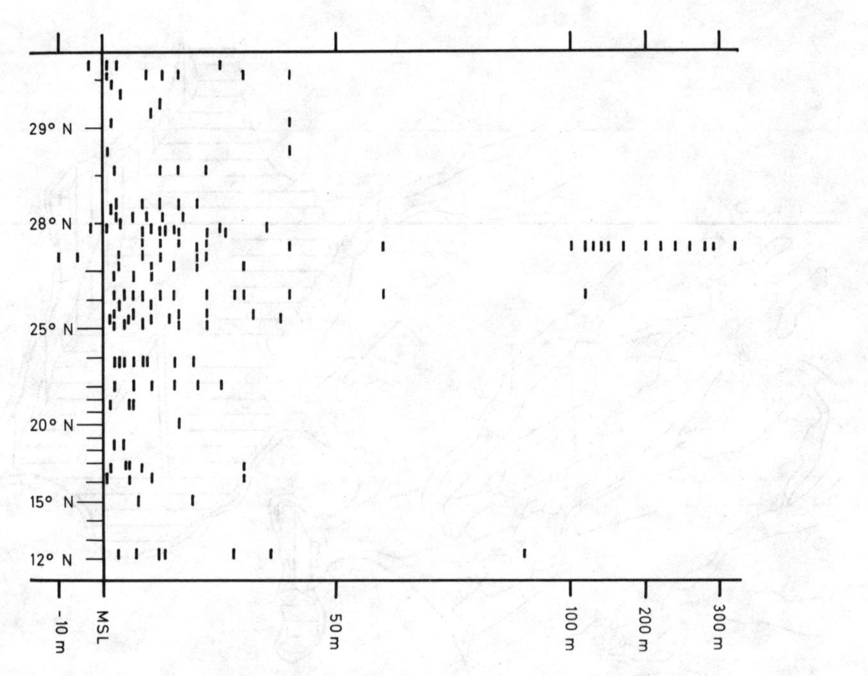

Abb. 11: Höhenlage der herausgehobenen Korallenriffe im Bereich des Golfs von Elat-Aqaba und des Roten Meeres

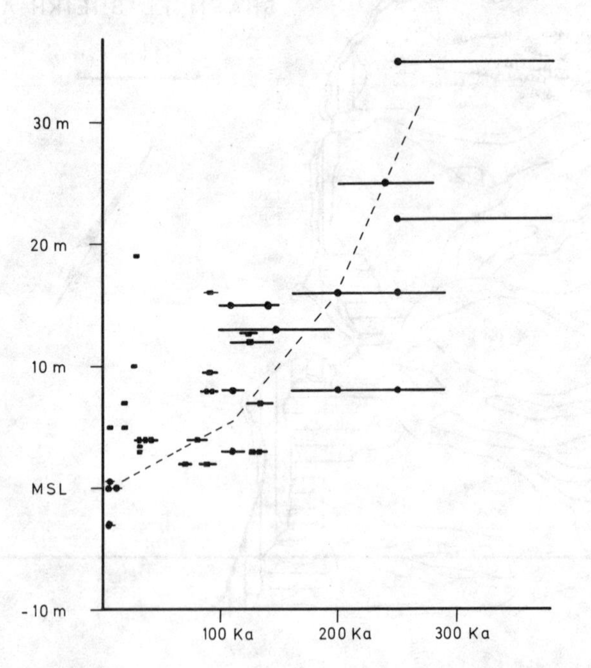

Abb. 12: Höhenlage und Alter datierter Riff-Komplexe im Bereich des Golfs von Elat-Aqaba

Erste Forschungsergebnisse quartärmorphologischer Untersuchungen an den Küsten Sri Lankas

Christoph Preu[1]

1. Einleitung

Entlang der über 1700 km langen Küstenlinie der Insel Sri Lanka (5°54' - 9°52' n.B., 79°42' - 81°53' e.L.) im SSE des Indischen Subkontinentes zeigt sich auf Grund differenzierter geologisch-petrographischer, klimatologisch-meteorologischer und mariner Verhältnisse ein vielfältiges Bild unterschiedlicher Küstentypen und -sequenzen, die eine für das gesamte Quartär anzunehmende unterschiedliche, marin-terrestrisch gesteuerte und durch geotektonische Verhältnisse modifizierte Morphodynamik vermuten lassen. Die Problematik der quartären Meeresspiegelschwankungen wird dabei meist in Anlehnung an DERANIYAGALA (1958) durch ein wiederholtes Absinken und Herausheben der Insel gedeutet. Demgegenüber soll nach BREMER (1981) Sri Lanka einen "altkonsolidierten Schild" darstellen, der en-bloc herausgehoben bereits praemiozän eine dreifache Rumpfflächenstockwerkgliederung erfahren hat und "mindestens seit dem Miozän ... recht stabil" ist - mit tektonischen Bewegungen, "die keine 100 m betragen haben". Für küstenmorphologische Untersuchungen ist diese quantitative Angabe jedoch wenig hilfreich, da die angegebene Größenordnung sowohl der vermuteten würmzeitlichen Meeresspiegelabsenkung als auch dem angenommenen pliopleistozänen Meeresspiegelhöchststand entsprechen.

Ausgehend von der morphographischen Großgliederung Sri Lankas sollen im folgenden zum einen ein verändertes geotektonisches Entwicklungsmodell vorgestellt und zum anderen vorläufige Teilergebnisse geomorphologischer Geländearbeiten[1] anhand von zwei Küstensequenzen aus dem Bereich der SW-Küste dargestellt werden.

2. Morphographische Großgliederung

Sri Lanka gliedert sich in drei morphographische Großeinheiten, deren räumliche Anordnung eine deutliche, bisher wenig beachtete Asymmetrie aufweist (siehe Abb. 1 und 3). Die flächenmäßig größte Ausdehnung erreicht das Lowland (0-300 m mit einigen höheren Inselbergen), das sich in der N-lichen Hälfte über die gesamte Insel erstreckt. Nach S an Breite abnehmend umrahmt es im SW, S, SE und E bandförmig das Upcountry. Im S-lichen Drittel der Insel erhebt sich das Central Highland (über ca. 900 m, höchste Erhebung Sri Lankas: Pidurutalagala 2484 m), das nach N abdachend (Haputale 2100 m, Kandy 450 m) über die Midlands - über die sich im NE das Knuckles Massiv (2035 m) erhebt - auf das Lowland-Niveau ausläuft. Nach S und SE - nur teilweise unter Einschaltung eines schmalen Midland-Bandes - bildet das Central Highland riesige Steilabfälle, die auf einer Basisdistanz von oft nur einer Meile 4000 ft und höher sein können und anschließend rasch in den oft nur sehr schmalen Lowlandstreifen übergehen. Im SW dem Central Higland vorgelagert, erhebt sich das Rakwana Massiv (1490 m), das durch die tief eingeschnittenen Oberläufe der Mahaweli Ganga und Kelani Ganga vom Upcountry getrennt ist.

---

[1] Für die gewährte Reisebeihilfe durch die DFG bedankt sich der Autor an dieser Stelle recht herzlich.

Im Gegensatz zu dieser N-S-Asymmetrie zeigt das W-E-Profil eine eher gleichmäßige Anordnung der morphographischen Großeinheiten.

Der Küste vorgelagert umrahmt der Kontinentalschelf die Insel, über den Sri Lanka im N auf einer Länge von 235 km mit dem Indischen Subkontinent verbunden ist. In seiner Oberflächengestaltung und Neigung und der Ansatztiefe des Kontinentalabhanges zeigt der Schelf jedoch deutliche regionale Unterschiede auf (siehe Abb. 2). Entlang der W-Küste dacht der Kontinentalschelf von N nach S ab. Setzt vor Mannar (NW-Küste) der Kontinentalabhang bereits in einer Tiefe von ca. 35 m ein, ist die Ansatztiefe vor Negombo und Colombo erst in ca. 50 m erreicht; vor Hikkaduwa (SW-Küste) endet die Schelfoberfläche erst in ca. 100 m Tiefe. Außerdem zeigt der Schelf vor Mannar ein eher gestrecktes, leicht aufgewölbtes Profil, das nur durch das aufgesetzte Korallenriff der Adam's Bridge unterbrochen ist. Die übrigen Bereiche der W-Küste zeigen einen mehr oder weniger deutlich gegliederten Schelf: An eine Verflachung in ca. 20-25 m - besonders vor Colombo und Hikkaduwa deutlich ausgeprägt - schließt sich eine Vertiefung (Depression) an, der ein Aufwölben folgt, bis dann der Kontinentalabhang einsetzt. Diese Schelfgliederung ist auch noch vor Kogalle (SE-lich Galle) vorhanden, verliert sich jedoch - mit Ausnahme der 25 m-Verflachung - entlang der S-Küste von W nach E zugunsten eines eher gestreckten (Hambantota) und im SE aufgewölbten (Little Basses) Schelfprofils. Die Ansatztiefen des Kontinentalabhanges schwanken dabei zwischen -60 m und -100 m. Deutlich hebt sich das Profil Dondra Head (S-Spitze Sri Lankas) ab mit dem sehr schmalen und steil nach S abdachenden Schelf und Kontinentalabhang.

Den Schelfprofilen entlang der E-Küste fehlt demgegenüber eine deutliche Gliederung, wie sie für die W- und S-Küste typisch ist. Vor Batticaloa dacht der Schelf relativ gleichmäßig ab, zeigt nur bei ca. -50 m eine Verflachung und geht dann bei ca. -60 m in den Kontinentalabhang über. N-lich Trincomalee (Chundikkulam) bildet der Schelf nur eine leicht gewölbte, konvexe Oberfläche, die in einer Tiefe von ca. 75 m in den Kontinentalabhang übergeht.

3. Geotektonische Entwicklung

Sri Lanka - "geologically and physically a southern continuation of the Precambrian terrain of South India, only seperated from the mainland by the shallow sea covering the Palk Strait and the Gulf of Mannar" (VITANAGE, 1972, S. 642) - zeigt an seiner Oberfläche zum überwiegenden Teil (ca. 9/10) die extrem metamorphisierten präkambrisch bis kambrischen Gneise der Highland Series und Vijayan Series (siehe Abb. 1), die bandförmig von NE nach SW die Insel einnehmen. In Lithologie, Struktur und Alter weisen sie eine große Ähnlichkeit zu den Charnockiten SE-Indiens auf. Die NW- (Sri Lanka) bzw. SE-Grenze (SE-Indien) dieser Kristallinserien ist durch die PBF (Precambrian Boundary Fault) gekennzeichnet, entlang der fleckenhaft jurassische Sedimente - in Sri Lanka die ca. 600 m mächtigen Flachwasserablagerungen der Tabbowa Beds und Andigama Beds - angeordnet liegen. NW-lich der PBF schließen in Sri Lanka mächtige (bis zu 800 m) marine miozäne Kalke (Jaffna Limestone) an, die auch in SE-Indien SE-lich der PBF anstehen. Demgegenüber ist für die Minihagalkande Beds an der SE-Küste Sri Lankas auf Grund von Fossilien in "thin layers of nodular limestone" (COORAY, 1967) wohl von einem miozänen Alter auszugehen; jedoch weisen "ferruginous grit and sandstone ..., above which are about 50 ft of brownish and yellowish sandy and clayey layers" (COORAY, 1967) auf küstennnahe Ablagerungsbedingungen hin. Damit ist eine Korellierung mit dem Jaffna Limestone zum Nachweis tektonischer Ruhe seit dem Miozän nicht möglich.

Diese geologischen Verhältnisse zeigen - in Verbindung mit der räumlichen Anordnung der morphographischen Großeinheiten -, daß die postkambrische geotektonische Entwicklung Sri Lankas nicht eine en-bloc-Hebung gewesen sein kann, sondern vielmehr durch eine räumlich differenzierte Tektonik infolge horizontal bestimmter Bewegungen gekennzeichnet ist (siehe Abb. 3), die mit dem Auseinanderbrechen des Gondwanakontinentes - bis dahin war Sri Lanka entlang der PBF fest an SE-Indien verschweißt - einsetzten. Nach KATZ (1978) erfolgte mit dem Beginn der N-Wanderung der Indischen Platte entlang der PBF das Aufbrechen des Gondwanic Rift mit der Sedimentation jurassischer Ablagerungen. Im Zuge der weiteren N-Drift, verbunden mit mehreren Drehungen (Mc KENZIE et al. 1973) - die Streichrichtungen der Megalineamente zeigen dies an -, setzte eine weitere, zur Indischen Platte vermutlich nur relative SE-Drift des Sri Lanka Platlet unter Durchführung einer Linksdrehung (Main Shear Zones) ein. Der Gondwanic Rift weitete sich zwischen den beiden PBF-Armen zum Cauvery Basin mit marinen Ablagerungsbedingungen. Der zentrale Teil dieses Beckens (Palk Strait) bricht dabei stärker ein: Hier liegt über dem kristallinen Basement eine bis zu 5000 m mächtige Sedimentationsfolge mariner Ablagerungen von der Kreide bis zum Pliozän. An den Rändern des Beckens setzt dagegen eine horstähnliche Ausgleichsbewegung ein. So stehen rezent bis zu 15 m hohe Kliffs in miozänen Kalken an der NW-Küste den ca. 350 m mächtigen quartären und pliozänen Ablagerungen, die über dem Miozän liegen, gegenüber.

Die SE-Drift des Sri Lanka Platlet auf der N-wandernden Indischen Platte führte im S der Insel zu einem Aufscheren und damit zu einer stärkeren Heraushebung als im N (siehe Abb. 1: Lage der Axis of Maximum Uplift). So ist die S-Küste in weiten Bereichen durch einen sehr schmalen Schelf und ein abruptes und steiles Abtauchen des Kontinentalabhanges (siehe Abb. 2) und Kliffküstenabschnitte im Anstehenden oder Laterit gekennzeichnet.

Daß auch rezent Sri Lanka tektonisch nicht stabil ist, zeigen immer wieder auftretende - z.T. mit verheerenden Ausmaßen - Erdbeben (FERNANDO, 1982), deren Epizentren in der Palk Strait und an der SW-Küste zu vermuten sind. Die Untersuchungen von HATHERTON, T. et al. (1975) weisen für diese Regionen eine Senkungstendenz nach, wohingegen für Sri Lanka insgesamt - besonders der E und SE - eine eindeutig in Hebung befindliche Insel postuliert wird. Dies wird durch Feinnivellements zwischen Kandy und Dambulla in den Jahren 1926 bis 1970 (VITANAGE, 1972) noch unterstützt. Besonderes Gewicht erhalten zusätzlich die Schelfprofile: Zeigen z.B. Chundikkulam (NE-Küste) und Little Bassses (SE-Küste) einen insgesamt konvex aufgewölbten Verlauf, so ist besonders vor Hikkaduwa (SW-Küste) eine kräftig ausgeprägte Depression zu beobachten. Außerdem ist gerade die W- und SW-Küste zwischen Negombo und Galle durch eine hazardähnliche rezente Küstenabrasion gekennzeichnet, die im Bereich der E-Küste und SE-lich Galle (Bereich der Axis of Maximum Uplift) weitgehend fehlt. So zeigt das differenzierte geotektonische Bild Sri Lankas unmittelbare Auswirkungen auf die Küstendynamik.

4. Zwei Küstensequenzen an der SW-Küste - erste geomorphologische Teilergebnisse

Die Küstensequenz Hikkaduwa (ca. 20 km NW-lich Galle) an der SW-Küste Sri Lankas (siehe Abb. 4) gehört petrographisch den Highland Series an und ist unter dem Einfluß des SW-Monsuns der Wet Zone zuzuordnen.

In die zetaförmige Bucht von Hikkaduwa, der im NW und SE zwei Felsinseln - Debaha Rock (60 cm) und Waal Islet (9 m) - vorgelagert sind, mündet die Hikkaduwa Ganga, die sich landeinwärts zu einer großen Lagune weitet. Diese Lagune liegt eingebettet in Inselberge verschiedener Höhen, die sich jedoch in zumindest drei Niveaus zusammenfassen und hinsichtlich ihres Erscheinungsbildes voneinander deutlich unterscheiden lassen:

- 10 ft-Niveau mit Lateritdecke (häufig geringmächtig, bisweilen nicht vorhanden)
- 30-40 ft-Niveau mit Lateritdecke (bis zu 10 m und mehr mächtig)
- 100 ft-Niveau ohne Lateritdecke (Anstehendes oder in-situ-Wollsäcke)

In diese Lagune münden - unter Einschaltung flußmarschähnlicher Verlandungszonen - breite Talsysteme ein, die in Lagunennähe über dem kristallinen Untergrund mit 15-20 m mächtigen marinen Sedimenten verfüllt und rezent durch paddy soils gekennzeichnet sind. Diese flood-plain-Bereiche, die von kleinen, kaum eingetieften Bachläufen durchzogen werden und sich landeinwärts verjüngen, greifen fingerförmig in ein völlig zerlapptes Relief langgezogener, breiter Rücken und Inselberge ein, die landeinwärts an Höhe zunehmen (bis zu 300 ft) und meist nur noch Anstehendes oder in-situ-Wollsäcke zeigen. In den Talsystemen selbst sind zunehmend Schildinselberge mit geringmächtigen Lateritdecken oder Anstehendes zu beobachten. In durchschnittlich 35 ft Höhe enden diese Talsysteme in dellenartigen Hohlformen am Fuße eines wallartig erscheinenden Steilanstieges mit Höhen über 1000 ft.

Der Lagune SW-lich vorgelagert und nur von der Hikkaduwa Ganga durchbrochen, schließt sich in ca. 3 m NN ein raised beach an. Marine Fein- und Mittelsande, z.T. äolianitisch verfestigt, überlagern in ca. 3 m Tiefe ein - unter Einschaltung eines ca. 60 cm mächtigen sandigen Tongemenges - 3-3,50 m mächtiges fossiles Korallenriff, das dem kristallinen Untergrund auflagert.

Dieser raised beach geht NE-lich in einen 2-3-fach gestaffelten, durchschnittlich auf 2 m NN liegenden Bermsaum über, der jedoch - ebenso wie der rezente Strand - nur fleckenhaft erhalten ist. Vielmehr zeichnet sich die rezente Küstenformung durch eine starke Abrasion und Kliffbildung im raised beach aus.

Ca. 100 m vorgelagert, säumt ein ca. 30 m breites Lagunenriff die Küste, das gegen das offene Meer steil abdacht.

Der im SW anschließende Schelf zeigt deutlich eine Verflachung in -25 m, die durch das Auftreten beach-rock-artig verbackenen Sandes gekennzeichnet ist.

Auch die Küstensequenz Dondra Head an der S-Spitze Sri Lankas (siehe Abb. 4) liegt petrographisch im Bereich der Highland Series und gehört der Wet Zone an, unterscheidet sich jedoch durch die Nähe zur Axis of Maximum Uplift gegenüber dem Raum Hikkaduwa in ihrer S-N-Erstreckung, insgesamt höheren Aufwölbung und Gliederung.

An den sehr schmalen Schelf mit seiner -25 m-Verflachung und den beach-rock-artig verbackenen Sanden schließt sich ein durchschnittlich 30-100 ft hohes, im Laterit von Inselbergen ausgebildetes Kliff an. Zwischen den Inselbergen, die headland-artige Vorsprünge bilden, setzen Buchten ein (z.B. Bucht von Weligama, Bucht von Matara), in die Flüsse im Anstehenden einmünden. Lagunen fehlen im Bereich dieser Küstensequenz, so daß sich landeinwärts unmittelbar die flood-plain-Bereiche anschließen, die von Inselbergen des 30-40 ft- und 100 ft-Niveaus durchsetzt sind. N-lich der flood-plains schließen langgezogene, fast küstenparallell streichende Höhenzüge des 100 ft-Niveaus an, die - nur von der Polwatta Ganga und Nilwala Ganga durchbrochen - eine deutliche Grenze bilden: Landeinwärts säumen die Flüsse, deren Sohle im Anstehenden liegt, eine 3-3,50 m hohe Feinsand- bis Mittelsand-Terrasse.

Diese Küstensequenz wird dann im N ebenfalls durch einen wallartigen Steilanstieg begrenzt, der auf ein deutlich höheres Niveau von über 1400 ft überleitet.

Nach FAIRBRIDGE (1961) ist für die Wende Plio-Pleistozän von einem Meeresspiegelniveau auszugehen, das mindestens 100 m über dem rezenten gelegen hat. Wie die bisher ausgewerteten geomorphologischen Befunde jedoch zeigen, ist es auf Grund fehlender - vorwiegend mariner - Sedimente derzeit noch nicht möglich, eindeutig einen derartigen Meeresspiegelstand nachzuweisen. Außerdem fehlen Laterite und Böden für eine mögliche Datierung. Vielmehr muß im Laufe der weiteren Geländearbeiten versucht werden, über einen aktualmorphologischen Ansatz kongruente Formen auszugliedern, um so sehr hoch gelegene und sehr alte (Altpleistozän) Meeresspiegelstände nachzuweisen.

Deutlich hebt sich jedoch ein jüngerer - vermutlich postpleistozäner - Meeresspiegelhochstand ab. In der Küstensequenz Hikkaduwa zeigt das 3 m NN-Niveau des raised beach diese Transgressionsphase an, das nur von der Hikkaduwa Ganga durchbrochen ist und landeinwärts von den die Lagune umsäumenden Inselbergen begrenzt wird. Der Küstensequenz Dondra Head fehlt dieses vorgelagerte 3 m NN-Niveau, läßt sich jedoch als deutlich ausgebildete 3 m-Terrasse N-lich der flood-plain-Bereiche nachweisen. Diese 3 m-Terrasse zeigt die Orientierung der Ablagerung auf einen höheren Meeresspiegelstand mit anschließender Einschneidung und Orientierung auf einen absinkenden Meeresspiegel. In Ausprägung dieser beiden morphologischen Formen ist entlang der SW- und weiten Bereichen der S-Küste fast überall dieses 3 m NN-Niveau nachzuweisen.

Ob der dem raised beach vorgelagerte Bermsaum einem oder mehreren kleineren Transgressions- oder im Laufe einer Regression auftretenden Stillstandsphasen entspricht, kann an dieser Stelle nicht eindeutig geklärt werden. Ebenso ist nämlich eine Deutung als "Sturmflutniveau" denkbar. Derartige Ereignisse treten immer wieder - häufig nur regional im SW der Insel - auf.

Die dem rezenten Meeresspiegelstand angepaßten geomorphologischen Verhältnisse zeigen für den Raum Hikkaduwa eine Lagune, auf die die landeinwärts anschließenden flood-plain-Bereiche orientiert sind, und den rezenten Strand mit dem vorgelagerten Korallenriff.

Die rezente Morphodynamik ist durch eine starke Abrasion gekennzeichnet, die - neben Exposition, klimatisch-meteorologischen und marinen Verhältnissen - vermutlich ihre Ursache in der tektonischen Senkungstendenz dieses Küstenabschnittes verbunden mit dem Aufbau der Küste selbst findet. Weitere Untersuchungen zu dieser Problematik werden folgen.

Für den Raum Dondra Head zeigen die rezenten morphologischen Verhältnisse aktive Inselbergkliffe mit zwischengeschalteten Buchten und dem rezenten Strand, der nur durch Flußeinmündungen unterbrochen ist. So zeigen die beiden Küstensequenzen Hikkaduwa und Dondra Head zwei unterschiedliche Ausprägungen postpleistozäner Formung innerhalb gleicher petrographischer, klimatologischer und mariner Bedingungen.

Das -25 m-Niveau im Bereich des Schelfs wird als Meeresspiegeltiefstand oder Stillstandsphase einer Regression oder Transgression angesehen, die vor Negombo, Hikkaduwa und Dondra Head mit Proben belegt werden können und auf Grund der Auswertung von Schelfprofilen (siehe Abb. 2) auch für andere Küstenabschnitte zu vermuten sind. Weshalb im Bereich der E-Küste dieses Niveau scheinbar nicht ausgebildet ist, läßt sich zum gegenwärtigen Zeitpunkt nicht eindeutig klären. Während der Ausbildung des -25 m-Niveaus waren die rezent terrestrischen Bereiche der Küstensequenz Hikkaduwa und Dondra Head bis auf den kristallinen Untergrund entblößt und wurden im Laufe der postpleistozänen Transgression mit den 15-20 m mächtigen marinen Sedimenten verfüllt.

Zusammenfassung

Die morphographische Großgliederung Sri Lankas und die unterschiedlich geformten Schelfabschnitte in Verbindung mit dem uneinheitlichen Einsetzen des Kontinentalabhanges unterstützen ein geotektonisches Entwicklungsmodell, das inselweit ein räumlich differenziertes Herausheben und Absenken seit dem Postkambrium zeigt. Außerdem liegen auch Hinweise rezenter tektonischer Bewegungen vor. Erste Teilergebnisse quartärmorphologischer Untersuchungen zeigen anhand von zwei Küstensequenzen der SW-Küste, daß es trotz gleicher petrographischer, klimatologisch-meteorologischer und mariner Verhältnisse zur Ausprägung unterschiedlicher Küstenformung kommt, die in Abhängigkeit geotektonischer Vorgänge gesehen werden muß. An beiden Küstensequenzen können bisher eindeutig ein postpleistozäner Meeresspiegelhochstand und ein - bisher nicht eindeutig datierbarer - Meeresspiegeltiefstand nachgewiesen werden.

Summary

Sri Lanka's large-scale morphographic division, together with the differences in shape of the various sections of the shelf and the differentiated setting-in of the continental slope suggest a geotectonic model of development which shows for the whole island regionally varied uplifting and lowering since Post-Cambrian times. Besides that, there is evidence as to recent tectonic movements. Preliminary results of quaternary morphological research carried out on two coastal cross sections on the SW coast show that different types of coast could have developed as a consequence of geotectonic processes despite identical petrographic, climatic-meteorological, and marine conditions. Both coastal cross sections have so far manifested a Post-Pleistocene maximum as well as a minimum of sea level, latter of which there has been no dating so far.

Literatur

BREMER, H. (1981): Reliefformen und reliefbildende Prozesse in Sri Lanka - Relief, Boden, Paläoklima Bd. 1, S. 7-183.

COORAY, P.G. (1967): An introduction to the Geology of Ceylon - National Museums Department, Colombo.

DERANIYAGALA, P.E.P. (1958): The Pleistocene of Ceylon - National Museums Department, Colombo.

FAIRBRIDGE, R.W. (1961): Eustatic changes in the sea level - Physics and Chemistry of the Earth Bd. 4, S. 99-185.

FERNANDO, A.D.N. (1982): Coastal Geomorphology and Development - Institution of Engineers, Colombo.

HATHERTON, T., PATTIARATCHI, D.B., RANASINGHE, V.V.C. (1975): Gravity map of Sri Lanka - Geological Survey Department, Colombo.

KATZ, M.B. (1978): Sri Lanka in Gondwanaland and the evolution of the Indian Ocean - Geological Magazin, Bd. 115, S. 237-316.

Mc KENZIE, D.P. und SCLATER, J.G. (1973): The evolution of the Indian Ocean - Planet Earth, S. 147-158, San Francisco.

VITANAGE, P.W. (1972): Post-Precambrian uplifts and regional neotectonic movements in Ceylon - 24th International Geological Congress, Section 3, S. 642-654.

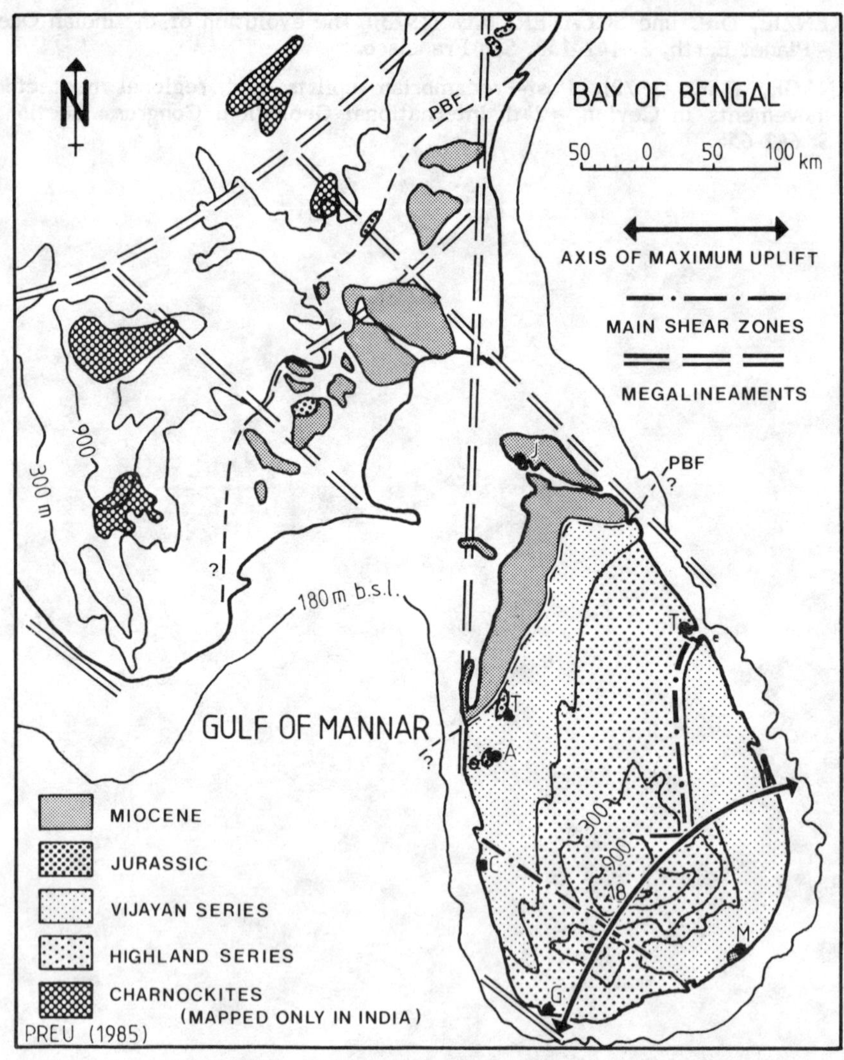

Figure 1 : GEOLOGIC - TECTONIC MAP OF SRI LANKA AND SE - INDIA; ADOPTED FROM VITANAGE (1972) AND MODIFIED BY THE AUTHOR.

(A = ANDIGAMA, C = COLOMBO, J = JAFFNA, M = MINIHAGALKANDE, T = TABBOWA, Te = TRINCOMALEE; PBF = Precambrian Boundary Fault)

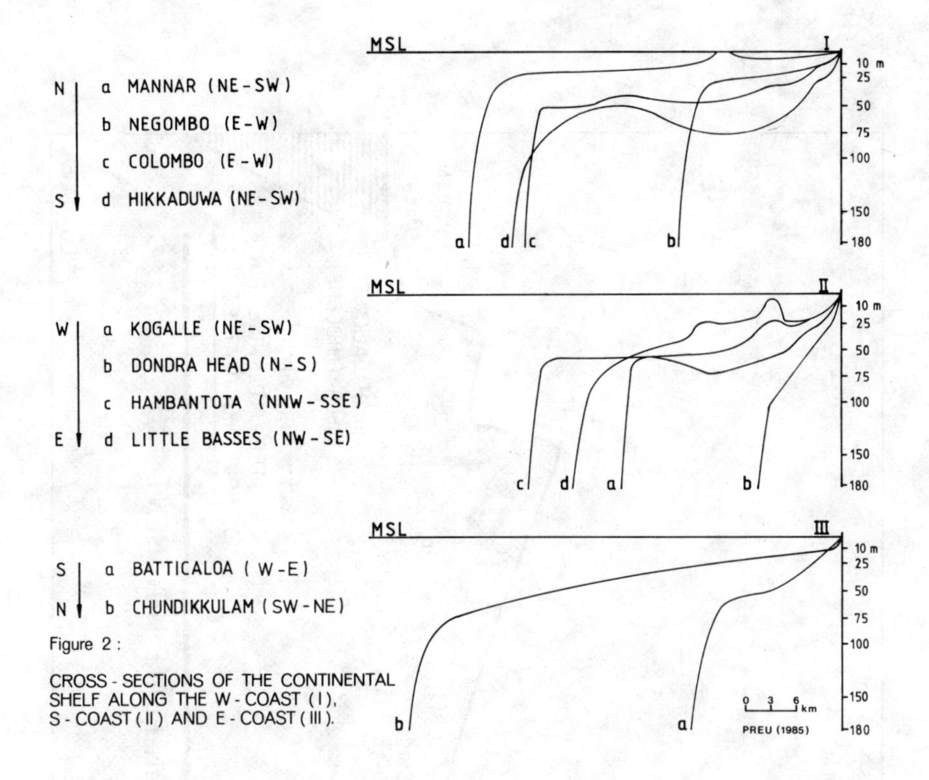

Figure 2 :

CROSS - SECTIONS OF THE CONTINENTAL SHELF ALONG THE W - COAST (I), S - COAST (II) AND E - COAST (III).

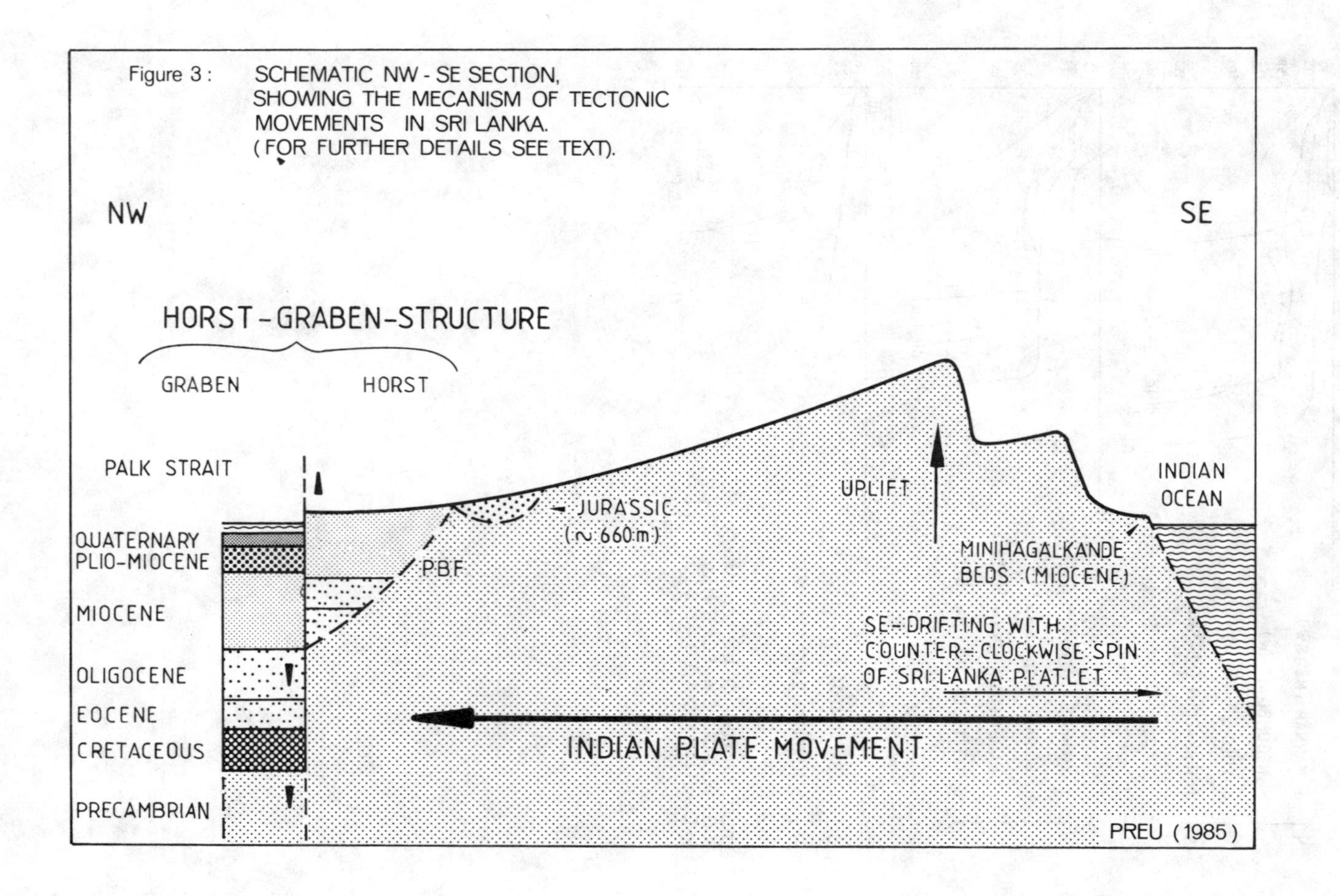

Figure 3: SCHEMATIC NW - SE SECTION, SHOWING THE MECANISM OF TECTONIC MOVEMENTS IN SRI LANKA. (FOR FURTHER DETAILS SEE TEXT).

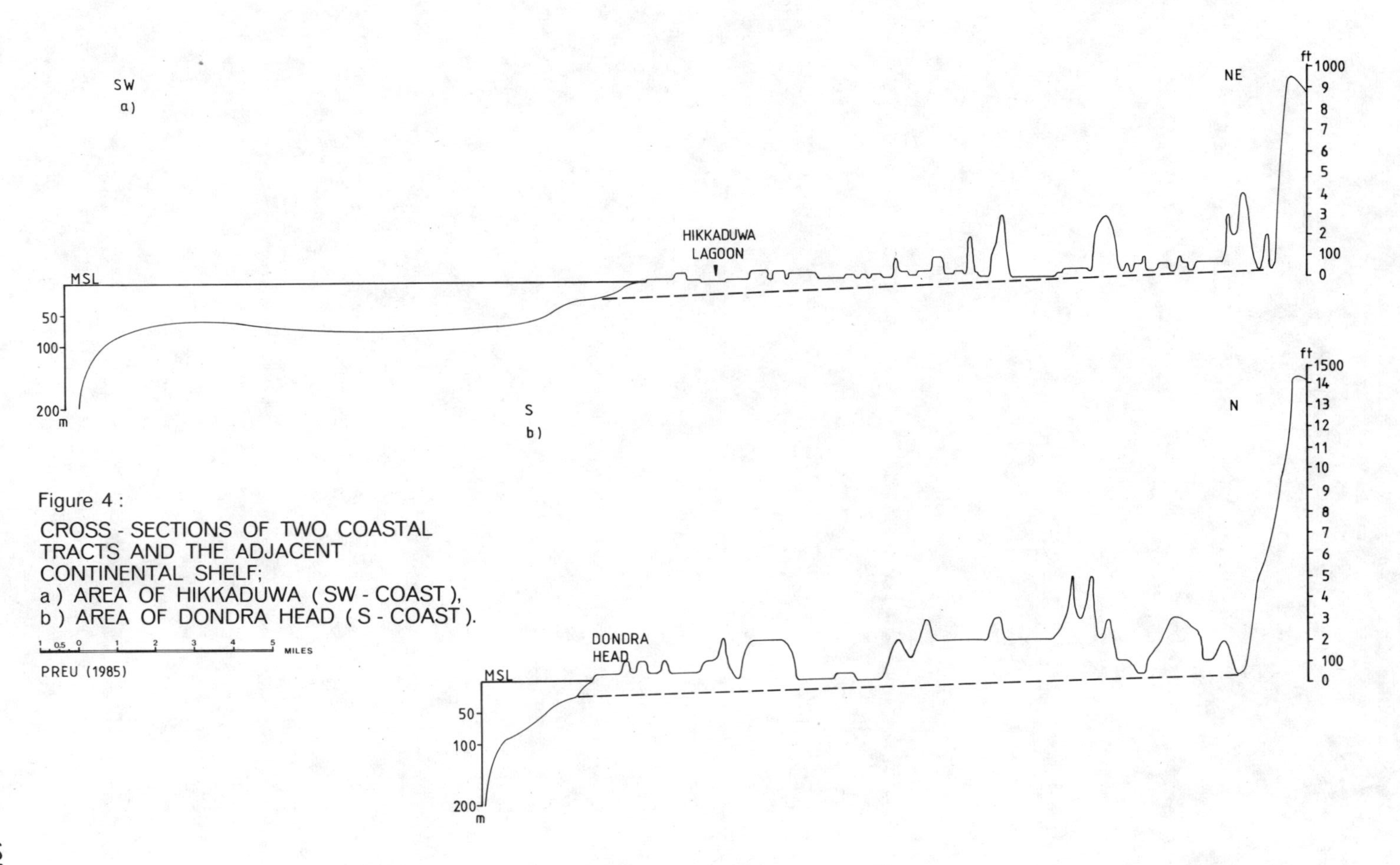

Figure 4 :

CROSS - SECTIONS OF TWO COASTAL TRACTS AND THE ADJACENT CONTINENTAL SHELF;
a) AREA OF HIKKADUWA (SW - COAST),
b) AREA OF DONDRA HEAD (S - COAST).

Holozäne Meerestransgression der Namibküste bei Lüderitzbucht, Südwestafrika

Klaus Heine

I. Einleitung

Während der letzten drei Jahrzehnte haben sich die Studien über den Anstieg des Meeresspiegels seit dem letzten Hochglazial in wesentlichen Punkten gewandelt (Abb. 1). Die Suche nach einer eustatischen Meeresspiegelkurve, die weltweit Gültigkeit hat - und zwar in Abhängigkeit von der letzten Deglaziation zwischen 17 000 und 7000 aBP (vgl. RUDDIMAN et al. 1985) -, wurde aufgegeben (KIDSON 1982; BLOOM 1983). Untersuchungen über die Rheologie der Erdkruste und die Erkenntnis, daß die Erde als Geoid nicht über lange Zeiträume stabil war, führten zu der Ansicht, es müsse regionale Unterschiede in dem eustatischen Meeresspiegelanstieg im Spätpleistozän und Holozän geben (CLARK et al. 1978; MÖRNER 1981; NEWMAN et al. 1981). Neben glazio-isostatischen müssen auch hydro-isostatische Einflüsse - letztere besonders in großen Schelfgebieten - Meeresspiegeländerungen verursacht haben. In neuerer Zeit nehmen die Diskussionen über Fehler und Ungenauigkeiten bei der Datierung sowie bei der Ermittlung der Höhen zu (z.B. Änderungen der Tidenhub-Amplituden (TOOLEY 1985)). Es wundert daher nicht, daß heute unterschiedliche Auffassungen über die spät- und postglazialen (= holozänen) Meeresspiegeländerungen bestehen (Beispiele: Mittelholozäner Meeresspiegel höher als heute; gleichsinniger oder oszillierender holozäner Anstieg des Meeresspiegels. Siehe auch: GIERLOFF-EMDEN 1980, Bd. II).

Da nur Detailstudien ausgewählter Lokalitäten eine ausreichende Datenbasis schaffen, die eine eventuelle Lösung der heute noch offenen Fragen erlauben, möchte ich im folgenden über einige Beobachtungen und Gedanken zum holozänen Meeresspiegelanstieg an der Namibküste bei Lüderitz berichten.

II. Das Untersuchungsgebiet

Das Untersuchungsgebiet liegt zwischen 26°34' und 26°45' S und zwischen 15°03' und 15°10' E. Es umfaßt die gesamte Halbinsel von Lüderitz sowie die küstennahen Gebiete um die Stadt selbst bis zur Agate Bucht im Norden (Abb. 2 und 3). Im Lüderitzer Gebiet sind die ältesten Gesteine präkambrische Gneise, durchzogen von Quarzit- und Amphibolitgängen. Diese werden von einer Abfolge aus Quarziten, Dolomiten, Schiefern und Sandsteinen überlagert (Nama-Schichten). Intrusionen von grauem Granit werden mit der Metamorphose der Nama-Schichten in Verbindung gebracht. Später erfolgen, vermutlich im Zuge der Hauptdeformation der gesamten Komplexe infolge gewaltigen Drucks, Intrusionen von Pegmatiten, Quarzen, Amphiboliten und ultramafischen Gesteinen. Die dabei entstandenen stehenden, überkippten und Isoklinalfalten bestimmen heute den Landschaftscharakter. Durch das Zusammenspiel von chemischer Verwitterung, fluviatiler Abtragung und Umlagerung und Deflation sind viele Nord-Süd-gerichtete Hohlformen (sog. Wannen nach KAISER 1926 a, II, 418 ff.) und langgezogene Rücken entstanden, die enge Beziehungen zu den petrographischen Unterschieden und zum tektonischen Bau des Untergrundes aufweisen. Begünstigend für die Ausbildung der Wannenlandschaften (bzw. Deflationslandschaften) kommt hinzu, daß die vorherrschende Windrichtung meist nur wenig von der Richtung der tektonischen Leitlinien abweicht.

Die Einzelformen der heutigen Küstenlinie sind dadurch bedingt, "daß ein Teil der vorgebildeten Wannenlandschaft unter den Meeresspiegel versenkt ist, und daß zwischen den untergetauchten Wannen befindliche Rücken nun durch die

Meeresbrandung in eine Kliffküste umgewandelt sind, während die untergetauchten Hohlformen durch Verlandung und Versandung mehr und mehr zugeschüttet sind" (KAISER 1926 b, 73 f.)[1]. Im Westen wird die Kliffküste der Lüderitz-Halbinsel mitunter von schmalen in das Gestein eingeschnittenen Buchten unterbrochen.

Die Wirkung der Gezeiten tritt an der SW-afrikanischen Küste in den Hintergrund; die mittlere Fluthöhe beträgt nur knapp 1 m, noch nicht 1/2 m bei tauben, 1 1/2 - 2 m bei Springfluten (SCHULTZE-JENA 1907, 6); der Springtidenhub wird an der Namibküste von GIERLOFF-EMDEN (1980, Bd. II, Karte der Gezeitenverhältnisse) mit 1,5 - 1,8 m angegeben.

Das Untersuchungsgebiet liegt innerhalb des südhemisphärischen Hochdruckgürtels. Die Antizyklone über dem Südatlantik verursacht Winde, die aus südlichen Richtungen auf die Küste auftreffen, die jedoch infolge tiefen Luftdrucks über dem Landesinnern zu Südwestwinden abgelenkt werden können. Heftige Süd- und SW-Winde wehen während 10 Monate fast ununterbrochen; im Dezember und Januar sind sie am stärksten; Windgeschwindigkeiten erreichen oft 40 Knoten/h und mehr. Im Juni und Juli werden die niedrigsten Windgeschwindigkeiten registriert; weniger als 50 % der Winde wehen dann aus Süd bis Südwest. Im Juli und August können auch kurzzeitig stärkere Ostwinde vom Hochland herabwehen. - Der durchschnittliche jährliche Niederschlag beträgt bei Lüderitz 17,3 mm, von denen die Hälfte während der Monate März bis Juni fällt[2]. - Die Jahresmitteltemperatur liegt bei etwa 16°C, das mittlere Maximum tritt im Februar mit 22°C und das mittlere Minimum im August mit 10°C auf. - Nebel ist während der Nacht zwischen dem Sonnenuntergang und dem späten Vormittag an der Küste häufig, was sehr zur Verringerung der Sonnenscheindauer beiträgt. Tau-Niederschläge werden mit durchschnittlich 38 mm/a angegeben, d.h. sie sind zweimal so hoch wie die Regenmengen. Die relative Feuchtigkeit sinkt nur im Juni und Juli unter 75 % und beträgt vor allem während des Sommers nachts sehr oft 100 %.

III. Geländebefunde

1. Große Bucht

Die Große Bucht begrenzt die Lüderitz-Halbinsel im Süden (Abb. 3). Sie ist nach Süden geöffnet. Vom Strand ausgehend können landeinwärts verschiedene Formen und Sedimente beobachtet werden, die Auskunft über die jüngere Entwicklung geben. Die Bucht wird von einem Strandwall aus Sand und Kies mit Mollusken gesäumt, dem Dünen aufsitzen. Sande und Kiese mit zahlreichen Muschel- und Schneckenschalen befinden sich im Untergrund der nördlich angrenzenden ehemaligen Bucht. An der Oberfläche hat sich infolge der Deflation ein Pflaster aus Kies und Mollusken gebildet. Ein größerer Sandkörper, der durch Beachrock im Hangenden gekappt wird, verläuft in Gestalt von zwei parallelen Bändern sichelförmig (mit stärkerer Krümmung als der rezente Strandwall) vom Ost- zum Westrand der ehemaligen Bucht. Die Sande sind feiner als rezente Dünensande (94 % < 0,2 mm Ø); sie sind fossilfrei. Auffällig ist bei zahlreichen Quarzkörpern ein heller Verwitterungsrand, wie er in den Sedimenten aus dem Namib-Kalahari-

[1] SCHULTZE-JENA (1907, 22) vermutet in der Bucht von Angra Pequena (Lüderitzbucht) eine "uralte Talsenke".

[2] Nach WAIBEL (1922, 81) beträgt die Gesamtsumme der sommerlichen Niederschläge 5 mm gegenüber 15 mm Winterregen; in Prozenten der Jahressumme sind dies 90 % Seeregen und 10 % Binnenlandregen.

gebiet nur bei Quarzkörpern auftritt, die ein prä-Holozän-Alter haben. Im Hangenden ändert sich der Habitus dieser Sande; die Verwitterungsrinden werden seltener, andererseits sind abgerollte Bruchstücke von Muschelschalen mitunter zu finden. Zwischen den beiden, durch widerständigen Beachrock gekrönten Wällen, die deutliche Spuren der Erosion durch Brandungswellen zeigen, liegen geringmächtige Kiese und Sande, von Mollusken durchsetzt und an der Oberfläche als Deflationspflaster ausgebildet. Landeinwärts folgen molluskenhaltige Sande und Kiese mit Kies/Mollusken-Deflationspflaster. Eine Gesteinsrippe, die zum größten Teil an der Oberfläche bereits zu einem groben Schutt verwittert ist, zieht halbkreisförmig in etwa gleichem Abstand zu den zuvor beschriebenen Wällen durch die ehemalige Bucht. Der Verwitterungsschutt dieses Walles ist beiderseits der Gesteinsrippe auf die Sedimente gewandert und infolge der Deflation als Steinpflaster ausgebildet. Den inneren Teil der ehemaligen Bucht füllen Sande und Kiese, die geschichtet, häufig von großen Sandrosen durchsetzt und stark molluskenführend sind. Zu den Rändern hin ist eine Stufe ausgebildet, die als Deflationsform gedeutet wird. Der höher gelegene Teil der molluskenführenden Sande und Kiese wird von einem Schutthorizont vor der äolischen (und fluviatilen) Abtragung geschützt, der seinen Ursprung in der Verwitterung der Hanggesteine hat. Auch unterhalb der kleinen Deflationsstufe (d.h. im Niveau der ehemaligen Bucht) liegt Verwitterungsschutt der Hänge. Der Deflationsstufenrand wird nur noch an manchen Stellen, wenn nämlich der schützende Schutthorizont die Stufe nicht ganz bedeckt, rezent zurückverlegt.

Die Deutung der Formen und Sedimente ergibt folgende Entwicklung der Großen Bucht: Eine Deflationsform (= Wanne i.S. KAISERs 1926 a) bestand vor der letzten Kaltzeit. Die Gesteinsrippe wie auch die beiden Beachrock-gekrönten Sandwälle sind Zeugen der prä-letztkaltzeitlichen Prozesse. Der Beachrock verkörpert einen Meeresspiegelhochstand, der ca. 2 m über dem rezenten lag; die unter dem Beachrock sedimentierten Sande zeugen von relativ schwachen Winden (im Vergleich zu heute) und Dünenbildung, bevor das Meer transgredierte und die Dünenkämme kappte. Dünensandakkumulation, Dünenkappung und Beachrockbildung müssen vor der letztkaltzeitlichen Meeresregression erfolgt sein. Die letztkaltzeitliche Regression führte zur weiteren Ausgestaltung der Wanne, wobei der Beachrock und die Gesteinsrippe infolge der widerständigen Oberflächen nur geringfügig abgetragen werden konnten. Die Ausgestaltung der Wanne bei relativ niedrigem Meeresspiegel erfolgte bei starken Winden und gelegentlichen Niederschlägen, die für oberirdisch fließendes Wasser und damit Umlagerung des Lokkermaterials bzw. eine Verhinderung der Deflationspflasterbildung sorgten. Diese Bedingungen sind für die Kaltzeit anzunehmen. - Die Meerestransgression im Spät- und Postglazial führte bereits vor ca. 7500 aBP zur Überflutung der inneren Bucht zwischen den rahmenden Hängen und den Beachrock/Dünensand-Wällen bzw. der Gesteinsrippe. Vor ca. 7500 aBP hatte der relative Meeresspiegel sein heutiges Niveau erreicht. Die weitere Transgression führte zur Ablagerung der Sande und Kiese nördlich der Gesteinsrippe bis ca. 2 m über das rezente Meeresspiegelniveau. Auch zwischen den parallel verlaufenden Beachrock-Wällen wurden litorale Sedimente abgelagert, ebenfalls ein Hinweis auf einen entsprechend hohen Meeresspiegel. Relativ schnell muß die Verlandung der nach Süden geöffneten Großen Bucht nach 7500 aBP erfolgt sein, denn bereits um 5500 aBP akkumulierten die Sande und Kiese südlich der Beachrock/Dünensand-Wälle. Mit der Verlandung der Bucht durch Strandversetzung, d.h. durch marine Ablagerung geht hier seit ca. 7500 aBP eine Regression des Meeres einher. In dieser Zeit wurden die Schuttdecken über den marinen Sedimenten nahe der umgebenden Hänge sowie beiderseits der Gesteinsrippe abgelagert. Mit sinkendem Meeresspiegel und damit auch sinkendem Grundwasserspiegel in der verlandeten Bucht konnte die Deflation wirksam werden; die Deflationskanten am Rande der ehemaligen Bucht und die Deflationspflaster auf den marinen und Strand-Sedimenten wurden gebildet. Rezent bis subrezent ist der Strandwall mit den aufsitzenden Dünen, der unmittelbar an den Brandungsbereich angrenzt.

2. Guano Bay

Die Guano Bay liegt im Nordwesten der Lüderitz-Halbinsel. Sie ist nach Nordwesten zum Meer hin geöffnet (Abb. 3). Folgende Abfolge der Formen und Sedimente lassen sich oberhalb des storm tide level (STL = höchster feststellbarer Spülsaum, vgl. WIENEKE & RUST 1975) landeinwärts beobachten: Nur wenige Dezimeter über dem STL befindet sich das Niveau eines subrezent/rezenten Strandwalls, der aus Strandsanden aufgebaut wird, in die vereinzelt Mollusken-Bruchstücke eingestreut sind; dieser Strandwall wird von bis zu 1,5 m hohen Kupstendünen gekrönt. Molluskenreste haben ein ^{14}C-Alter von 1175±85 aBP (Hv 9879). Parallel zu diesem Strandwall verläuft ein ca. 3 m über NN reichender fossiler Strandwall, der aus Muschelschill - oft in Wechsellagerung mit reinen, äolischen Sanden sowie Kiesen des Brandungsbereichs - aufgebaut wird und ein ^{14}C-Alter von 3545±115 aBP (Hv 9880) hat. Zwischen beiden Strandwällen kann eine seichte Furche verlaufen, in der mitunter das anstehende Gestein aufgeschlossen ist. Landeinwärts schließt sich die subrezente Lagune an, deren Oberfläche aus Salzton besteht und im Niveau des Grundwasserspiegels (= Meeresspiegel) liegt. Die Lagunensedimente bestehen aus sublitoralen Kiesen mit Mollusken, die landeinwärts in äolische Sande überleiten.

Die Formen und Sedimente der Guano Bay zeigen, daß hier ebenfalls eine Wanne im Spät- und Postglazial bei ansteigendem Meeresspiegel teilweise mit Sedimenten ausgefüllt worden ist. Die Sedimentzufuhr war jedoch nicht so groß wie in der Großen Bucht im Süden der Lüderitz-Halbinsel, die offen zur Hauptwindrichtung liegt. In der Guano Bay sedimentierten äolische Sande, die von den vorherrschenden S- und SW-Winden über der Lüderitz-Halbinsel aufgenommen und im Wasser der Guano Bucht abgelagert wurden, und zwar jeweils bis zur Höhe des Meeresspiegels. Vermutlich wurden nach ca. 3000 aBP bei sinkendem relativen Meeresspiegel im Bereich der Lagune wieder die äolischen Sande infolge der Deflation abgetragen, wodurch kleine Geländestufen an den Rändern der ehemaligen Lagune herauspräpariert wurden. Der fossile Strandwall wurde von der äolischen Abtragung nicht erfaßt, da die Brandungsgerölle und Mollusken ein Deflationspflaster bildeten, das vor Winderosion schützte. Dort, wo Sande im Bereich der Geländestufen zwischen Lagune und Strandwall anstehen, ist die Stufe als steile Kante ausgebildet. Bei voranschreitender Meeresregression nach ca. 3000 aBP konnte um oder nach ca. 1000 aBP ein weiterer Strandwall gebildet werden, der von Kupstendünen bedeckt wird, die belegen, daß der relative Meeresspiegel seit ca. 1000 aBP ebenfalls geringfügig gesunken ist.

3. Shearwater Bay

Im Norden der Lüderitz-Halbinsel ist die Shearwater Bay nach Norden zum offenen Meer hin geöffnet. Drei Strandwälle säumen die Shearwater Bay; der jüngste Strandwall wird von Kupstendünen bedeckt; ihm schließt sich landeinwärts ein weiterer, durch eine Rinne abgetrennter niedriger Strandwall an. Der dritte Strandwall wird aus Muschelschill und Sand aufgebaut; er erhebt sich bis ca. 3 m über NN und zeigt strandwärts eine Erosionskante. Daran schließt sich nach Süden eine Lagune an, die mit geschichteten, äolisch transportierten Sanden gefüllt ist. Diese Sande entstammen den Verwitterungsprodukten der umgebenden Hänge; sie enthalten in den gröberen Fraktionen (2,0 - 0,63 mm Ø) Gesteinsfragmente und in allen Fraktionen, besonders in den feineren (0,06 - 0,02 mm Ø), Gipskristalle. Entlang der Namibküste zwischen Lüderitz im Süden und Terrace Bay (20°00'S, 13°02'E) im Norden werden Gipskristalle nur in Lagunen- und litoralen Sedimenten gefunden, die älter als ca. 3000 aBP sind (vgl. auch RUST 1979; 1980). Die mit einer dünnen Salztonschicht bedeckte subrezente Lagune wird durch eine Stufe, die bogenförmig verläuft, gegen ein höheres älteres Lagunenniveau abgesetzt. Die Sedimente dieser fossilen Lagune bestehen aus einem braunen verwitterten Schutt, der von den Hängen abgespült worden ist und der einen Horizont aus SiO_2-Konkretionen aufweist, und im Hangenden aus geschichteten, äolisch transportierten Sanden mit Quarzbruchstücken, auf denen sich an der Oberfläche ein Steinpflaster aus kantigem Quarzschutt gebildet hat. Die Oberfläche der fossilen Lagune entspricht dem Niveau des fossilen Strandwalls (ca. 3 m über NN).

Auch die Shearwater Bay ist eine Wanne, die mit Sedimenten ausgefüllt wurde. Unbekannt ist das Alter des braun verwitterten Schuttes mit SiO_2-Konkretionshorizont. Die SiO_2-Konkretionen lassen sich der Gruppe der opalinen C-T-Silcretes (Cristobalite-Tridimite i.S. WOPFNERs 1978, 139 f.) zuordnen; ihre Bildung erfolgt unter hypersalinen Bedingungen, die auch für das Ausscheiden von Gips verantwortlich sind. SiO_2 wurde vermutlich durch stark saline Wässer lateral von den Hängen herangeführt und infolge der Aridität und exzessiven Evaporation ausgeschieden. Diese Prozesse konnten nicht mehr im Holozän ablaufen (vgl. WOPFNER 1978), weshalb ein pleistozänes Alter des Schuttes mit SiO_2-Horizont angenommen wird. KAISER (1926 a, II, 294 ff. und 328 f.) hat dünne Kieselkrusten auch noch in den jüngsten (diluvialen) Schuttbildungen beobachtet, die aufgrund der eigenen Untersuchungen ein präholozänes Alter haben. Da weder die obersten Sedimente der fossilen Lagune wie auch die Sande der subrezenten Lagune Hinweise auf litorale Einflüsse (Mollusken, Brandungsgerölle etc.) zeigen, sondern von Süden eingewehte Flugsande sind, wird angenommen, daß mit ansteigendem Meeresspiegel im Lagunenbereich Sande akkumuliert wurden infolge des steigenden Grundwasserspiegels; dies führte zur Durchfeuchtung des Untergrundes und damit zur Bindung des Flugsandes an den feuchten Untergrund. Bis zur Zeit der Bildung des fossilen Strandwalles aus Muschelschill und Sand, der morphologisch dem ca. 3500 aBP-Strandwall der Guano Bay entspricht, wurde südlich desselben Flugsand akkumuliert. Die Gipskristalle in den Sanden der subrezenten Lagune weisen auf ein Alter der Sandeinwehung, das mindestens dem der Strandwallbildung entspricht ($\geq$ 3500 aBP). Demnach besorgte die Deflation, die bei sinkendem Meeresspiegel nach ca. 3000 aBP wieder angreifen konnte, eine teilweise Ausräumung der Sedimente im Bereich der subrezenten Lagune, wodurch die Geländekanten am Rande der subrezenten Lagune gebildet wurden.

Es sei hier darauf hingewiesen, daß die Sturmvogelbucht sich nach Süden nicht in eine ausgedehnte Wanne verlängert (Abb. 2) und sich daher in ihrer Entwicklung von der Shearwater Bay abhebt. Infolge relativ geringer äolischer Sedimentation konnten die Strand- bzw. Nehrungswälle der Sturmvogelbucht (Abb. 3) deren südlichen Teil abtrennen, wodurch dort eine wassergefüllte Lagune entstand, in der bis in die Gegenwart vom Winde transportierte Sande sedimentiert werden.

4. Agate Beach

Fünf Kilometer nördlich von Lüderitz befindet sich der Agate Beach, eine langgestreckte Bucht, die im Süden von Nautilus Hill und im Nordosten von Dünenbedeckten Felsrücken begrenzt wird (Abb. 3). Der nach Nordwesten geöffnete Agate Beach zeigt eine Abfolge verschiedener mariner Strandwälle und Strandterrassen. Der jüngste Strandwall wird von rezenten/subrezenten Kupstendünen gekrönt; ein fossiler Strandwall verläuft ±parallel zum jüngsten Wall durch die Lagune, deren Sedimente aus Mollusken-führenden litoralen Sanden aufgebaut werden. Der dritte Strandwall umgibt die Lagune landwärts; er hat eine Höhe bis ca. 2 m über NN und kann von einem ca. 1 m über NN liegenden Niveau gegen die Lagune abgesetzt sein. Zwei ^{14}C-Alter von Muscheln aus dem mittleren und dem älteren Strandwall belegen eine Akkumulation der Sedimente innerhalb der Lagune bereits um 7200 aBP im Niveau des heutigen Meeresspiegels und im Niveau von + 2 m um 6200 aBP.

Am Nordhang des Nautilus Hill sind präholozäne Sedimente und Formen zu finden. Über dem Anstehenden liegt im und wenig unter dem rezenten Meeresspiegel ein Beachrock-Horizont, der von großen (> 0,5 m ∅) marin gerundeten Blökken bedeckt wird. Beachrock und Strandgerölle tauchen unter gut sortierten feinen Strandwallsanden unter, die eine ca. 4 m-Terrasse bilden. In ca. 6 - 8 m über NN befindet sich eine zweite marine Terrasse. Beide Terrassen sind mit vielen scharfkantigen Bruchstücken und vereinzelten Mollusken bedeckt, die an der Oberfläche der Terrassen ein Deflationspflaster bilden. Beide Terrassen sind durch fluviatile Erosion zerschnitten. Die untere marine Terrasse in ca. 4 m über NN zieht in einem weiten Bogen um die Lagune des Agate Beach; teilweise ist sie als Felsterrasse angelegt. Die Beachrock-Bildung, die Höhe der Terrassen über NN sowie die Zerschneidung der Terrassen durch abfließendes Wasser vom Rückhang belegen ein präholozänes Alter dieser Sedimente und Formen.

IV. Folgerungen

Transgression und Regression des holozänen Meeresspiegels haben die Deflationsformen an der Küste bei Lüderitz umgestaltet, indem marine Formen geschaffen und marine Sedimente abgelagert wurden. In der Gegenwart wird die Strandlinie nicht verändert. Bei stärkeren Winden wird Sand vom Strand zu den rezenten bis subrezenten, zumeist nur wenige Meter hohen Dünen transportiert. Diese Dünen sitzen subrezenten marinen Sand- und Kiesablagerungen auf, die oft reich an Muscheln sind. An der Guano Bay wurden diese Ablagerungen auf 1175±85 aBP (Hv 9879) datiert. Als ältere Form begleitet an vielen Stellen ein um 3 m hoher fossiler Strandwall die Buchten; an der Guano Bay beträgt das Alter dieser Sturmflutsedimente 3545±115 aBP (Hv 9880). Der Strandwall, der die Lagune des Agate Beach umgibt, wurde auf 6200±65 aBP (Hv 9488) datiert. Aus den Lagunensedimenten liegen ^{14}C-Daten von 7220±400 aBP (Hv 9881), 7475±180 aBP (Hv 9878) und 5545±105 aBP (Hv 9877) vor. Aus dem Alter der Lagunensedimente ergibt sich, daß die Deflationsformen zur Zeit eines niedrigen Meeresspiegels angelegt wurden und daß seit mindestens 7500 aBP keine weitere Ausgestaltung der Deflationslandschaft erfolgte. Anhand der Profile läßt sich der holozäne Meeresspiegelanstieg datieren (Abb. 4); bereits um 7500 aBP wurden marine Sande und Muscheln im Niveau des heutigen Meeresspiegels abgelagert. Der relative Meeresspiegelanstieg führte vor 6000 aBP zur Bildung der ca. 2 m-Strandterrasse am Agate Beach. Vermutlich stieg der Meeresspiegel noch bis ca. 3500 aBP etwas an, bzw. hielt die Höhe zwischen ca. 6000 aBP und 3500 aBP mehr oder weniger bei, bevor dann nach 3500 aBP der Meeresspiegel auf den heutigen Stand absank. Da die holozänen marinen Lagunensedimente an vielen Stellen von einem Steinpflaster bedeckt werden und da von höher gelegenen Gesteinspartien Schuttdecken auf die Lagunensedimente gewandert sind, kann während des Holozäns keine Deflation zur weiteren Aushöhlung der Wannenlandschaft erfolgt sein. Dafür sprechen auch die fehlenden Deflationserscheinungen an den Rändern der Lagunen und Wannen. Die holozänen, mit marinen/litoralen Sedimenten gefüllten Lagunen sind durch Steinpflaster gegen eine äolische Abtragung geschützt.

Zur Zeit des holozänen Meeresspiegelanstiegs herrschten vornehmlich Winde aus südlichen Richtungen. Daher sind in den von der holozänen Transgression betroffenen Wannen unterschiedliche Sedimente abgelagert; die nach Süden geöffneten Buchten sind mit marinen Sanden und Kiesen gefüllt, in denen Muscheln unregelmäßig verteilt sind. Auch weit landeinwärts - wie an der Großen Bucht - befinden sich Muscheln in den transgredierten marinen Sedimenten. Die nach Norden und Nordwesten geöffneten Buchten zeigen nur in Meeresnähe Ablagerungen, die Muscheln führen. Die Sedimente sind dort oft in reine Sand- und Muschelschill-Lagen gegliedert. Landeinwärts findet man in den Lagunen vornehmlich Sande, die jedoch keine Muscheln enthalten; die Lagune der Shearwater Bay zeigt im südlichen Teil über braunem, verwittertem Schutt äolisch in die Lagune eingewehte Sande, die heute von einem Steinpflaster bedeckt werden. Aus den Befunden geht hervor, daß die Süd- und Südwestwinde Sand aus den nach Süden offenen Buchten ausbliesen, andererseits aber Sande in die nach Norden offenen Buchten hineinverfrachteten. Mangelnde Niederschläge führten infolge der selektiven Ausblasung bei sinkendem Meeresspiegel (nach ca. 3500 aBP) schnell zur Ausbildung eines schützenden Steinpflasters, wodurch die über NN gelegenen Lagunensedimente vor der Deflation bewahrt wurden. In den um NN gelegenen Lagunen sorgte der Grundwasserstand für Deflationsschutz, da die Lagunen entweder mit Wasser gefüllt oder feucht oder verkrustet waren.

Ältere marine Strandterrassen sind im Süden des Agate-Strandes ausgebildet. Sie liegen in etwa 4 m und 6-8 m über NN. Diese Strandterrassen werden von einer Schuttdecke überzogen; die Sande sind fossilfrei, vermutlich infolge der Auflösung des $CaCO_3$ durch Niederschlagswasser. Auch sind die Strandterrassen fluviatil zerschnitten; nach ihrer Anlage konnte während niederschlagsreicherer Zeiten das von den Felshängen herabfließende Wasser einen Teil der Strandterrassen abtragen. Diese ältesten Strandterrassen bei Lüderitz sind nur dort erhalten, wo sie durch Bergrücken vor der abtragenden Wirkung der Süd- und Südwestwinde geschützt wurden.

Aus der Anlage und der marinen Sedimentation in den küstennahen Wannen ergibt sich ein Alter der Deflation, das prä-Holozän sein muß. Starke Winde, ein niedriger Meeresspiegel und Niederschläge, die zur Aufbereitung des Materials notwendig sind, müssen daher für das letzte Hochglazial angenommen werden. Bereits KAISER (1926 a) forderte für die Entstehung der Wannenlandschaft aufgrund seiner intensiven Studien und guten Kenntnis des Gebietes einerseits starke Winde und andererseits Niederschläge; KAISER jedoch glaubte, daß sich windreiche und regenreiche Zeiten abwechselten. Wahrscheinlicher aber ist, daß wind- und niederschlagsreichere Klimaabschnitte (im Vergleich zu heute) zum letzten Mal im Hochglazial bestanden haben. Dafür sprechen alle - auch die von KAISER beschriebenen - Beobachtungen.

Außerdem muß erwähnt werden, daß die Anlage der Wannen-Namib nicht das Ergebnis des Jungquartärs mit seinen Klimaveränderungen ist, sondern daß diese Deflationslandschaft seit dem Tertiär (Miozän) gebildet wurde.

Unter Transgression versteht man eine landwärtige Verlagerung der Küstenlinie, unter Regression eine seewärtige Verlagerung derselben. Die Küstenlinie bleibt ohne Akkumulation oder Erosion bei stabilem Meeresspiegel geographisch stationär (CURRAY 1964). Ein ansteigender relativer Meeresspiegel resultiert in der Regel in einer Transgression, jedoch kann eine hohe Akkumulationsrate diese Tendenz außer Kraft setzen und zu einer Regression führen. In gleicher Weise kann ein fallender relativer Meeresspiegel, der gewöhnlich eine Regression bewirkt, bei starker Erosion und fehlender Akkumulation zu einem überdurchschnittlich schnellen Zurückweichen der Küstenlinie führen. In der Abb. 5 sind in einem Diagramm relative Meeresspiegelschwankungen in Abhängigkeit von Akkumulation und Erosion schematisch dargestellt (nach CURRAY 1964). In das Diagramm ist die Verschiebung der Strandlinie für verschiedene Buchten bei Lüderitz eingezeichnet. Am Agate Beach transgrediert das Meer zwischen 7200 aBP und 6200 aBP; nach 6200 aBP setzt die Regression ein, vermutlich beginnt sie erst nach 3500 aBP. Diese Entwicklung von Transgression und Regression am Agate Beach wird durch eine geringe Akkumulationsrate bedingt, da die Bucht relativ windgeschützt nördlich des Nautilus Hill liegt. Ganz anders ist die Entwicklung an der Großen Bucht abgelaufen. Prä-7400 aBP transgredierte das Meer; die nach Süden geöffnete Bucht verlandet durch marine Anlagerung (Strandversetzung, vgl. KAISER 1926 a). Damit schiebt sich der Strand in dieser Bucht rasch gegen das Meer vor. Die nach Norden geöffneten Buchten (Shearwater Bay, Guano Bay) versanden durch Absatz des vom Festlande durch den Wind in die Buchten eingetriebenen Materials (KAISER 1926 a); vermutlich beginnt dieser Vorgang vor über 7500 aBP und führt seit ca. 7000 aBP zur Regression des Meeres in den versandenden Buchten. Diese bereits von KAISER (1926 a) beschriebenen Vorgänge werden durch die sedimentologischen Beobachtungen und die absoluten Daten bestätigt. Die nach Süden geöffneten Buchten sind mit marinen, muschelführenden Sedimenten, die nach Norden geöffneten Buchten mit umgelagerten Sanden, die zwar im Meer und/oder im Lagunenbereich sedimentiert wurden, im wesentlichen aber nicht muschelführend sind, angefüllt. Aus dem Diagramm wird ersichtlich, daß zwischen ca. 8000 und 6000 aBP gleichzeitig in einem eng umgrenzten Gebiet Transgression und Regression möglich und somit vom ansteigenden bzw. fallenden eustatischen Meeresspiegel unabhängig sind. Der absinkende eustatische Meeresspiegel nach ca. 3000 aBP führte zu einer schwachen Reaktivierung der Deflationsprozesse in den Lagunengebieten.

In Abb. 6 werden die ^{14}C-Daten der Sedimente bei Lüderitz benützt, um eine Kurve der relativen Meeresspiegelschwankungen im Holozän zu rekonstruieren. Gleichzeitig werden Befunde aus anderen Gebieten dargestellt. Interessant ist die Tatsache, daß bei Lüderitz bereits um 7500 aBP der relative Meeresspiegel das heutige Niveau erreichte, auch wenn wir für die Namib-Küste im Holozän eine geringe isostatische Heraushebung annehmen (vgl. CORNEN et al. 1977).

V. Diskussion der Befunde

Die holozäne Meerestransgression (Flandrische Transgression) erlaubt aufgrund der Beobachtungen bei Lüderitz nur dann allgemeinere Aussagen über jungquartäre Meeresspiegeländerungen, wenn folgende Faktoren abgeschätzt werden können:

(1) Jungquartäre Veränderungen des Tidenhubs,

(2) Jungquartäre Veränderungen infolge hydro-isostatischer Bewegungen im Lüderitzer Küstenbereich,

(3) Jungquartäre Veränderungen infolge epirogenetischer Bewegungen an der südwestafrikanischen Küste (Neotektonik) und

(4) Jungquartäre Veränderungen infolge Deformation des Geoids im Bereich von Südwestafrika.

Zu 1: Der südwestafrikanische Küstenverlauf und die Konfiguration der Küste, das submarine Relief vor der südwestafrikanischen Küste (vgl. EMBLEY et al. 1980) sowie fehlende Inseln, Buchten bzw. großräumige Richtungsänderungen der Küstenlinie deuten darauf, daß jungquartäre Änderungen des Tidenhubs keine hohen Werte erreicht haben. Die Lage des Raumes im Bereich der vorherrschenden Passatwinde und zu der südatlantischen Antizyklone, die sich beide im Jungquartär nur wenig verlagert haben, weisen ebenfalls auf wenig veränderte Tidenhubverhältnisse im Spätglazial.

Zu 2: Hydro-isostatische Bewegungen, die vor allem aus Gebieten mit großen Schelfbereichen bekannt sind, können für den betrachteten Raum ausgeschlossen werden, da nur eine schmale Schelfzone die südwestafrikanische Küste begleitet, die zudem rasch auf Tiefen unter - 150 m abtaucht (vgl. EMBLEY et al. 1980: Fig. 3; NEWMAN et al. 1981).

Zu 3: Die südwestafrikanische Küstenregion wird von proterozoischen Gesteinen aufgebaut, die seit Bildung des Südatlantiks (Wende Jura/Kreide) keine wesentlichen tektonischen und/oder orogenetischen Beanspruchungen erfahren haben; sie liegt außerhalb der känozoischen Zonen verstärkter vulkanischer und Erdbebentätigkeit. Epirogenetische Bewegungen sind für die südwestafrikanische, vor allem aber für die angolanische (GIRESSE et al. 1976) Küste nachgewiesen. Das Untersuchungsgebiet liegt nach CORNEN et al. (1977) im Bereich einer positiven epirogenetischen Zone während des Holozäns. Unter der Annahme, daß die epirogenetische Hebung nicht nur im Holozän, sondern bereits seit dem Spätpleistozän andauert, können die marinen Strandterrassen des Isotopen-Stadiums 5e (ca. 125 000 aBP = Eem I) Aussagen über die epirogenetischen Hebungsbeträge der südwestafrikanischen Küste machen. Für die südafrikanischen Küstengebiete beschreibt DAVIES (1980, 164) "a fairly constant uplift without sharp reversals of the trend". Wenngleich die Diskussion über einen innerwürmzeitlichen Meeresspiegelhochstand (+ 2 m und mehr über NN) an der südwestafrikanischen Küste noch nicht abgeschlossen ist (vgl. HEINE 1982; RUST et al. 1984) sowie eines Hochstandes (+ 12 - 15 m) zwischen Eem I und Würm I (DAVIES 1980), so erscheint eine marine Terrasse, die bei Terrace Bay/Skelettküste ca. 3 m über STL (HEINE 1982) und die bei Mile 4 und Mile 30 (nördlich Swakopmund) ca. 2 m über STL (RUST 1980) liegt, dem Eem anzugehören. Dafür sprechen weniger die ^{14}C-Daten, die ca. 26 000 aBP ergaben (HEINE 1982; RUST 1980, sondern die morphologischen und sedimentologischen Befunde, wie auch die mögliche Korrelierung mit Eem I-Strandterrassen des südlichen Afrika, die DAVIES (1980) beschreibt. Die Eem I-Strandterrassen an der südwestafrikanischen Küste befinden sich zwischen 2 - 8 m über STL: an der Skelettküste ca. 3 m, bei Swakopmund ca. 2 m, bei Lüderitz ca. 4 - 6 m. Neotektonische Bewegungen müssen daher geringere Hebungen des Küstenraumes bei Lüderitz und der angrenzenden Namibküste bewirkt haben als im Bereich der Kapküsten (DAVIES 1980). Vorsichtige Berechnungen für holozäne epirogenetische Bewegungen der Küste bei Lüderitz ergeben Werte von $\leqq$ 0,5 m.

Zu 4: Über jungquartäre Veränderungen des Geoids liegen bisher nur wenig Beobachtungen und Berechnungen vor. Graphische Darstellungen der Erdoberfläche in Jahrtausendintervallen für den Zeitraum 0 - 12 000 aBP (NEWMAN et al. 1981) zeigen, daß das südliche Afrika ein Gebiet besonders geringer geoidaler Veränderungen gewesen ist; jedoch ist auch die Datenbasis hier recht spärlich.

Aufgrund der vorangegangenen Erörterungen dürfen wir annehmen, daß die holozänen Meeresspiegelschwankungen bei Lüderitz folgenden allgemeinen weltweiten Trend erkennen lassen: Der relative Meeresspiegel steigt rasch bis zum rezenten Meeresspiegelniveau an, das um 7400 - 7000 aBP erreicht wird; ein weiterer Anstieg erfolgt bis ca. 6000 aBP auf + 2 m; zwischen 6000 und ca. 3000 aBP ist das holozäne Maximum mit mindestens + 2 m; zwischen 3000 aBP und ca. 1000 aBP sinkt der Meeresspiegel auf das heutige Niveau. Bei einer möglichen Korrektur von 0,5 m/10 000 a als Folge epirogenetischer Hebung würde sich ein postglazialer absoluter Meeresspiegelanstieg zwischen ca. 6000 und 3000 aBP auf ca. + 2 m ergeben. Damit fügen sich die Ergebnisse recht gut ein in unsere derzeitigen Rekonstruktionen der Deglaziationsphase während des Holozäns (RUDDIMAN et al. 1985). Die Befunde stimmen ebenfalls mit Ergebnissen überein, die die Langebaan Lagoon (ca. 100 km nördlich Kapstadt) betreffen (+ 3 m Meeresspiegel um 5500 - 2000 aBP, FLEMMING 1977) und auch für Nordwestafrika (DELIBRIAS et al. 1977) und die Küsten Ghanas (STREIF 1983) beschrieben werden. Im Spencer Gulf/Südaustralien (HAILS et al. 1984) wurde unter ähnlichen geoidalen, tektonischen/epirogenetischen und hydro-isostatischen Voraussetzungen das rezente Meeresspiegelniveau um 6600 aBP erreicht, und zwischen 6000 und 1700 aBP befand sich der relative Meeresspiegel über + 2,5 m über NN. Das anschließende Fallen des relativen Meeresspiegels im Spencer Gulf wird von BELPERIO et al. (1984) mit lokaler tektonischer Hebung erklärt. Die Ergebnisse der Namibküste bei Lüderitz zeigen, daß BELPERIO et al. (1984) für die jüngsten Meeresspiegelschwankungen (Absenkung um 2,5 m) nicht tektonische Erklärungen heranziehen müssen.

Danksagung

Der Deutschen Forschungsgemeinschaft danke ich für finanzielle Unterstützung meiner Arbeiten zur jungquartären Klima- und Landschaftsgeschichte im südlichen Afrika. Herrn Professor Dr. M.A. Geyh (Niedersächsisches Landesamt für Bodenforschung in Hannover) bin ich zu Dank verpflichtet für zahlreiche ^{14}C-Altersbestimmungen und anregende Diskussionen. Frau A. Dyck (Museum Lüderitz) danke ich für vielerlei Beistand.

Kurzfassung

Bei Lüderitzbucht ist die Namib eine Deflationslandschaft (Wannennamib). Transgression und Regression des Meeres haben im Holozän die Nord-Süd-gerichteten Hohlformen umgestaltet; marine Formen wurden geschaffen und marine sowie terrestrische Sedimente wurden abgelagert. Aus dem Alter der Sedimente in Buchten und Lagunen ergibt sich, daß die Deflationsformen zur Zeit eines niedrigen Meeresspiegels angelegt wurden und daß seit mindestens 7500 BP keine weitere Ausgestaltung der Deflationslandschaft mehr erfolgte. Bereits um 7500 BP hatte der relative Meeresspiegel das heutige Niveau erreicht. Die rekonstruierten relativen Meeresspiegelschwankungen in Abhängigkeit von Akkumulation und Erosion belegen für die Küsten bei Lüderitzbucht, daß im Holozän Transgression und Regression an verschiedenen Küstenabschnitten zeitgleich auftreten konnten. Das Beispiel zeigt, wie vorsichtig bei der Rekonstruktion von holozänen Meeresspiegelschwankungen vorgegangen werden muß.

Abstract

Near Lüderitzbuch the Namib is a deflation landscape ("Wannennamib"). During the Holocene, transgression and regression of the sea have modified the North-South aligned deflation hollows and depressed pans. Marine forms developed and marine as well as terrestrial sediments accumulated. The age of the sediments of the bays and lagoons give evidence that the deflation hollows developed during phases with low sea level. At least since 7.500 BP no further formation of the deflation hollows occurred. At about this time the relative sea level already had its present level. The reconstructed relative sea level oscillations in relation to accumulation and erosion show that during the Holocene near Lüderitzbucht marine transgression nd regression could occur simultaneously at different coastal sections. This Holocene record demonstrates that reconstructions of Holocene sea level fluctuations must be done in a very careful way.

Literatur

BELPERIO, A.P., J.R. HAILS, V.A. GOSTIN & H.A. POLACH (1984): The stratigraphy of coastal carbonate banks and Holocene sea levels of northern Spencer Gulf, South Australia. - Marine Geology 61: 297-313.

BLOOM, A.L. (1983): Sea Level and Coastal Changes. - In: Late-Quaternary Environments of the United States, Vol. 2: The Holocene, H.E. WRIGHT, Jr. (ed.), University of Minnesota Press - Minneapolis, 42-51.

CHAPPELL, J. (1983): Evidence for smoothly falling sea level relative to north Queensland, Australia, during the past 6,000 yr. - Nature 302: 406-408.

CLARK, J.A., W.E. FARRELL & W.P. PELTIER (1978): Global Changes in Postglacial Sea Level: A Numerical Calculation. - Quarternary Research 9: 265-287.

CORNEN, G., P. GIRESSE, G. KOUYOUMONTZAKIS & G.C. MOGUEDET (1977): La fin de la transgression Holocène sur les littoraux Atlantiques d'Afrique équatoriale et australe (Gabon, Congo, Angola, Sao Thomé, Annobon), Rôles eustatiques et neotectonique. - Ass. Sénégal. Et. Quatern. Afr. Bull. Liaison, Sénégal 50: 59-83.

CURRAY, J.R. (1964): Transgressions and regressions. - In: Papers in Marine Geology, R.L. MILLER (ed.), Shepard Commem. Vol., McMillan - New York, N.Y., 175-203.

DAVIES, O. (1980): Last interglacial shorelines in the South Cape. - Palaeont. afr. 23: 153-171.

DELIBRIAS, G., L. ORTLIEB & N. PETIT-MAIRE (1977): Le Littoral Quest-Saharien: Nouvelles Dates ^{14}C. - In: Recherches françaises sur le Quaternaire, INQUA 1977, Suppl. Bull. AFEQ, 1977-1, 50: 203-204.

EMBLEY, R.W. & J.J. MORLEY (1980): Quaternary Sedimentation and Paleoenvironmental Studies off Namibia (South-West Africa). - Marine Geology 36: 183-204.

FLEMMING, B.W. (1977): Langebaan Lagoon: A mixed carbonate-siliclastic tidal environment in a semi-arid climate. - Sedimentary Geology 18: 61-95.

GEYH, M.A., H.-R. KUDRASS & H. STREIF (1979): Sea-level changes during the late Pleistocene and Holocene in the Strait of Malacca. - Nature 278: 441-443.

GIERLOFF-EMDEN, H.-G. (1980): Geographie des Meeres. Ozeane und Küsten. Bd. I u. II. - de Gruyter, Berlin - New York.

GIRESSE, P., G. KOUYOUMONTZAKIS & G. DELIBRIAS (1976): La transgression finiholocène en Angola, aspects chronologique, eustatique, paléoclimatique et épirogenique. - C.R.Acad.Sc. Paris 283 (série D): 373-389.

HAILS, J.R., A.P. BELPERIO & V.A. GOSTIN (1984): Quarternary sea levels, nothern Spencer Gulf, Australia. - Marine Geology 61: 373-389.

HEINE, K. (1982): The main stages of the Late Quaternary evolution of the Kalahari region, Southern Africa. - Palaeoecology of Africa 15: 53-76.

KAISER, E. (1926 a): Die Diamantenwüste Südwestafrikas. - 2 Bde., Reimer - Berlin.

ders. (1926 b): Höhenschichten-Karte der Deflationslandschaft in der Namib Südwestafrikas und ihrer Umgebung. - Mitt.Geogr.Ges. München XIX(2): 38-75.

KIDSON, C. (1982): Sea level changes in the Holocene. - Quaternary Science Reviews 1: 121-151.

MAY, J.A., R.K. YEO & J.E. WARME (1984): Eustatic control on synchroneous stratigraphic development: Createaceous and Eocene coastal basins along an active margin. - Sedimentary Geology 40: 131-149.

MÖRNER, N.-A. (1981): Eustasy, palaeogeodesy and glacial volume changes. - IAHS Publ. no 131: 277-280.

NEWMAN, W.S., L.F. MARCUS & R.R. PARDI (1981): Palaeogeodesy: late Quaternary geoidal configurations as determined by ancient sea levels. - IAHS Publ. no. 131: 263-275.

PETERS, W.H., ed. (1979): Lüderitz and Environs. A Study in Conservation. - School of Architecture, University of Natal, Durban.

RUDDIMAN, W.F. & J.-C. DUPLESSY (1985): Conference on the Last Deglaciation: Timing and Mechanism. - Quaternary Research 23: 1-17.

RUST, U. (1979): Über Konvergenzen im Wüstenrelief am Beispiel der südwestafrikanischen Namibwüste (Skelettküste und Zentrale Namib). - Mitt.Geogr. Ges. München 64: 201-216.

ders. (1980): Models in Geomorphology - Quaternary Evolution of the Actual Relief Pattern of Coastal Central and Northern Namib Desert. - Palaeont. afr. 23: 173-184.

RUST, U., H.H. SCHMIDT & K.R. DIETZ (1984): Palaeonvironments of the present day arid south western Africa 30 000 - 5000 BP: Results and problems. - Palaeoecology of Africa 16: 109-148.

SCHULTZE-JENA, L. (1907): Aus Namaland und Kalahari. - Gustav Fischer, Jena.

STREIF, H. (1983): Die holozäne Entwicklung und Geomorphologie der Küstenzone von Ghana. - Essener Geogr. Arb. 6: 1-27.

TOOLEY, M.J. (1985): Sea levels. - Progress Phys. Geogr. 9(1): 113-120.

WAIBEL, L. (1922): Winterregen in Deutsch-Südwest-Afrika. - Hamburgische Universität, Abh. aus dem Gebiet d. Auslandskunde 9, Reihe C (Naturwiss.) 4, Friederichsen - Hamburg, 1-112.

WIENEKE, F. & U. RUST (1975): Zur relativen und absoluten Geochronologie der Reliefentwicklung an der Küste des mittleren Südwestafrika. - Eiszeitalter u. Gegenwart 26: 241-250.

WOPFNER, H. (1978): Silcretes of Northern South Australia and Adjacent Regions. - In: Silcrete in Australia, T. LANGFORD-SMITH (ed.), University of New England Press (Australia), 93-141.

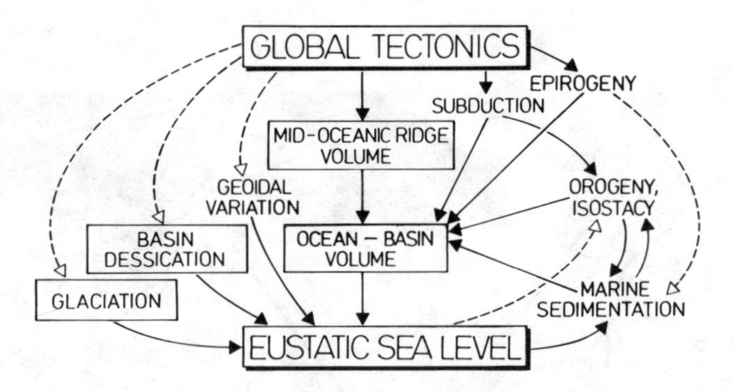

Fig. 1: Wirkungsschema der Faktoren, die eustatische Meeresspiegeländerungen bedingen (nach MAY et al. 1984, 132). Die dominierenden Faktoren für Volumenänderungen der Ozeanbecken und der globalen Hydrosphäre sind eingerahmt. Die globalen tektonischen Prozesse beeinflussen das gesamte System, entweder direkt (dunkle Pfeile) oder indirekt (offene Pfeile).

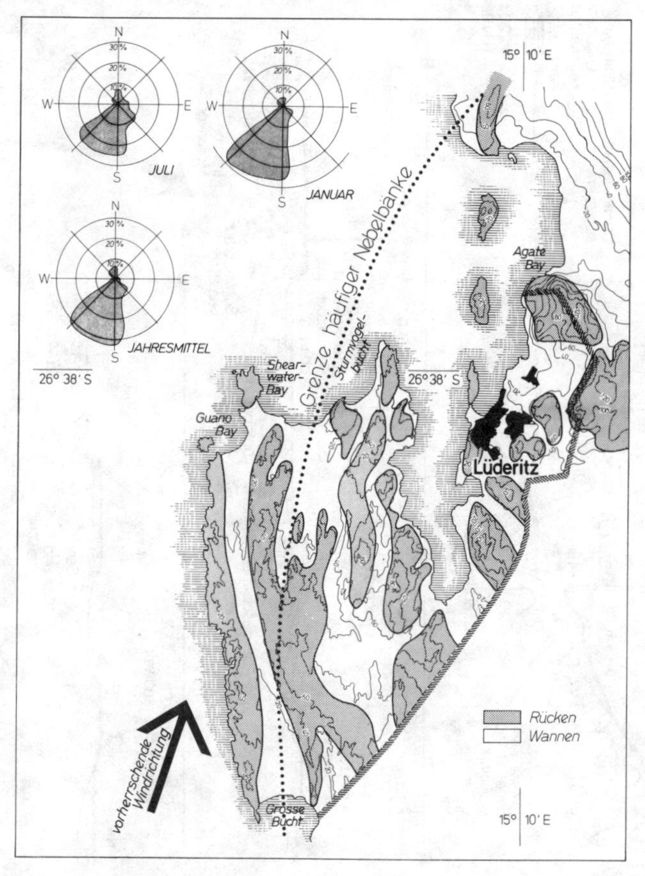

Fig. 2: Die Lüderitz-Halbinsel: Deflationslandschaft mit Rücken und Wannen. Windrosen. Nach PETERS, 1979, z.T. ergänzt.

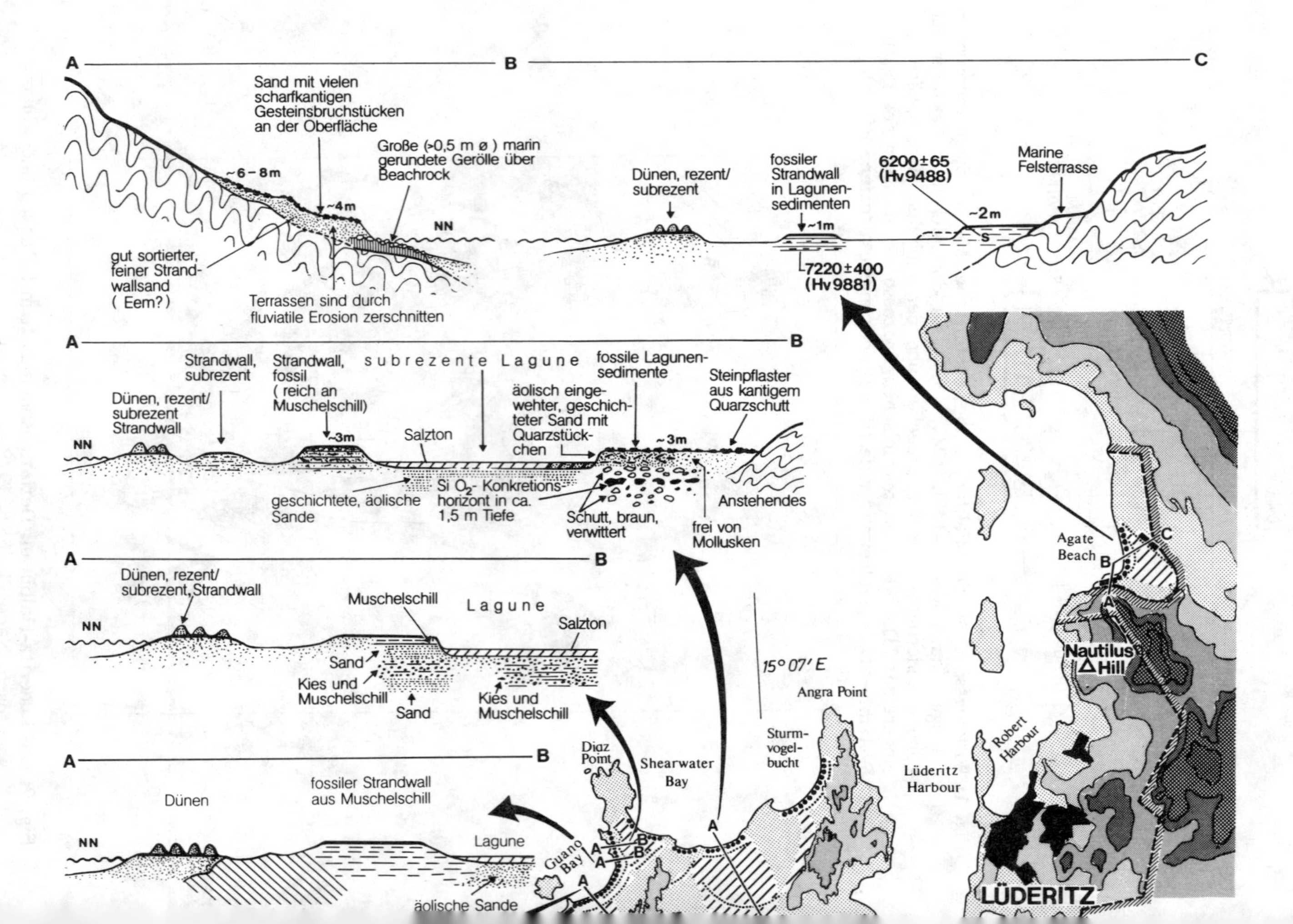

A
B
C
Sand mit vielen scharfkantigen Gesteinsbruchstücken an der Oberfläche
Große (>0,5 m ø) marin gerundete Gerölle über Beachrock
~6 – 8m
~4m
NN
gut sortierter, feiner Strandwallsand (Eem?)
Terrassen sind durch fluviatile Erosion zerschnitten
Dünen, rezent/ subrezent
fossiler Strandwall in Lagunensedimenten
~1m
7220±400 (Hv9881)
6200±65 (Hv9488)
~2m
S
Marine Felsterrasse
Strandwall, subrezent
Strandwall, fossil (reich an Muschelschill)
subrezente Lagune
fossile Lagunensedimente
Steinpflaster aus kantigem Quarzschutt
Dünen, rezent/ subrezent Strandwall
~3m
Salzton
äolisch eingewehter, geschichteter Sand mit Quarzstückchen
geschichtete, äolische Sande
SiO_2- Konkretionshorizont in ca. 1,5 m Tiefe
Schutt, braun, verwittert
frei von Mollusken
Anstehendes
Dünen, rezent/ subrezent, Strandwall
Muschelschill
Lagune
Sand
Kies und Muschelschill
Dünen
fossiler Strandwall aus Muschelschill
äolische Sande
15° 07′ E
Angra Point
Sturmvogelbucht
Shearwater Bay
Diaz Point
Guano Bay
Lüderitz Harbour
Robert Harbour
Agate Beach
Nautilus Hill
LÜDERITZ

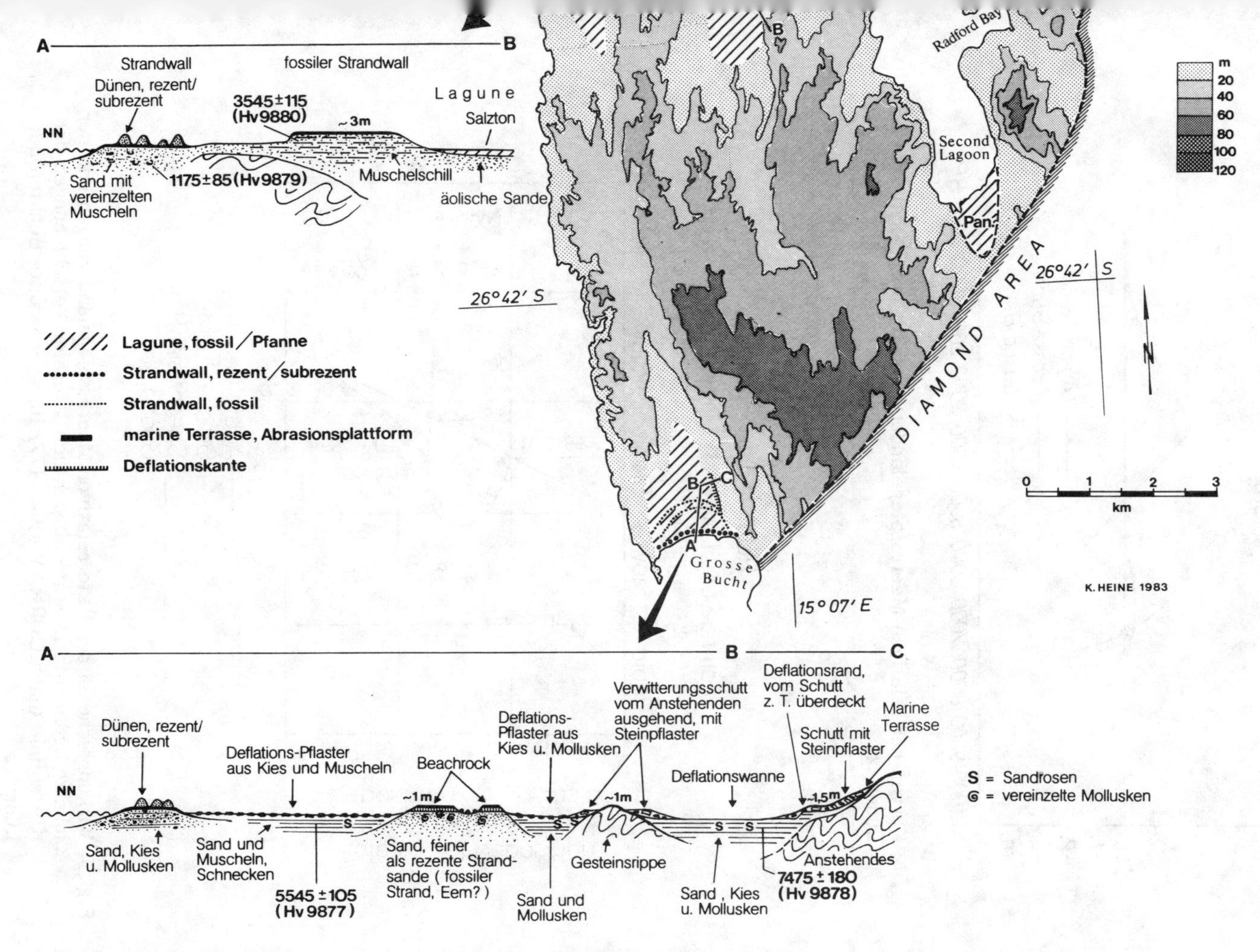

Fig. 3: Profilskizzen zur holozänen Küstenentwicklung bei Lüderitz. Erläuterungen im Text.

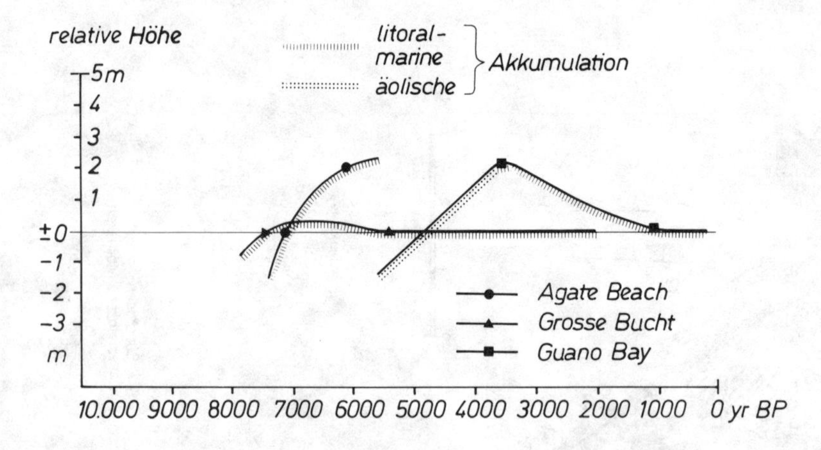

Fig. 4: Kurven der relativen Meeresspiegeländerungen für drei Buchten bei Lüderitz

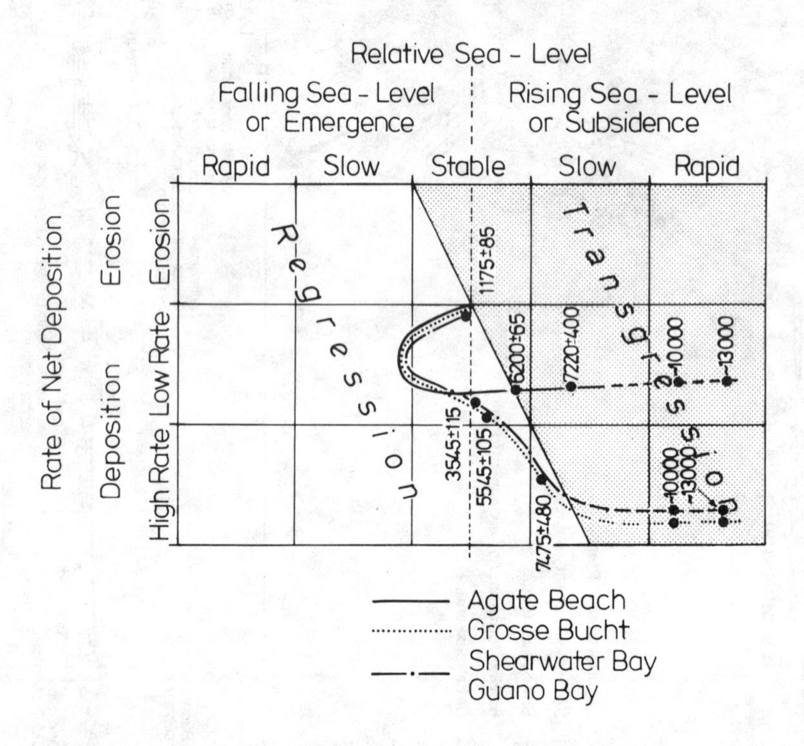

Fig. 5: Wirkungsschema der Rate relativer Meeresspiegeländerungen und der lokalen Sedimentationsrate hinsichtlich lateraler Verschiebungen der Küstenlinie (nach CURRAY 1964, 177) für ausgewählte Buchten bei Lüderitz

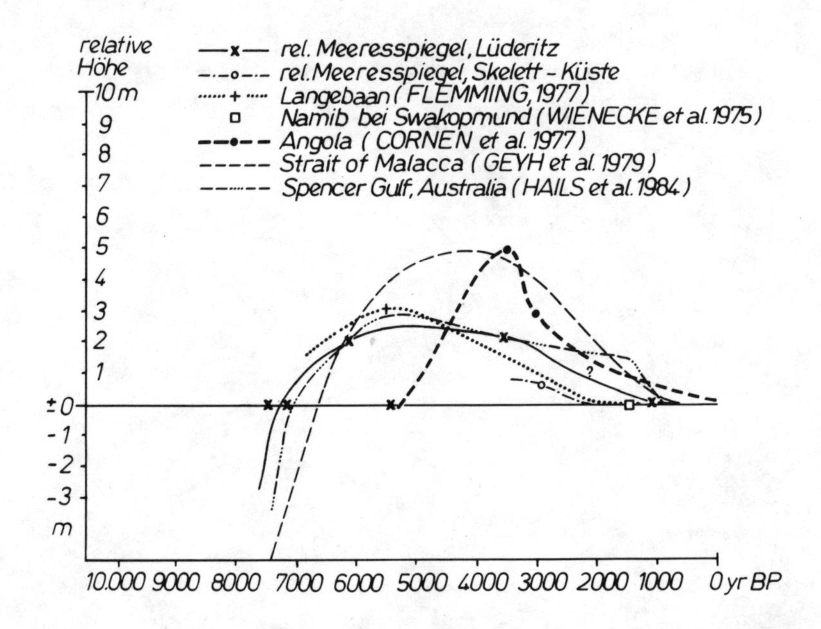

Fig. 6: Holozäne relative Meeresspiegelschwankungen bei Lüderitz im Vergleich mit einigen ausgewählten anderen Gebieten der Erde

Küstentypen der Erde als Ausdruck eiszeitlicher Klimaverhältnisse

Jürgen Hövermann

Seit Oscar PESCHEL (1870) Wesen und Methode der vergleichenden Erdkunde am Beispiel der Fjordküsten dargestellt hat, sind die Unterschiede zwischen terrestrischer Formung ihre Gestalt verdankenden Küsten besonders im Bereich des untergetauchten glazialen Formenschatzes wie auch im Bereich der fluviatilen Talformung zunehmend detaillierter und feiner herausgearbeitet worden. Freilich hat sich gerade in jüngerer Zeit eine Verlagerung des Forschungsinteresses insofern bemerkbar gemacht, als die Prozesse mehr in den Vordergrund gerückt sind, so daß sich in den deutschen Lehr- und Handbüchern die Behandlung der kontinentalen Küsten im Sinne von H. WAGNER (1930) von 7 Seiten (RICHTHOFEN 1886) über 4 Seiten (WAGNER 1930) auf 1 Seite (LOUIS/FISCHER 1979) reduziert. Einschlägiges englisches Schrifttum (etwa DAVIES 1972) begnügt sich mit der Erwähnung einer pleistozänen Erblast im Sediment. Letztlich kommt darin zum Ausdruck, daß neuerdings der Formung der Vorrang vor den Formen eingeräumt wird; und völlig logisch enthält das Handbuch von LOUIS/FISCHER (1979) eine Karte der Küstenformung nach H. VALENTIN (1975), aber keine Karte der Küstenformen.

Mitverursacht dürfte dieser Sachverhalt dadurch sein, daß die klassifizierende Beschreibung der Küstentypen nicht über das Modell der morphogenetischen Formenkreise (fluviatil, glazial, aeolisch, marin) hinausgekommen ist, und daß die klimatische Morphologie überwiegend im Konzept der Geomorphologie der Klimazonen (und Vorzeitklimate) verharrte. Demgegenüber eröffnet die landschaftliche Diagnose klimatisch bedingter Formentypen die Möglichkeit, die so deutlich ausgeprägten, überwiegend zonal angeordneten Küstentypen der Erde den entsprechenden eiszeitlichen Klimaregionen zuzuordnen und die Gestalt der Küsten als das Ergebnis eiszeitlicher terrestrischer Formung, verwischt und überprägt durch die aktuellen marinen und terrestrischen Prozesse, und variiert nach den tektonisch-strukturellen Vorbedingungen, zu verstehen.

Darüber hinaus scheint die landschaftlich-geomorphologische Diagnose der Küstentypen geeignet, den Versuchen zur Rekonstruktion der paläoklimatischen Verhältnisse der Erde zunächst während der letzten Eiszeit eine zusätzliche feste Stütze zu geben. Denn da der nacheiszeitliche Meeresspiegelanstieg in das eiszeitlich geschaffene terrestrische Relief ingrediert ist, spiegeln die heutigen Küstenformen, soweit sie nicht nachträglich entscheidend umgestaltet sind, diejenigen Relieftypen wider, die zur Zeit tiefen Meeresspiegelstandes entstanden sind. Formungsbereiche der letzten Eiszeit sind damit im Küstensaum unmittelbar datiert.

So, wie schon vor 100 Jahren die charakteristischen Unterschiede vorzeitlich glazialer und vorzeitlich fluviatiler Formung im Bild der Küstenkonfiguration richtig erkannt worden sind, lassen sich heute diejenigen Küstenformen, die damals mangels einer ausreichenden klimatischen Differenzierung des subaerischen Formenschatzes mit tektonischen und strukturellen Einflüssen oder als nicht näher erklärbare lokale Varianten verstanden werden mußten, seither entdeckten klimatisch bedingten Relieftypen zuordnen. Das gilt zunächst für die Inselberglandschaften, deren Überflutung im Zuge des nacheiszeitlichen Meeresspiegelanstieges etwa bei Hongkong und Rio de Janeiro zu besonders eindrucksvollen Landschaftsbildern geführt hat.

Schon RICHTHOFEN (1886, S. 309/310) hatte erkannt, daß sich dieser Küstentyp vom Typ der Riasküsten deutlich erkennbar unterscheidet, ihn aber als eine besonders vollkommene Ausprägung eben dieses Typs angesehen, so daß die eigentlichen Riasküsten als unausgereifte Formen erschienen. In der Tat ist ja auch im Bereich der tropischen Inselberglandschaften ein Flachrelief vorhanden, das sich sowohl als Spülmuldenflur als auch als Flachmuldental beschreiben läßt, und dessen Ingression eine der Ria in mancherlei Hinsicht ähnliche Küstenkonfiguration schafft. Während aber im Bereich der echten Ria die Inseln stets regelhaft die ehemaligen Zwischentalscheiden nachzeichnen und sich mit ihrer Hilfe der eiszeitliche Talverlauf auch untermeerisch verfolgen läßt, sind im Bereich der untergetauchten Inselberglandschaften die Inseln auch regellos verteilt und umgürten häufig ausgeräumte Becken unregelmäßigen Grundrisses, kurz, sie spiegeln nicht das Isohypsenbild einer Tälerlandschaft wider, sondern das Bild einer Fläche, die von unregelmäßig gestellten Einzelbergen überragt wird.

Im Unterschied hierzu scheint die koreanische Westküste ein Mischtyp zu sein, indem hier in eine ebenfalls vorgegebene Inselberglandschaft deutliche Talzüge bei niedrigem Meeresspiegelstand eingearbeitet sind, die sich hier dank der relativ guten Isobathenkarten bis mehr als 50 m unter den heutigen Meeresspiegel verfolgen lassen. Die koreanische Südküste dagegen repräsentiert den Inselberg-Typ wiederum relativ rein, so daß sich hier die Grenze zwischen eiszeitlicher Inselberglandschafts-Formung und eiszeitlicher Tälerlandschaftsformung möglicherweise besonders scharf fassen läßt.

Aber auch nach den besonders niederschlagsreichen äquatorialen Gebieten hin zeichnet sich der eiszeitliche Unterschied zwischen den Inselberglandschaften und den innertropischen Tälern deutlich ab. Die ertrunkenen Täler der Guinea-Küste vom Senegal bis Sierra Leone repräsentieren in ausgezeichneter Weise die inundierten Talbereiche der innertropischen Talbildungszone, die sich von allen anderen Talbereichen der Erde durch ihr relativ flaches Gefälle bei relativ steilen Talhängen und relativ schmalen Talsohlen abheben. In der Küstenkonfiguration erscheinen sie deshalb als besonders langgezogene schmale Schläuche, deren trichterförmige Ausweitung sehr gering ist. Selbstverständlich können solche Täler, und das ist besonders bei größeren Strömen der Fall, weitgehend oder sogar vollständig verfüllt sein. Hier können jedoch, wie etwa bei Senegal und Vallée du Bounoum, die zu Seen aufgestauten Täler von Nebenflüssen die ursprüngliche Formung anzeigen.

Eben das ist in großartigster Weise im Amazonas-Bereich der Fall. Zwar hat dieser Riesenstrom sein eiszeitliches Bett praktisch vollständig verfüllt; die Nebenflüsse jedoch, deren Sedimentfracht ungleich geringer ist, zeigen mit ihren Rückstauseen die eiszeitlich geformten Täler deutlich an, wobei in einigen Fällen sogar heute noch Seetiefen von über 50 m vorhanden sind, die das Mindestmaß der letzteiszeitlichen Einschneidung belegen. An der Nordostküste Brasiliens klingt diese Zone eiszeitlicher Talbildung nach Westen gegen 60° westl. L., nach Osten gegen 40° westl. L. hin aus und kennzeichnet damit die damalige Zone innertropischer Talbildung. Dabei vollzieht sich ein mehr allmählicher Übergang von jenen langgestreckten, schmalen Talschläuchen, die für die äquatorialen Feuchtgebiete charakteristisch sind, zu den kurzen und stumpfen Trichterbuchten, die im Bereich der Inselberglandschaften häufig vorkommen.

Die afrikanische Westküste zeigt solche ertrunkenen Täler deutlich beiderseits des Äquators, während die nordafrikanische Südküste zwischen 12° westl. L. und 4° östl. L. solcher Formen durchaus entbehrt. Und auch die ganze Küste Ostafrikas ist durch Formen gekennzeichnet, die im Streuungsbereich der Inselberg-Landschafts-Typen liegen, variiert vornehmlich durch die jungen Korallenbauten.

Eine Ausnahme macht hier lediglich das besonders schmal, aber nicht besonders lang eingeschnittene Talnetz nordöstlich des Tana-Flusses etwa bei 2° südl. Br. und 41° östl. L.. In seinem Grundriß entspricht es Formen, wie sie bei der Überflutung von Wüstenschluchten zustandekommen und wie sie durch den Bau des Stausees im Gran Canon Nordamerikas auch als touristische Attraktion bekanntgeworden sind.

Wüstenschluchten zeichnen sich bekanntlich durch extrem steile, häufig wandartige Hänge und durch ein relativ steiles Gefälle aus, ein Gefälle, das das Gefälle der äquatorialen Dauerflüsse um den Faktor 2-4 übertrifft. Wegen der Steilheit der Hänge fehlt ihnen die trichterförmige Ausweitung, wegen des starken Gefälles sind sie relativ kurz. Man wird daher, zunächst hypothetisch, das gekennzeichnete Talnetz als inundierte Wüstenschluchten ansehen dürfen; obgleich normalerweise wegen des schubweise starken Transportes in solchen Schluchten die Erhaltungsbedingungen als Meeresbuchten nicht günstig sind.

Mit der Küste Somalias tritt uns in nahezu klassischer Ausprägung die untergetauchte Sandschwemmebene entgegen. Sie bildet als schiefe Ebene von häufig etwa 1 % Gefälle primär eine glatte Küstenlinie, an der die marinen Prozesse überdies besonders leicht und nachhaltig angreifen können (Materialfaktor!), um die schon primär bucht- und hafenlose Küstenlinie gänzlich auszugleichen. Die heute bis zum Meer durchgreifenden relativ bedeutenden Flüsse bewirken infolgedessen wenig; sie unterliegen vielmehr einer besonders nachhaltigen Verschleppung ihrer Mündungen, die hier beim Webi Shebeli nahezu 500 km erreicht.

Wie für durch das Meer inundierte Wüstenschluchten kommt auch für ein ertrunkenes windgeformtes Relief zunächst nur ein Beispiel in Betracht, die Bucht von Lüderitz. Hier ist allerdings keine Hypothese nötig; der Reliefcharakter: Hafenbucht in ausgeblasener Wanne, entsprechend den Wannenformen der Namib, mit teilweise den Meeresspiegel überragenden Windhöckern, ist eindeutig. Möglicherweise liegt ein ähnlicher Küstentyp auch in der Sahara-Küste nahe dem Wendekreis vor. Die eiszeitliche Ausdehnung der durch Wind geformten Bereiche festzulegen stößt im Küstenbereich auf die Schwierigkeit, daß Dünen besonders leicht durch das Meer zerstört werden. Die eigentliche Küstenkonfiguration mindestens zwischen Lüderitz und Swakopmund läßt jedoch vermuten, daß hier generell ein eiszeitliches windgeformtes Relief vorliegt, das in unterschiedlich starkem Maße durch die Brandung angegriffen worden ist.

Untergetauchte Pedimente erkennt man an der Westküste des Roten Meeres nördlich 24°n.Br.. Sie weisen, als untergetauchte Flachbereiche, die häufig von Inselbergen überragt werden, eine gewisse Ähnlichkeit mit den tropischen Inselberglandschaften auf, unterscheiden sich bei nur etwas detaillierterer Betrachtung von diesen aber sehr deutlich, sobald man das Gewässernetz und das Hinterland mit in Betracht zieht. Die Küstenkonfiguration setzt sich im Bereich der Pedimente nämlich aus lauter konvex vorspringenden, kegelförmigen Abschnitten zusammen; wenn und soweit Buchten vorhanden sind, liegen sie in der Nahtstelle der aneinanderstoßenden Kegelmäntel. Die tropischen Inselberglandschaften dagegen sind gekennzeichnet durch konvex zurückspringende Abschnitte von trichter- oder fast halbkreisförmigem (oder gänzlich unregelmäßigem) Charakter. Die Einzelbuchten springen hier noch wiederum vom inneren Teil dieser Trichter- und Rundbuchten zurück. Das entspricht vollauf dem unterschiedlichen Formungsmechanismus und dem unterschiedlichen Erscheinungsbild in Inselberg- und Pedimentlandschaften.

Besonders schön entwickelt und in ihrem Erscheinungsbild praktisch unverändert erhalten sind selbstverständlich die Küsten der großen eiszeitlichen Binnenseen in

Zentralasien, bei denen sich im Eiszeitsee der Tsaidam-Depression (Spiegelhöhe ca. 2950 m) die durch Pedimente bestimmte Küstenkonfiguration unverändert erhalten hat. Im Vergleich dieser (unveränderten) Vorzeitformen und der marin tangierten Vorzeitformen des Rotmeergrabens läßt sich erkennen, daß die marine Überformung schwach ist, so daß die eiszeitliche Verlagerung des Pedimentgürtels selbst im Küstenbereich des Rotmeergrabens bis etwa zum Wendekreis als gesichert angesehen werden kann.

Die typischen inundierten Küsten der Torrentenregionen sind seit langem unter dem Terminus Cala oder Calanca bekannt und beschrieben. Den relativ steil hinabziehenden Torrentensohlen entspricht eine kurze schmale Meeresbucht, deren trichterförmige Ausweitung wegen der für dieses Gebiet ebenfalls charakteristischen Steilheit der Hänge nur bescheiden ist. Das europäische Mittelmeergebiet zeigt solche Formen besonders an den Luvseiten der westmediterranen Inseln (z.B. Sardinien, Korsika), während die Leeseiten dieser Inseln überwiegend durch eiszeitliche Pedimente gekennzeichnet sind. Dabei gehört es zu diesem Typ torrentieller Formung, daß die Ausräumung gern petrographischen und strukturellen Unterschieden nachtastet, was sich besonders im überfluteten Karstrelief Dalmatiens küstenkonfigurationsbestimmend auswirkt, jedoch auch etwa im nordwestafrikanischen Bereich deutlich zum Ausdruck kommt.

Im Gegensatz dazu zeigen die ertrunkenen Täler sowohl der galicischen Küste als auch der ukrainischen Küste, die Ria wie die Limane, ungeachtet ihrer Einsenkung in ein Gebirgsland bzw. ein Tafelland, das gleiche Charakteristikum mäßig weit zurückgreifender relativ schmaler und zugleich deutlich trichterförmiger Täler, entsprechend einem Typ, der durch schmale Sohlen und mäßig steil geböschte Hänge gekennzeichnet ist. Wiewohl bei geeigneten Strukturen des Untergrundes auch Erweiterungen und Verengungen des Talverlaufes zustandekommen, bleibt der Talcharakter im Sinne eines dentritisch verästelten Netzes stets gewahrt. Das entspricht jenen Tälern, die uns aus den Gebieten überwiegend gemäßigt-humider, stark durch Grundwasserzufluß beeinflußter, also phreatischer Klimate der Außertropen vertraut sind, so daß es mir richtig erscheint, Ria und Limane als strukturelle Varianten des gleichen klima-morphologischen Typs aufzufassen. Ihr heute unterschiedlicher Charakter könnte u.U. auch damit erklärt werden, daß die Limane heute in einem Bereich geringer, die Ria in einem Bereich hoher Niederschläge liegen.

Wiederum einen anderen Typ repräsentieren die Trichtermündungen der westeuropäischen Flüsse von den Pyrenäen bis zur Grenze der Würmvereisung, die schon immer richtig als die inundierten und durch die Gezeiten ausgeweiteten Teile breitsohliger Täler mit relativ flach geböschten Gehängen gedeutet worden sind. Als solche entsprechen sie dem vorherrschenden Taltyp der periglazialen Region mit breiten Schotterfluren und durch die Solifluktion abgeflachten Hängen, wie er jedermann heute geläufig ist, nachdem J. BÜDEL seit 1944 unermüdlich den grundsätzlichen Unterschied zwischen den durch braided rivers erzeugten würmeiszeitlichen Talsohlen und den in einer schmalen in diese eingesenkten Aue mäandrierenden Kümmerflüssen der Gegenwart dargelegt hat.

Bekanntlich sinkt die Sohle dieser Eiszeitflüsse, die Niederterrasse, bei Hamburg bzw. Bremen unter die aktuelle Marschenaufschüttung ab; im Prinzip die gleichen Verhältnisse liegen bei allen anderen Flüssen dieses Bereiches vor, wobei das Maß der Überformung je nach der Größe des heutigen Flusses und den Bedingungen der marinen Formung unterschiedlich sein kann. Bezogen auf die Einflüsse, die durch Beschaffenheit und Lagerung der Gesteine auf die Oberflächenformen ausgeübt werden, ist diese Region am wenigsten tangiert. Das ist ohne weiteres verständlich, da ja unter der Prädominanz der Frostverwitterung sonst markante petrographische Unterschiede verwischt oder sogar umgekehrt werden.

Es erübrigt sich, an dieser Stelle auch auf das untergetauchte glaziale Relief in seinen mannigfachen Varianten einzugehen. Begriffe wie Fjord-, Rundhöcker-, Schären-, Bodden-, Förden-, Fjärden-Küsten sprechen für sich und kennzeichnen die Mannigfaltigkeit des glazialen Formenschatzes, die sich in einer entsprechenden Reichhaltigkeit der Küstenkonfigurationen widerspiegelt.

Meine Ausführungen lassen sich anhand guter Atlaskarten im Maßstab 1:5 Mill. kontrollieren und nachvollziehen. In manchen Fällen ist der Rückgriff auf Karten 1:1 Mill. notwendig. Die Darlegungen beruhen darüber hinaus auf eigenen Feldstudien und auf der Auswertung von Karten im Maßstab 1:1 Mill., 1:500 000 und 1:250 000 und Satellitenbildern.

Zusammenfassung

Die Grundriß-Konfiguration der Küsten der Erde wird weithin bestimmt durch das eiszeitlich geschaffene terrestrische Relief, das im Zuge spät- und nacheiszeitlichen Meeresspiegelanstieges untergetaucht wurde. Die unterschiedlichen Küstentypen, die auf diese Weise entstanden sind, werden an Beispielen aus Afrika, Ostasien, Südamerika und Europas beschrieben. Sie entsprechen denjenigen klimatisch-morphologischen Landschaftstypen, die neuerdings erkannt und dargestellt worden sind: Sandschwemmebenen, Pedimente und Spülmuldenfluren/Flachmuldentäler als Haupttypen der Flächen- und Inselberglandschaften, feuchttropische Täler, Wüstenschluchten, Torrententäler, Auentäler und periglaziale Sohlentäler als Haupttypen der Tälerlandschaften. Das aerodynamische Relief ist durch untergetauchte Windhöckerfluren, das glaziale Relief durch die unterschiedlichen Glaziallandschaften repräsentiert. In ihrer geographischen Verbreitung kennzeichnen die unterschiedlichen Küstentypen die durch den Meeresspiegeltiefstand datierten letzteiszeitlichen morphogenetischen Klimazonen.

Summary

The configuration of the coasts reflects widely the terrestrial relief types of the last glaciations, which have been submerged during the late- and postglacial sealevel range. These different types of coastal regions, caracterised by examples from Africa, East Asia, South America and Europe, correspond with the newerly described types of subaerial landforms due to different climatic conditions: desert plains, pediments and tropical inselberg-landscapes as types of flat surfaces with isolated mounts, innertropical valleys, desert gorges, torrentes, ectropical humid valleys and periglacial braided river valleys as main types of the valleylandscapes. The wind formed relief is represented by inudated yardangs, coastal forms due to glaciation by the different glacial formed landscapes. So the different types of coastal regions show the cimaticmorphogenetic regions of the last glaciation.

Literatur

DAVIES, J.L. (1972): Geographical variation in coastal development.

HÖVERMANN, J. & HAGEDORN, H. (1984): Klimatisch-geomorphologische Landschaftstypen. In: 44. Dtsch. Geographentag Münster, Tagungsbericht und wissenschaftl. Abh., 460-466.

HÖVERMANN, J.: Das System der klimatischen Geomorphologie auf landschaftskundlicher Grundlage. - Vortrag auf der Geomorphologentagung in Mannheim 1984, im Druck.

LOUIS, H. & FISCHER, K. (1979): Allgemeine Geomorphologie.

PESCHEL, O. (1870): Neue Probleme der vergleichenden Erdkunde. Als Versuch einer Morphologie der Erdoberfläche.

RICHTHOFEN, F. Freiherr v. (1886): Führer für Forschungsreisende. Anleitung zu Beobachtungen über Gegenstände der physischen Geographie und Geologie.

VALENTIN, H. (1952): Die Küsten der Erde. - Petermanns Geogr. Mitt., Ergh. 246.

WAGNER, H. (1930): Lehrbuch der Geographie. 1. Bd., 2. Teil. Physikalische Geographie.

Morphodynamische Kartenanalyse am nordfriesischen Wattenmeer - Weiterentwicklung von Methoden, neue Sachaussagen

Achim Taubert

Einleitung

Das Nordfriesische Wattenmeer nimmt eine Sonderstellung unter den Wattenküsten innerhalb der Deutschen Bucht ein (s. Übersichtskarte M.01).

Entstehungsgeschichtlich ist es nach A. BANTELMANN (1967) im Vergleich zu dem benachbarten Dithmarscher Watt durch ständige Substanzverluste gekennzeichnet, solange es besiedelt wurde.

Die rezente Hydrologie ist charakterisiert durch den gebietlichen Anstieg des MThw und gleichsinniges Anwachsen des Tidenhubs von West nach Ost sowie durch den Abfall von Süd nach Nord. Nach F. KNOP (1961) entsteht durch diese Gefällesituation eine Umströmung der Inselwattblöcke "Hooge-Pellworm" und "Amrum-Föhr".

Die Folge ist die rasante Ausräumung des "Strandley" zu der Verbindungsrinne zwischen den beiden Tidebecken "Norderhever" und "Süderaue". (Siehe hierzu auch M. PETERSEN 1979). Gleichermaßen wird das "Föhrer Ley" nach F. KNOP (1963) zu einer aktiven Verbindungsrinne zwischen der "Norderaue" und dem "Hörnumtief-Tidebecken". Die Situation zeigt Karte M.01.

Es zeichnet sich der Trend zur Ausräumung der Wattströme ab. Durch Vergrößerung der Tiefwasserfläche ist ebenfalls die Zunahme von erodierender Seegangsenergie im Wattenmeer zu erwarten.

Die rezente Morphodynamik des Nordfriesischen Wattenmeeres ist mehrfach beschrieben und damit weitgehend erforscht (J.M. LORENZEN 1956, 1960 - F. KNOP 1961, 1963 - W. RODLOFF 1970 - B. HIGELKE 1978, 1981 - Amt für Land- und Wasserwirtschaft Husum 1979 - PARTENSCKY/DIECKMANN 1981 u.a.).

Weniger bekannt sind bisher die morphodynamischen Vorgänge an der Außenküste, und das dem Wattenmeer vorgelagerte "Vorfeld", auf dessen Bedeutung für das Nordfriesische Wattenmeer J.M. LORENZEN (1960, S. 22) hinweist, könnte heute noch bezüglich der morphodynamischen Erkenntnisse eine "black box" genannt werden.

Über einige Abschnitte der Außenküste liegen jedoch Kenntnisse vor: Die Westküste von Sylt wird nach A. FÜHRBÖTER (Juli 1984) durch Seegangsenergie jährlich um etwa 1,5 Meter abgetragen und die Außensände Japsand bis Süderoogsand wandern nach A. TAUBERT (1982) im Mittel etwa 19 Meter pro Jahr nach Ost.

Im folgenden wird versucht, an einem Beispiel das Wissen über die Außenküste des Nordfriesischen Wattenmeeres durch die Untersuchung eines räumlich begrenzten Teilbereiches zu erweitern.

Hierzu müssen zunächst einige Untersuchungsmethoden fortentwickelt werden.

Tabelle T.01: Methoden zur Untersuchung der Morphodynamik
(Entwurf: A. Taubert 1981)

lfd. Nr.	Bezeichnung	Abk.	Vorgabe	Ergebnis	Probleme
1	Hydraulischer Modellversuch (feste Sohle)	HM_f	TK_t Tide	$C_{xy}(t)$ $v_{xy}(t)$	Verifizierung, Windeinfluß, Coriolis, Seegang, Überhöhung, Auflösung zeitliche Veränderung
2	Hydraulischer Modellversuch (bewegl. Sohle)	HM_b	TK(t) Tide	wie vor $z_{xy}(t)$	
3	Serielle numerische Tidebeckenanalyse	TBA	TK_t Tide	$V_{Tm}(E)$ usw.	nur 1. Näherung, Streuung um Korrelationskurve
4	Hydrodynamisch-numerisches Rechenmodell	HNR	TK_t Tide	$C_{xy}(t)$ $v_{xy}(t)$	Verifizierung, Auflösung, Rechnerkapazität
5	Geomorphologisches Geländemodell	GGM	TK_t	dz/dx dz/dy	Zeitbezug, Auflösung, Erfahrung
6	Analyse historischer Seekarten	ASH	HSK	SKN_{xyt} usw.	loxodrome Kartendarstellung, Zeitbezug
7	Morphodynamische Kartenanalyse	MODYKA	TK(t) SK(t)	dz_{xy}/dt d^2z_{xy}/dt^2	kurze Kartenserie, Genauigkeit
8	Morphodynamische Luftbildanalyse	MODYLBA	Luftbilder, Begehung	dz_{xydt} =/= 0	Auflösung, Luftbild-Verifizierung
9	Digitale Fernerkundungsauswertung	DFA	Multispek.-Scanner	v_{xyt} H_{xyt}	Verifizierung, Entzerrung, Auflösung

Legende:

TK = topographische Karte
TK_t = TK zum Zeitpunkt t
TK(t) = TK zu verschiedenen t
HSK = historische Seekarte
SK = Seekarte des DHI
C_{xy} = tidebeeinflußte Wasserhöhe
v_{xy} = Fließgeschwindigkeit am Ort xy
z_{xy} = Wassertiefe am Ort xy

V_{Tm} = mittleres Tidevolumen,
E = Einzugsgebiet, Tidebeckenfläche,
dz) (Differential der Tiefe z, der
dx) = (Länge x, der Breite y, der
dy) (Zeit t, in der Praxis als
dt) (Differenz von z, x, y und t
H = Wellenhöhe
=/= = ungleich

Die üblichen Kartenanalysemethoden lassen sich in Erweiterung der von H. GÖHREN (1970, S. 8) vorgeschlagenen Ordnung und in Anlehnung an A. TAUBERT (1980, Abs. 5.2) neu einteilen in:

- o die Tiefenlinienmethode = TLM,
- o die Profilserienmethode = PSM,
- o die Mosaikflächenmethode = MFM und
- o die Rasterflächenmethode = RFM.

Allen Kartenanalysemethoden ist gemeinsam, daß sie unter Anwendung der Bewegungsgleichungen einer Quantifizierung zugeführt werden können. Für diese morphodynamische Kartenanalyse wurde der Arbeitsbegriff "MODYKA" (TAUBERT 1980) eingeführt.

Die Bewegungsgleichungen werden über den "Phoronomie-Ansatz" (Phoronomie = Geometrische Bewegungslehre) bei der Kartenanalyse angewendet.

Die von der Zeit t abhängigen Veränderungskriterien wie Weg s, Geschwindigkeit c, Beschleunigung a usw. werden mit "Bewegungsgleichungen" beschrieben:

G.01:	s	=	Weg	= f	Formelement
G.02:	t	=	Zeit	= t	Bezugsgröße
G.03:	c	=	ds/dt	= s	Geschwindigkeit
G.04:	a	=	$dc/dt = d^2s/dt^2$	= s	Beschleunigung
G.05:	q	=	$da/dt = d^3s/dt^3$	= s	"Drive"

Die geometrische Formänderung einer Landschaft wird als Bewegung der topographischen Beschreibungs-Elemente, wie Geländehöhe z, Isohypse z_i, Kammlinie k_i etc. im Vergleich zu einem Bezugsniveau (z.B. "NN") oder zu einem Bezugs-Kartennetz aufgefaßt. Auf diese "Formänderungsbewegungen" werden die Bewegungsgleichungen angewendet.

Der bei der Geschwindigkeit c zurückgelegte Weg s kann in jeder beliebigen Richtung des x-y-z-Raumes verlaufen. Näherungsweise darf statt des Differentials ds der Differenzausdruck "Delta" s bei der Kartenanalyse benutzt werden.

Innerhalb der phoronomischen Kartenanalyse gehen die morphologischen Elemente f_i als Basiswerte entsprechend dem folgenden Flußdiagramm in die Untersuchung ein:

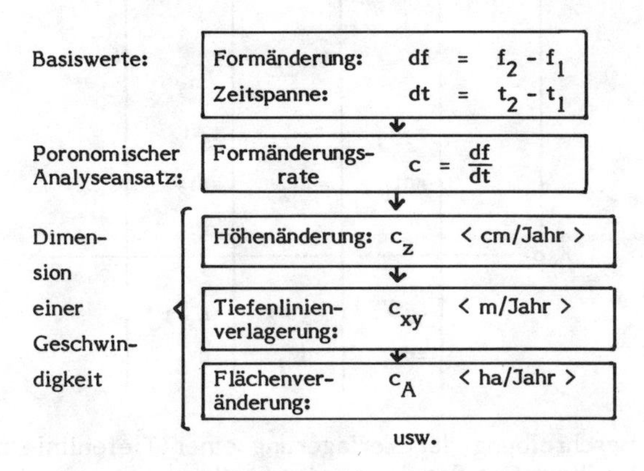

Diagramm D.01: Phoronomische Quantifizierung von Formänderung einer Landschaft (Entwurf: A. TAUBERT 1980)

Die Verlagerung z.B. einer definierten Tiefenlinie z_i in die y-Richtung um den Betrag dy innerhalb einer Zeitspanne dt wird in erster Näherung als mittlere Verlagerungs-Rate c_i mit der Dimension einer Geschwindigkeit < m/J > ausgedrückt:

G.06: $c_i = dy / dt$ < m/J >

Wird die Bewegung der definierten Tiefenlinie z_i in einem West-Ost-Schnitt jeweils im gleichen x-Bereich an z.B. vier zeitlich unterschiedlichen Karten der Aufnahmezeitpunkte t_1, t_2, t_3, t_4 verglichen, so ergeben sich folgende Verlagerungsraten c_{yi}:

Tabelle T.02: Die Tiefenlinienverlagerungsgeschwindigkeit entspricht der zeitbezogenen Verlagerung (Entw.: A. TAUBERT 1983)

Zeitabschnitt	t_2-t_1	t_3-t_2	t_4-t_3	Dim.
Zeitdifferenz	$=dt_1$	$=dt_2$	$=dt_3$	J
Verlagerungsspanne	y_2-y_1	y_3-y_2	y_4-y_3	m
Verlagerungsdifferenz	$=dy_1$	$=dy_2$	$=dy_3$	
Differenzenquotient	dy_1/dt_1	dy_2/dt_2	dy_3/dt_3	m/J
Verlagerungsrate	$= c_{y1}$	$= c_{y2}$	$= c_{y3}$	

Die Ermittlung der Verlagerungsspanne dy_i in den einzelnen Zeitabschnitten dt_i erfolgt nach Übereinanderlegen der identischen Kartenausschnitte und Abgreifen der Tiefenlinienverlagerungsspanne auf dem Horizontalschnitt an der Stelle x_K, wie auf dem Diagramm D.02 demonstriert wird:

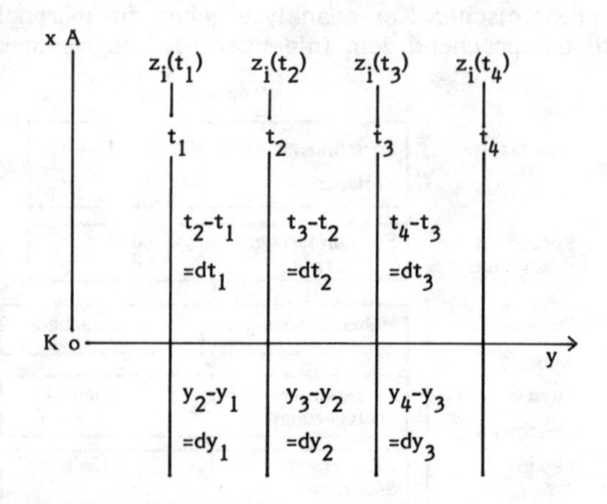

Diagramm D.02: Beschreibung der Verlagerung einer Tiefenlinie z_i in y-Richtung im West-Ost-Schnitt an der Stelle x_k (Entwurf: A. TAUBERT 1983)

Der Vergleich der Verlagerungsraten d_i erfolgt über die Verlagerungsratendifferenz dc_i mit Bezug auf die zugehörenden Zeitspannen dt_{ij}. Dadurch ergibt sich die Tendenzaussage mit der Dimension einer Beschleunigung $< m/J^2 >$.

In erster Näherung darf als Zeitspanne dt_{ij} das arithmetische Mittel aus dt_1 und dt_2 verwendet werden:

$$\text{G.07:} \qquad dt_{12} = 0{,}5 * (dt_1 + dt_2) = \text{"ddt"}$$

Tabelle T.03: Zeitspannenberechnung für höhere Ableitungen
(Entwurf: A. TAUBERT 1982)

t_i	t_1	t_2	t_3	t_4	t_5
d_1	t_2-t_1	t_3-t_2	t_4-t_3	t_5-t_4	
d_2		$\frac{t_3-t_1}{2}$	$\frac{t_4-t_2}{2}$	$\frac{t_5-t_3}{2}$	
d_3		$\frac{t_4+t_3-t_2-t_1}{4}$	$\frac{t_5+t_4-t_3-t_2}{4}$		

Die hier beschriebene Methode, Bewegungsgleichungen als 1. und 2. Ableitung des Formelementes f nach der Zeit t auf Formänderungsabläufe einer Küstenlandschaft anzuwenden, erfolgte bereits am Beispiel der Nordfriesischen Außensände "Japsand", "Norderoogsand" und "Süderoogsand" (s. A. TAUBERT 1982).

In Diagramm D.03 sind die Funktionsbilder der verschiedenen Ableitungsordnungen veranschaulicht:

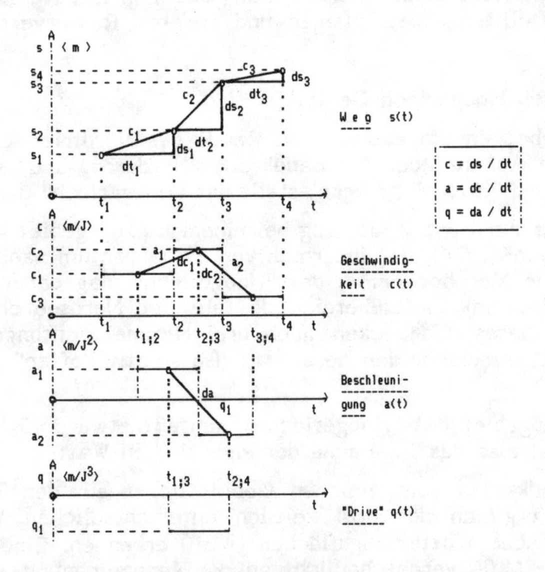

Diagramm D.03: Ordnungsabfolge der Ableitungen des Weges s nach der Zeit t ausgehend von 4 Aufnahmezeitpunkten t_1 bis t_4
(Entwurf: A. TAUBERT 1982)

Für die 3. Ableitung des Weges s nach der Zeit t kennt der deutsche Sprachraum keine Bezeichnung. Es wird hier der Terminus "D r i v e" q vorgeschlagen.

Die Anzahl n der möglichen Ableitungsordnungen bei p zeitlich unterschiedlichen Karten lautet:

G.08: $n = p - 1$

Die Formänderung kann in der morphodynamischen Kartenanalyse von folgenden Formelementen als Basiswerte ausgehen:

(1) Veränderung der Wassertiefe	z	<cm>, --->	dz	< cm/J >,
(2) Veränderung einer Elementhöhe	z	<cm>, --->	dz	< cm/J >,
(3) Verlagerung einer Isolinie	z(x,y)	< m>, --->	dx,dy	< m/J >,
(4) Veränderung der Niveauflächengröße	A	<ha >, --->	dA	< ha/J >,
(5) Verlagerung eines Flächenschwerpunktes	S_A	< m>, --->	dx,dy	< m/J >,
(6) Veränderung eines Formbeiwertes	f	< 1 >, --->	df	< 1/J >,
(7) Veränderung einer Exponiertheit	e	< m>, --->	de	< m/J >,
(8) Veränderung eines Volumens	K	<m^3>, --->	dK	< m^3/J >.

Auf diese Kriterien können die oben beschriebenen Bewegungsgleichungen G.01 bis G.05 angewendet werden.

Die Nutzanwendung der phoronominalen Morphodynamik besteht in der Möglichkeit, die bisher abgelaufenen Prozesse zu quantifizieren.

Außerdem könnte - bei Vorliegen ausreichender praktischer Erfahrung mit dieser Methode, bei einer genügenden Kartenanzahl und geeignetem Ausgangsmaterial (TK) - durch Rückintegration der Folge der Ableitungsordnungen (D.03) die Prognose der Morphodynamik quantifiziert werden.

Hierin liegt eine der Entwicklungsfähigkeiten dieser Methode, denn außerdem eignet sie sich für den Einsatz von EDV sowie für die Kombination mit anderen Methoden: Die Rasterflächenmethode (RFM) läßt sich mit Numerischen Rechenmodellen, mit Satellitenaufzeichnungen und anderen Rasterverfahren kombinieren.

Anwendungsbeispiel: Hoogerloch-Gebiet

Das kleinste Tidebecken am exponierten Rande des Nordfriesischen Wattenmeeres, zwischen den Außensänden "Japsand" und "Norderoogsand" sowie den Halligen "Norderoog" und "Hooge" gelegen, stellt das "Hoogerloch" dar.

Der Wattstrom ist nur etwa 7 km lang bei einem Einzugsgebiet von rund 22 km^2 (1947) bzw. 19,5 km^2(1976), das innerhalb von 29 Jahren um nahezu 12 % kleiner wurde. Die heftige Morphodynamik des "Hoogerloch" mag darin begründet sein, daß sein Tidebecken im Einflußbereich des aus der Nordsee einlaufenden Seegangs liegt und dieses Tidebecken nach drei Himmelsrichtungen von deutlich überströmten Wattwasserscheiden berandet, also relativ "offen" ist. Vgl. Karten M.01, M.02..

Das Gesamteinflußgebiet des "Hoogerloches" umfaßt etwa 35,5 km^2 (1947) bzw. 31,4 km^2(1976), ist also das 1,6-Fache der eigentlichen Watteinzugsfläche (WEF).

Weitere Wattgrundkarten vom gleichen Gebiet liegen aus den Jahren 1965 und 1976 vor. Der Vergleich der drei zeitlich unterschiedlichen Wattgrundkarten (WGK) läßt identische Watteinzugsflächen (WEF) erkennen. Eine Diskretisierung nach Kartenskizze M.04 veranschaulicht an der Kennzeichnung, welchem Vorfluter die jeweilige WEF zuzuordnen ist. In der Tabelle T.04 sind die aus den diskretisierten Wattgrundkarten ermittelten, für die Mosaikflächenmethode (MFM) interessierenden Werte der WEF für die drei Zeitpunkte t_1 = 1947, t_2 = 1965 und t_3 = 1976 zusammengetragen und als phoronomische Kartenanalyse entwickelt.

Tabelle T.04: Formänderungsanalyse mit Watteinzugsflächen (WEF) des Hoogerloch-Gebietes anhand von M.03 und M.04 (Entwurf: A. TAUBERT 1980)

Bez.	A_{47}	A_{65}	A_{76}	dA_1	A'_1	dA_2	A'_2	dA´	A´´
	ha	ha	ha	ha	ha/J	ha	ha/J	ha/J	ha/J²
1	2	3	4	5	6	7	8	9	10
J	110,4	139,6	146,2	+29,2	+1,62	+6,6	+0,60	-1,02	-0,070
S1	31,0	49,2	12,9	+18,2	+1,01	-36,3	-3,30	-4,31	-0,297
S2	310,4	230,2	243,9	-80,2	-4,46	+13,7	+1,25	+5,71	+0,394
S3	41,6	70,6	48,5	+29,0	+1,61	-22,1	-2,01	-3,62	-0,250
S4	89,9	144,6	127,4	+54,7	+3,04	-17,2	-1,56	-4,60	-0,317
S5	89,7	31,0	20,5	-58,7	-3,26	-10,5	-0,95	+2,31	+0,159
S6	205,0	188,7	197,0	-16,3	-0,91	+8,3	+0,75	+1,66	+0,114
Ho	227,2	230,9	216,4	+3,7	+0,21	-14,5	-1,32	-1,53	-0,106
H1	401,5	411,6	366,1	+10,1	+0,56	-45,5	-4,14	-4,70	-0,324
H2	346,7	276,9	185,1	-69,8	-3,88	-91,8	-8,35	-4,47	-0,308
H3	111,4	82,6	73,1	-28,8	-1,60	-9,5	-0,86	+0,74	+0,051
H4	242,3	301,9	352,2	+59,6	+3,31	+50,3	+4,57	+1,26	+0,087
H5	525,7	440,7	419,0	-85,0	-4,72	-21,7	-1,97	+2,75	+0,190
H6	225,4	203,7	223,0	-21,7	-1,21	+19,3	+1,75	+2,96	+0,204
H7	131,3	112,7	117,4	-18,6	-1,03	+4,7	+0,43	+1,46	+0,101
N	71,4	90,3	118,5	+18,9	+1,05	+28,2	+2,56	+1,51	+0,104
R1	75,4	138,5	92,5	+63,1	+3,51	-46,0	-4,18	-7,69	-0,530
R2	202,1	86,4	79,7	-115,7	-6,43	-6,7	-0,61	+5,82	+0,401
R3	64,3	106,4	70,1	+42,1	+2,34	-36,3	-3,30	-5,64	-0,389
R4	54,4	51,3	33,3	-3,1	-0,17	-18,0	-1,64	-1,47	-0,101
				dt_1 = 18 J		dt_2 = 11 J		ddt = 14,5 J	

In der Kartenskizze M.05 sind die jeweiligen WEF-Änderungsraten A´ < ha/J > aus den Spalten 6 und 8 der Tabelle T.04 der beiden Zeitabschnitte

dt_1 = 1965 - 1947 = 18 Jahre und

dt_2 = 1976 - 1965 = 11 Jahre untereinander gestellt:

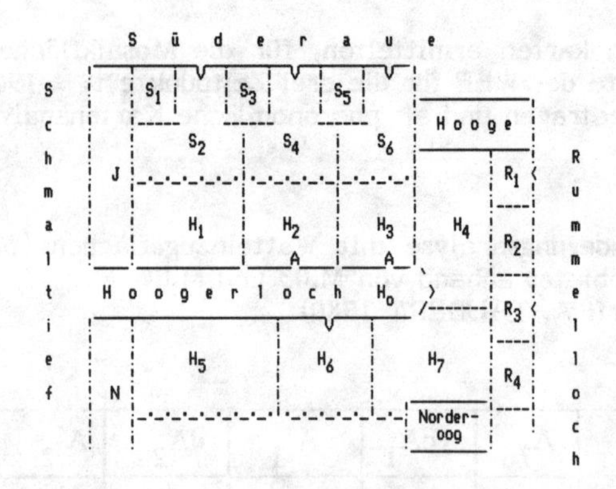

Kartenskizze M.04: Diskretisierung des Hoogerloch-Gebietes nach Watteinzugsgebieten von Haupt- und Nebenwasserscheiden (Entwurf: A. TAUBERT 1980)

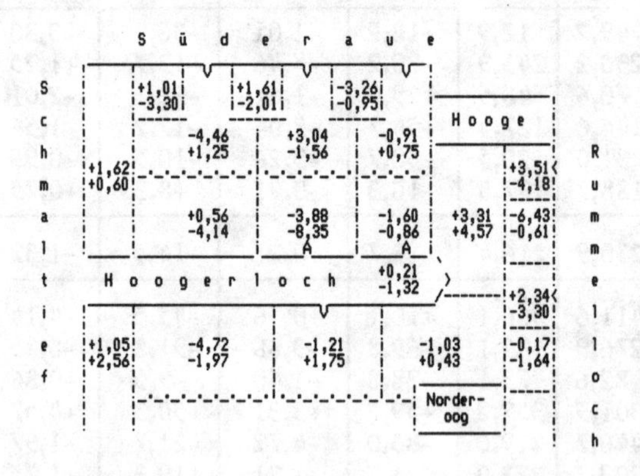

Kartenskizze M.05:

In der folgenden Kartenskizze M.06 wird die Flächenänderungstendenz A´´ <ha/J^2> aller WEF für die Gesamtzeitspanne 1947 - 1976 direkt aufgezeigt:

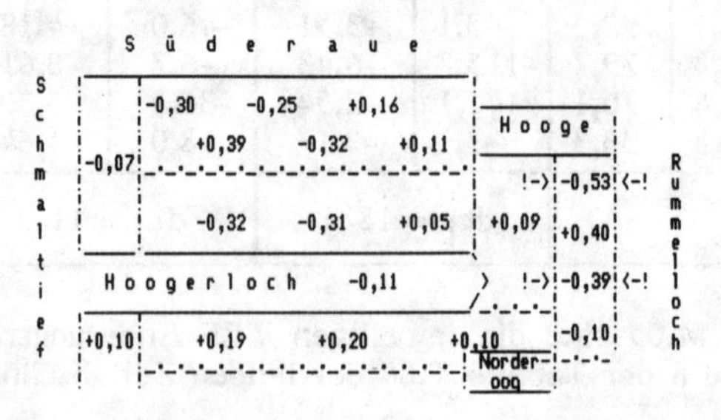

Kartenskizze M.06:

Die Anwendung der "Mosaikflächenmethode" (MFM) mit Hilfe der vorliegenden Wattgrundkarten des ALW Husum führt analytisch zu Aussagen über rezente Formänderungsprozesse im Watt südlich Hooge, auf welche B. HIGELKE (ca. 1979, unveröffentlicht) aufgrund von Ortsbegehungen bereits hingewiesen hat.

Bei erster Betrachtung der Kartenskizzen M.05 und M.06 wird durch Vergleich der in jeder WEF untereinander stehenden A´-Daten sowie durch Vergleich der A´´-Daten für jede WEF miteinander augenscheinlich:

(1) Die Japsand-WEF vergrößert sich mit abnehmender Tendenz, die Norderoogsand-WEF vergrößert sich mit zunehmender Tendenz!

(2) Die westliche der direkt in die Süderaue entwässernden kleinen WEF-Gruppe $S_1+S_3+S_5$ WEF "S_1" wird substantiell stark abgebaut, vermutlich zugunsten der jüngsten Vergrößerung der WEF "S_2". (Nach mündlicher Mitteilung von U. BOYENS 1984 ist S_1 mittlerweile eliminiert!).

(3) Im Jap-Leewatt tritt der Wechsel von "Zunahme" (+) in "Abnahme" (-) an den A´-Daten in den WEF S_1, S_3, S_4 und $H_1 1$ als ?Regression? auf, ähnlich wie in H_2. Dagegen steht die ?Expansion? der WEF S_2, S_6 und auch S_5 sowie H_3.

(4) Im Gesamtfeld der "inneren" WEF fallen "S_2", "S_6", "H_4", "H_6" und "H_7" durch ihre jüngste Flächenvergrößerung - wahrscheinlich auf Kosten ihrer Nachbar-WEF - ins Auge!

(5) Die Expansion der WEF "H_4" ist besonders offensiv. Anscheinend wird ihre Berandung in die WEF "R_1" sowie "R_3" hineinverlagert, wodurch ein Durchbruch der Wattwasserscheide zwischen Hoogerloch und Rummelloch zu erwarten wäre.

Die Klärung der Frage, ob die Gefahr einer "Leybildung" zwischen Hoogerloch und Rummelloch besteht, ist für den Bestand des südlichen Nordfriesischen Wattenmeeres im Zusammenhang mit der extrem großen Verlagerung der Außenküste im Bereich der "Oogsände" (= Japsand + Norderoogsand + Süderoogsand) - nach A. TAUBERT (1982) mit k´ = -19 m/Jahr - von großer Bedeutung.

Das oben angesprochene Problem, das ggf. auch aus den Luftbildern von D. KÖNIG (1972, Abb. 18) abgelesen werden könnte, wird im folgenden mit der Tiefenlinienmethode (TLM) erörtert.

Durch Abgreifen der zeitlich veränderten Wattscheidenbreiten zwischen Hoogerloch und Rummelloch im Bereich der Wattrückenübergänge WEF-H_4/R_1 sowie WEF-H_4/R_3 in den Höhenlagen NN -0,5 m sowie NN -1,0 m (das örtliche MTnw liegt bei etwa NN -1,55 m) werden die engsten Abstände der beiden Isohypsen in Tabelle T.05 zusammengestellt und zum Vergleich aufbereitet:

Tabelle T.05: Nachweis der Verbindungsrinnenentwicklung zwischen Hoogerloch und Rummelloch anhand von Wattgrundkarten WGK des ALW Husum (Entwurf: A. TAUBERT 1985)

W G K Nr. 89: Rinne H_4/R_1				W G K Nr. 89: Rinne H_4/R_3		
Jahr	NN-0,5 m	NN-1,0 m		Jahr	NN-0,5 m	NN-1,0 m
1947	0,95 km	1,90 km	<--	1947	0,50 km	1,10 km
1965	1,27 km	1,50 km	<--	1965	1,25 km	1,40 km
1976	0,00 km	1,10 km	<--	1976	0,82 km	1,35 km

Bereits aus Tabelle T.05 ist die bevorzugte Rinnenbildung im Bereich H_4/R_1 ersichtlich, weil in der Zeitspanne 1965/1976 der Wattrücken unterhalb NN -0,5 m rinnenerodiert wurde, während südlicher im Bereich H_4/R_3 in der Höhenlage NN -0,5 m die Isohypsen noch etwa 820 m Abstand aufzeigen. Der Vergleich beider Übergangsbereiche weist deutlich eine zielstrebige Rinnenerosion seit 1947 sowohl im oberen Bereich NN -0,5 m als auch im unteren Bereich NN -1,0 m besonders deutlich im nördlichen Übergangsbereich R_4/H_1 aus.

Die folgende phoronomische Analyse in Tabelle T.06 bringt hierfür die Bestätigung: Die Beschleunigung a im Bereich H_4/R_1 beträgt in der Höhenlage NN -0,5 m a = -9 m/J^2, während bei H_4/R_3 nur a = -5 m/J^2 erscheint. Also ist der Bereich H_4/R_1 akut durchbruchgefährdet! In dem von D. KÖNIG (1972, Abb. 18) diskutierten Luftbild des "Wattgebiets südlich Hooge" kann anhand der Luftbildstruktur und kommentierten Substratverteilung die hier angesprochene Leybildung an der Stelle H_4/R_1 plausibilisiert werden.

Tabelle T.06: Phoronomische Kartenanalyse nach der Tiefenlinienmethode TLM zum Nachweis einer unmittelbar bevorstehenden "Leybildung" (Entwurf: A. TAUBERT 1985)

H_4 / R_1 z=NN-0,5 m	t_1 1947		t_2 1965		t_3 1976
l < km >	0,95		1,27		0,00
dl < km >		+0,32		-1,27	
dt < J >		18		11	
c_1 < m/J >		+17,8		-115,5	
dc < m/J >			-133,3		
ddt < J >			14,5		
a <m/J^2>			-9,19		

H_4 / R_1 z=NN-1,0 m	t_1 1947		t_2 1965		t_3 1976
l < km >	1,90		1,50		1,10
dl < km >		-0,40		-0,40	
dt < J >		18		11	
c_1 < m/J >		-22,2		-36,4	
dc < m/J >			-14,2		
ddt < J >			14,5		
a <m/J^2>			-0,98		

H_4 / R_3 z=NN-0,5m	t_1 1947		t_2 1965		t_3 1976
l < km >	0,50		1,25		0,82
dl < km >		+0,75		0,43	
dt < J >		18		11	
c_1 < m/J >		+41,7		-39,1	
dc < m/J >			-80,8		
ddt < J >			14,5		
a <m/J^2>			-5,57		

H_4 / R_1 z=NN-1,0m	t_1 1947		t_2 1965		t_3 1976
l < km >	1,10		1,40		1,35
dl < km >		+0,30		-0,05	
dt < J >		18		11	
cl < m/J >		+16,7		- 4,5	
dc < m/J >			-21,2		
ddt < J >			14,5		
a <m/J^2>			-1,46		

Zusammenfassung

In der physischen Geographie erscheint es sinnvoll, vorhandene Kartenanalyse-Methoden systematisch weiterzuentwickeln. Dadurch können neue Sachaussagen über - selbst - komplexe Zusammenhänge, wie sie im Nordfriesischen Wattenmeer vorherrschen, getroffen werden.

Eine Möglichkeit der Kartenanalysen-Neubelebung wird in der Anwendung von "Bewegungsgleichungen" auf die Formänderungsvorgänge einer Landschaft zu sehen sein.

Am Beispiel des Tidebeckens "Hoogerloch" werden zwei Methoden, die "Mosaikflächenmethode" und die "Tiefenlinienmethode", vorgestellt und demonstriert, wie ein für den Substanzverlust im südlichen Nordfriesischen Wattenmeer entscheidender Formänderungsprozeß abläuft: Die kurz bevorstehende "Leybildung" zwischen Hoogerloch und Rummelloch südlich der Hallig Hooge!

Summary

In physical geography it seems useful to develop some existing methods of map-analysis systematically.

In this way we can find new special statements of even complex systems of landscape as they are seen in the Northfrisian Wadden Sea area.

The first possibility in innovation of map-analysis will be seen in the way by using the equilibriums of motion in relation to shape-changing of landscape.

The tide-basin of "Hoogerloch" is presented as an example by using two different methods: the "mosaic-area-method", and the "depth-line-method".

Besides this it is demonstrated that the process of shape-changing is decisive in losing substance of the southern Northfrisian Wadden Sea area: a new tide-channel south of the small island "Hooge" will be opend by natural influence. It will connect the two tide-basins called "Hoogerloch" and "Rummelloch".

Literaturnachweis

ALW Husum: Morphologische Veränderungen im Tidebecken Norderhever und ihre Bedeutung für den Küstenschutz: Gewässerkundlicher Bericht Nr. 5/79 - 1979 (unveröffentlicht).

BANTELMANN, A.: Die Landschaftsentwicklung an der schleswig-holsteinischen Westküste, dargestellt am Beispiel Nordfriesland: Westküste - 1967.

FÜHRBÖTER, A.: Bemerkungen zu einer EDV-Auswertung des Abbruchgeschehens an der Westküste Sylts: TÜ Braunschweig - Juli 1984 (unveröffentlicht).

GÖHREN, H.: Studien zur morphologischen Entwicklung des Elbmündungsgebietes: Hamburger Küstenforschung, H. 14 - 1970.

HIGELKE, B.: Morphodynamik und Materialbilanz im Küstenvorfeld zwischen Hever und Elbe: Regensburger Geographische Schriften 1978.

ders.: Bestandsaufnahme des Wattreliefs, Morphodynamik und Tendenzen morphologischer Veränderungen im Tidebecken der Norderhever und westlich der Insel Pellworm - Luftbildinterpretation: Schriften der Landesregierung Schleswig-Holstein, H. 12 - 1981.

KNOP, F.: Untersuchungen über Gezeitenbewegungen und morphologische Veränderungen im nordfriesischen Wattengebiet als Vorarbeiten für Dammbauten: Mitt. Leichw. Inst. TH Braunschweig, H. 1 - 1961.

ders.: Küsten- und Wattveränderungen Nordfrieslands - Methoden und Ergebnisse ihrer Überwachung: Die Küste, Jg. 11 - 1963.

KÖNIG, D.: Deutung von Luftbildern des schleswig-holsteinischen Wattenmeeres: Die Küste H. 22 - 1972.

LORENZEN, J.M.: Hundert Jahre Küstenschutz an der Nordsee: Die Küste Jg. 3, H. 1/2 - 1954.

ders.: Gedanken zur Generalplanung im nordfriesischen Wattenmeer: Die Küste Jg. 5 - 1956.

ders.: 25 Jahre Forschung im Dienst des Küstenschutzes: Die Küste Jg. 8 - 1960.

PARTENSCKY, u.a.: Stabilitätsuntersuchungen für das südliche nordfriesische Wattenmeer: Schriftenreihe der Landesregierung Schleswig-Holstein H. 12 - 1981.

PETERSEN, M.: Der Heverstrom, Schicksalsstrom Nordfrieslands: Nordfriesisches Jahrbuch - 1979.

RODLOFF, W.: Über Wattwasserläufe: Mitt. Franz. Inst. H. 34 - 1970.

TAUBERT, A.: Der Weg von der Topographischen Karte zur Tendenzkarte: Möglichkeit einer geomorphologischen Analyse: Seminar Wattvermessung des SFB 149 TU Hannover - Vortrag 3.1980.

ders.: Wohin wandern die Außensände?: Nordfriesland 61/62 Juli 1982.

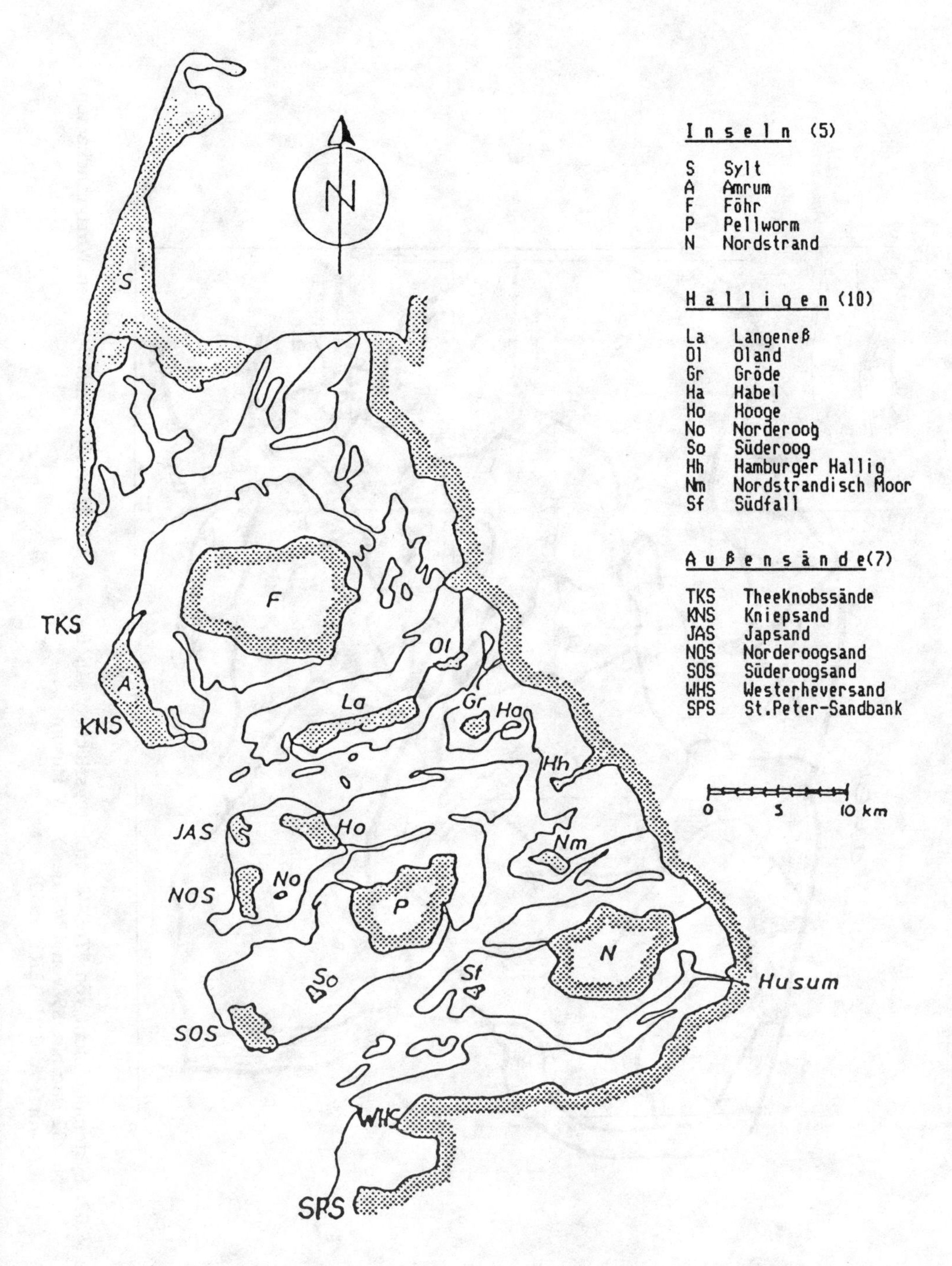

Karte M.01: Übersichtskarte des Nordfriesischen Wattenmeeres mit dem Vorschlag für eine Ordnung der Eiland-Elemente (Entwurf: A. TAUBERT 1980)

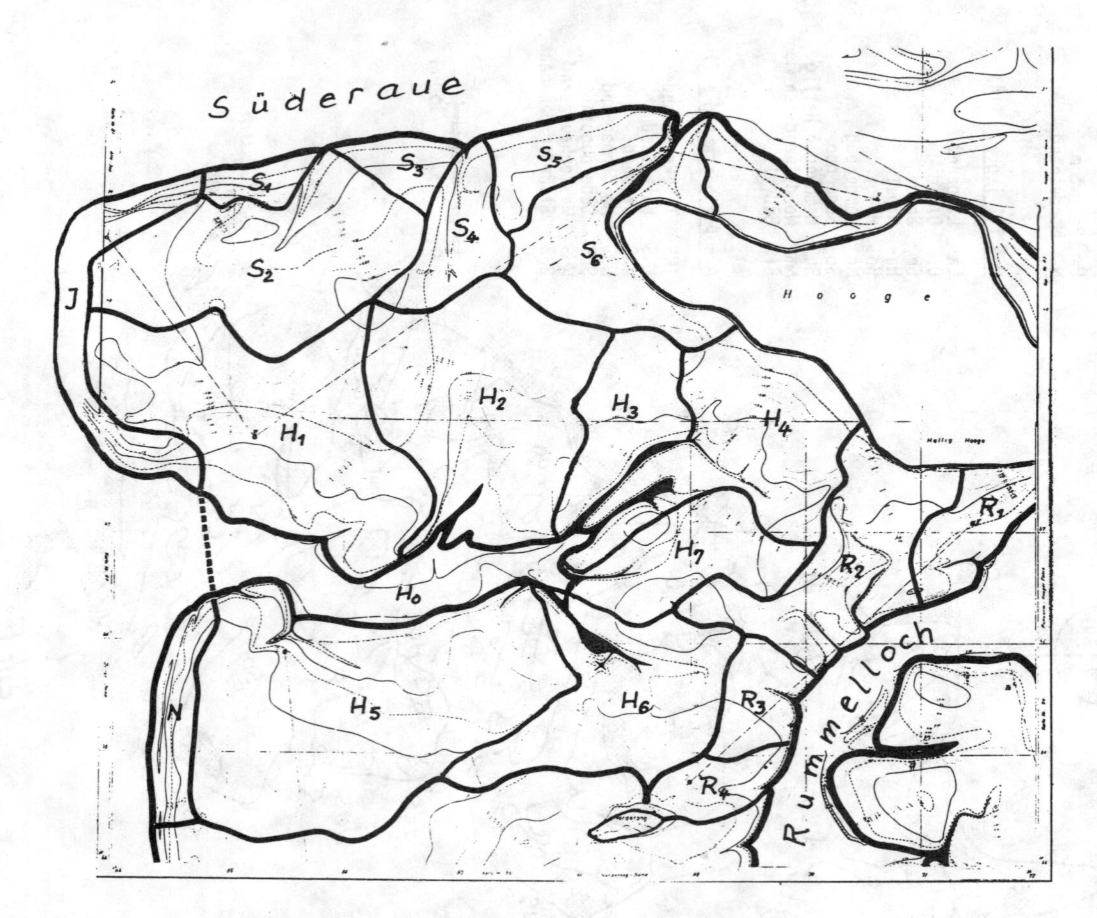

Karte M.02: Systemübersicht von "Teil-Watteinzugsflächen" als Beispiel für "Mosaikflächen" in den Wattgrundkarten Nr. 82 und Nr. 89 von 1947 des ALW Husum (Entwurf: A. TAUBERT 1980)

Aktual-morphologische Entwicklungstendenzen der schleswig-holsteinischen Ostseeküste

Horst Sterr

1. Die Entstehung der Ostsee-Küstenlandschaft im Überblick

Nach dem Rückzug des Weichsel-Inlandeises aus dem norddeutschen Raum und dem Ostseebecken setzte im Verlauf der Flandrischen Transgression vor ca. 7000 Jahren ein rascher Anstieg des Meeresspiegels ein. Die Ostsee hatte zu dieser Zeit bereits über die Belte Verbindung mit der Nordsee und dem Weltmeer und erreichte um etwa 6000 v. H. ein Niveau von ca. -5 m unter NN (DUPHORN, 1979; KLIEWE & JAHNKE; 1982). Danach verlief die weitere Meeresspiegelentwicklung nicht mehr linear, sondern phasenhaft mit zwischengeschalteten Perioden des Stillstands bzw. des stark verlangsamten Anstiegs (ERNST 1974, KLUG 1980). Mit ziemlicher Sicherheit dürfte dann schon vor gut 2000 Jahren das heutige Niveau erreicht worden sein, woran sich jedoch eine vorübergehende Absenkung im Mittelalter (little ice age) anschloß (Abb. 1).

Im Osten und Norden Schleswig-Holsteins begann gegen Ende der Überflutung des glazial geprägten Grund- und Endmoränenreliefs durch die Ostsee - etwa mit dem Erreichen der -5 m Isobathe - die differenzierte Herausbildung einer buchtenreichen Küstenlinie. Die einsetzende Abschwächung der Transgression ermöglichte einen verstärkten Angriff der Wellen gegen die höheren Rücklandbereiche und damit die Herausbildung von Kliffküstenabschnitten, während die dazwischenliegenden Mulden und Täler zu weit landwärts reichenden Buchten und Nooren umgewandelt wurden. Die aus Geschiebemergel mit Schmelzwassersanden aufgebauten Moränenkomplexe setzten dem Angriff der Brandung eine vergleichsweise geringe Erosionsresistenz entgegen, so daß vorspringende Kliffbereiche relativ rasch zurückgeschnitten werden konnten. Damit einher ging die Anlage und Erweiterung einer flachen submarinen Abrasionsplattform vor diesen Steilküstenabschnitten sowie der küstenparallele Transport der vom Rückland und vom Meeresboden erodierten Sedimente zu den zurückspringenden Küstenabschnitten, wo sich bald Strandwälle, Haken und Nehrungen bildeten. Dadurch war der Prozeß des Küstenausgleichs eingeleitet, der bis heute vor allem die Bereiche der sogenannten Innenküste, also die Küsten der Lübecker-, Hohwachter- und Eckernförder Bucht sowie der Kieler und der Flensburger Förde erfaßt und umgestaltet hat. Dagegen geht die Rückverlegung der Steilufer an der Außenküste noch in nahezu unverminderter Geschwindigkeit weiter, ebenso wie die landwärtige Ausdehnung und Tieferlegung des angrenzenden Meeresbodens. Beide Prozesse stehen - wie unten noch ausgeführt wird - in einem kausal-genetischen Zusammenhang, welcher für das Verständnis der Morphogenese im Ostsee-Litoral von primärer Bedeutung ist. Insgesamt befinden sich nach HASSENPFLUG (1984) noch knapp 70 km von der insgesamt 105 km langen Steilküste Schleswig-Holsteins (ohne Fehmarn) im Abbruch; der Rest der Küstenlinie, d.h. etwa 220 km, entfällt auf Flachküstenabschnitte, u.a. Strandwallsysteme, auf deren rezente Entwicklung in dieser Arbeit nicht näher eingegangen wird.

2. Das Wirkungssystem der Litoralen Morphogenese im südwestlichen Ostseeraum

Bezüglich der ursprünglichen Anlage und der Weiterentwicklung des Reliefs stellt die Küste ein recht gut definiertes und eindeutig begrenztes Landschafts-Ökosystem dar. Es ist dies ein schmaler Grenzsaum, in dem Lithosphäre, Atmosphäre und Hydrosphäre zusammentreffen und in komplexe Wechselwirkungen zueinander treten. Demzufolge wird auch der morphologische Charakter der Küstengestalt genetisch und dynamisch von einer Vielzahl von Wirkungsfaktoren determiniert, die sich aus der Berührung und Interaktion der drei Sphären ableiten und z.T. untereinander ebenfalls in kausaler Beziehung stehen. Abb. 2 zeigt den schematischen Aufbau eines Interaktionsmodells für das Ökosystem Ostseeküste, welches sich im wesentlichen von vier übergeordneten Faktoren ableiten läßt:

- Geologie des Küstenrücklandes
- Klimacharakter und Wetterlagen der Region
- Topographie des Meeresbeckens und der Küste
- Hydrographie der Ostsee.

Dazu kommt noch die Einwirkung des Menschen auf den Küstenraum als unabhängige, aber in ihrer Bedeutung stetig wachsende Einflußgröße.

Alle Wirkungsfaktoren zusammen steuern die morphogenetische Entwicklung in Richtung auf den oben erwähnten Küstenausgleich: Küstenabbruch, Sedimentanlandung bzw. Materialdurchsatz in räumlicher und zeitlicher Variation und Intensität. Dabei steht der vom geologischen Aufbau des Hinterlandes und z.T. auch von anthropogenen Kräften abhängigen Erosionsresistenz der Steilufer die hydrographische Komponente der Abrasions- und Transportenergie der Wellen im Küstenvorfeld gegenüber. Während erste primär von der Zusammensetzung des anstehenden Substrats sowie von der klimatisch gesteuerten Intensität der Hangverwitterung und -abtragung bestimmt wird, sind bei der Ausprägung der marinen Hydrodynamik verschiedene atmosphärische, topographische und hydrographische Einflußgrößen von Bedeutung, die sich in komplexer Weise gegenseitig steuern und beeinflussen.

Eine dominierende Rolle spielt unter diesen Faktoren die effektive Windwirkung, welche sowohl die erosive Brandungsenergie am (Vor-) Strand als auch die für den Sedimenttransport entscheidende Strömungsenergie längs und quer zur Küste steuert. Beide sind abhängig vom ufernahen Wellenklima einerseits und von den windbedingten Wasserstandsveränderungen andererseits, die sich aus dem Zusammenhang von Windrichtung, -stärke, -dauer, Fetchlänge und lokaler Küstenkonfiguration ergeben. Schließlich üben auch noch die Topographie bzw. die Sedimentverteilung und -zusammensetzung im Küstenvorfeld, als dem Grenzsaum zwischen Meeresboden und Rückland, eine modifizierende Wirkung auf die litorale Hydrodynamik aus (vgl. Abb. 2).

Für die südwestliche Ostsee lassen sich nach diesem Modell zur litoralen Morphogenese folgende regionaltypische Wirkungsfaktoren und -zusammenhänge erkennen, welche das Bild der Küstenlandschaft Schleswig-Holsteins in entscheidender Weise prägen:

1. Das Küstenhinterland ist aus glazigenem Moränenmaterial aufgebaut, in das häufig Schmelzwassersande von lokal stark unterschiedlicher Mächtigkeit eingelagert sind. Die örtlich wechselnde Korngrößenzusammensetzung dieser Lockersedimente bestimmt im wesentlichen deren Anfälligkeit bzw. Stabilität gegenüber dem direkten Wellenangriff (DÜCKER, 1950, PETERSEN 1952). Zwar wachsen Kohäsionskraft, Scher- und Standfestigkeit im Anstehenden mit dem Übergang vom sandigen zum schluffig-tonigen Sediment (Mc GREAL 1979b), jedoch führen sehr hohe Tonanteile - wie verschiedentlich beobachtet, aufgrund des wasserstauenden Effekts oft zu starken Rutschungen (HUTCHINSON 1973, Mc GREAL 1979b, PRIOR & RENWICK 1980).

An den Küsten Schleswig-Holsteins ist dies u.a. im Bereich aufgeschuppter und in die Moränenkomplexe eingepreßter Eemtonschollen der Fall, wie etwa an den Südküsten der Eckernförder Bucht und der Flensburger Förde zu beobachten ist (KÖSTER 1958). Für die Denudation der Steilufer sind daher besonders die meist horizontal verlaufenden Grenzflächen zwischen fein- und grobkörnigen Sedimentschichten von Bedeutung (GROSCHOPF 1936, PRANGE 1975). Im globalen Vergleich gesehen bilden die aus quartärem Lockermaterial aufgebauten Steilufer der südwestlichen Ostsee Kliffs mit relativ geringer Standfestigkeit und Resistenz gegen Abtragung aus (HILLS 1971, BRUNSDEN 1974, EMERY & KUHN 1982, KIRKBY 1984, SUNAMURA 1984), was die Rückverlegungsbeträge zwischen 0,10 m und 0,85 m/Jahr eindrucksvoll belegen (KANNENBERG 1951).

2. Die marine Hydrodynamik dieser Küstenzone wird v.a. durch die lokal variierende, effektive Windwirkung sowie die hydrographischen Eigenheiten des Ostseebeckens gesteuert. Dabei spielen die im Jahresmittel vorherrschenden Westwinde, von wenigen Küstenabschnitten abgesehen, kaum eine Rolle. Stattdessen sind die aus dem nördlichen bis östlichen Sektor ankommenden Winde, die u.a. im Winter die Wetterlagen bestimmen, wegen ihrer maximalen Streichlänge über die freie Wasserfläche (= fetch) für nahezu die gesamte Küstenstrecke hydrologisch maßgebend (Abb. 3, 4). Bei dem im Ostseebecken vernachlässigbar geringen Tidenhub stellen die winderzeugten Wellen und die durch Windstau bedingten Wasserstandserhöhungen den Motor für die hydrodynamischen und energetischen Prozeßabläufe im Küstenvorfeld dar.

   Im nahezu geschlossenen Ostseebecken können die windbedingten Veränderungen des Wasserspiegelniveaus darüberhinaus beträchtlich verstärkt oder abgeschwächt werden durch die sog. Seiches, d.h. Rückschwappeffekte, die meist nach rascher, mehr als 120° betragender Drehung des Windfeldes eintreten (MAGAARD & RHEINHEIMER 1974, HUPFER 1981). Bei der Erzeugung der höchsten historisch gemessenen Wasserstände an der Ostseeküste während der Sturmflut von 1872 war dieser für die Ostsee charakteristische Effekt, populär auch "Badewanneneffekt" genannt, maßgeblich beteiligt (KIEKSEE 1972, EIBEN & SINDERN 1979, KRUHL 1979).

   In Abb. 4 sind die Zusammenhänge zwischen Windstärke, effektiver Fetchlänge und maximal zu erwartender Wellenhöhen bzw. Wasserständen veranschaulicht. Dabei ist zu beachten, daß die für die Wellenhöhen angegebenen Werte tatsächlich gemessenen bzw. vorausberechneten Wellenhöhen in Abhängigkeit von der Windgeschwindigkeit entsprechen (DETTE & STEPHAN, 1979); dagegen schließen die angegebenen Pegelhöhen den oben erwähnten Seiche-Effekt mit ein. Der höchste bisher registrierte Wasserstand betrug am 12.11.1872 3,75 m über NN in der Lübecker Bucht. Zusätzlich muß auch noch die Winddauer berücksichtigt werden, da häufig Starkwinde, v.a. aus dem westlichen Sektor, von relativ kurzer Dauer auftreten. Das Beispiel der Silvester-Sturmflut von 1978/79, die viereinhalb Tage mit recht konstanter (Ost-)Windrichtung bei Windgeschwindigkeiten bis zu 20 m/sec. andauerte, zeigt deutlich die hydrologische Bedeutung der langen Verweilzeiten erhöhter Wasserstände. Diese drückt sich besonders in der im Uferbereich frei werdenden maximalen Wellenenergie aus (FÜHRBÖTER 1979).

3. Die oben geschilderten Beziehungen zwischen den Parametern Windrichtung, -dauer, -stärke und Fetchlänge sind aber in ihrer küstenmorphologischen Wirksamkeit erst dann abzuschätzen, wenn die hydrodynamischen Prozesse im

Küstenvorfeld während normaler Seegangsverhältnisse bzw. Sturmflutperioden erfaßt werden können. Dies wurde durch mehrjährige Untersuchungen des Wellen- und Seegangsklimas durch das Leichtweiß-Institut Braunschweig vor der Küste der Probstei möglich. Die bisherigen Untersuchungsergebnisse dort zeigen an, daß im Vorstrandbereich der Ostsee die Brecherzone durch eine Grenzsteilheit von H/d = 0,8 definiert ist, wobei H/d das Verhältnis von Wellenhöhe zu Wassertiefe angibt. Bei gewöhnlichen Seegangsverhältnissen und einem Wasserstand um NN erstreckt sich somit die Brecherzone von -2,95 m bis -1,75 m Wassertiefe (DETTE & STEPHAN 1979). Dies bedeutet, daß der Scheitel der Brecherzone ca. 200 m vor dem Ufer liegt und nur Restwellen den Strand erreichen (Abb. 5a). Detaillierte Analysen der Silvestersturmflut vom 29.12.1978 bis 2.1.1979 und daraus abgeleitete Modellrechnungen zeigen nun, daß die Brecherzone, in der sich die hydrodynamischen Energien und Prozeßabläufe konzentrieren, bei einem um 1 m erhöhten Wasserstand nahezu ortsfest bleibt (Abb. 5b). Die entscheidende Wirkung geht in dem Fall von den verstärkten Brandungsturbulenzen und den dadurch intensivierten Küstenquer- und Längsströmungen aus. Bei einem Wasserstand von NN +2 m dagegen verengt sich die Brecherzone von bisher 135 m auf nur 75 m und rückt gleichzeitig um 100 m näher an das Ufer heran (Abb. 5c). Bei einer Erhöhung des Wasserspiegels um 3 m schließlich konzentriert sich die Brecherzone auf einen nur 30 m breiten Abschnitt, der bis an den Strand heranreicht (Abb. 5d). Mit Ausnahme des letzten Falles erfolgt das Brechen der auflaufenden Wellen im Bereich der Sandriffe, was die besondere Stellung dieser Formen im morphologischen System des Küstenvorfelds unterstreicht (OWENS 1977, EIBEN & SINDERN 1979).

Es liegt auf der Hand, daß mit der fortschreitenden Pegelerhöhung eine rapide Zunahme der hydrodynamischen Energien im Bereich der Uferzone verbunden ist. Diese wirkt sich offensichtlich erst bei Wasserständen von > 2 m über NN in einem direkten Angriff der Wellen auf das landwärts der Brecherzone gelegene Küstenrelief aus, während die Effektivität der die Transportvorgänge steuernden Brandungsströmungen schon bei wesentlich geringerem Pegelhub deutlich zunimmt. Im statischen Mittel treten Wasserstände um NN +1 m (leichte Sturmflut) etwa 1-2 mal/Jahr auf, Pegelniveaus von 1,5 m - 2 m über NN (mittlere Sturmflut) etwa einmal pro Jahrzehnt. Ab NN +3 m und darüber spricht man von einer Jahrhundertsturmflut, deren statistische Häufigkeit naturgemäß nicht weiter präzisiert werden kann.

4. Aus dem bisher Gesagten wird deutlich, daß einer insgesamt geringen Erosionsresistenz der Steilufer ein räumlich und zeitlich variierender hydrodynamischer Prozeßablauf gegenübersteht. Die morphologische Wirksamkeit dieser Prozesse in der Litoralzone ist bestimmt durch die effektive Windwirkung in Relation zur Küstenkonfiguration und -exposition und erreicht im Verlauf von längerdauernden Starkwindperioden aus dem E bis NE Sektor ihr energetisches Maximum. Die während Sturmflutereignissen im Küstenvorfeld frei werdenden Wellenenergien verteilen sich zum größten Teil in der parallel zum Strand verlaufenden Riff- und Rinnenzone, von wo aus die für den Sedimenttransport bedeutenden Brandungs- und Rippströme aktiviert werden (BARNES 1977, BIRD 1984). Jede windbedingte Wasserstandserhöhung im Vorstrandbereich führt zwangsläufig zu einer Intensivierung der hydrodynamischen Prozesse, die aber bis zu einer Höhe von NN +2 aufgrund von Reibungsvorgängen ihre Energien v.a. auf dem Meeresboden verbrauchen (DETTE & STEPHAN 1979). In die Uferzone selbst gelangen meist nur erheblich energiegeminderte Restwellen. Trotzdem reicht deren Transportkraft aus, sowohl an Steil- wie auch an Flachküstenabschnitten große Sedimentmengen zu bewegen. Da an den Steil-

küsten Schleswig-Holsteins der Kliffuß meist unterhalb NN +1 m ansetzt, können die wenig verfestigten Quartärablagerungen, welche durch die subaerische Verwitterung und Denudation zusätzlich aufbereitet werden, schon bei mäßig erhöhtem Wasserstand durch Wellenspülung im Schwallbereich gelockert und ausgewaschen werden. Bei höheren Pegelniveaus bis NN +2 m geht die Abrasion am Kliffuß zunehmend rascher vor sich, weil nun wesentlich energiereichere Wellen in die Uferzone gelangen. Im Falle einer Wasserstandserhöhung von mehr als NN +2 m erfolgt durch das Brechen der Wellen direkt am Kliff eine sehr starke Abtragung und Rückverlegung der Steilufer innerhalb kürzester Zeit.

Langfristig gesehen stehen also den seltenen Extremsturmfluten mit ihrer großen Zerstörungskraft die energetisch schwächeren, aber sehr viel häufigeren Hochwasserstände zwischen +0,5 m und 2 m NN gegenüber. Berücksichtigt man auch den Aspekt der Sturmflutdauer, so dürfte die Gesamtwirksamkeit der kleineren und mittleren Sturmfluten beim Küstenabbruch die der Jahrhundert-Sturmfluten vermutlich weit übertreffen. Dies zeigt auch das Beispiel des Silvestersturmes von 1978/79, der stellenweise einen Kliffabbruch von einigen Metern zur Folge hatte.

An die Perioden verstärkten Steiluferabbruchs schließen sich dann gewöhnlich längere Phasen an, in denen - bei Wasserständen um oder unter NN - die aufbereiteten Lockersedimente überwiegend küstenparallel transportiert werden. Mit dem Materialabbau an exponierten Küstenabschnitten und den Anlandungsvorgängen in energieärmeren Zonen ist die Tendenz zum Küstenausgleich im Bereich der südwestlichen Ostsee langfristig vorgezeichnet.

3. Die rezente morphodynamische Entwicklung der Steilküste am Beispiel des Küstenabschnitts Bülk - Dänisch Nienhof

3.1. Bisherige Untersuchungen

Während die Strandwallküsten auch in jüngerer Zeit im Blickpunkt des Forschungsinteresses lagen (z.B. HINTZ 1958, VOSS 1967, 1970, KLUG 1973, KLUG et al. 1974, ERNST 1974, KÖSTER 1979, EIBEN & MÖLLER 1979, KACHHOLZ 1982, SCHWARZER in Vorbereitung), gibt es seit etwa 30 Jahren kaum wissenschaftliche Untersuchungen über die Steilküsten dieser Region. GRIPP (1954) beschreibt zwar die großräumige Reliefformung des Küstenhinterlandes im NE von Schleswig-Holstein durch die weichseleiszeitlichen Gletscher und PRANGE (1975, 1979), widmet sich anhand gefügekundlicher Analysen in Steiluferaufschlüssen der Eisdynamik und den lokalen Ablagerungsbedingungen; was aber die Fragen der eigentlichen Küstengestalt, der Steiluferentwicklung und der daran beteiligten Prozesse betrifft, so wurde die letzte umfassende Bestandsaufnahme dazu von KANNENBERG (1951) und PETERSEN (1952) vorgelegt. Vor allem KANNENBERG (1951) widmete sich mit großer Gründlichkeit nicht nur den allgemeinen morphogenetischen Zusammenhängen entlang der Steilküste, sondern untersuchte auch im einzelnen die langfristigen Rückzugsraten und Abbruchvorgänge an allen Kliffabschnitten zwischen Lübeck und Flensburg. Obwohl seine Ergebnisse zum überwiegenden Teil auf Literaturstudien und Kartenauswertungen beruhen und nur z.T. eigene Geländeuntersuchungen mit einbeziehen, stellen sie doch eine recht zuverlässige Beobachtungs- und Vergleichsgrundlage für aktuelle Feldstudien dar. Auch für die Entwicklung der Steilküstenbereiche von Dänisch Nienhof und Stohl finden sich bei KANNENBERG (1951, S. 72-75) nähere Angaben, auf die weiter unten noch eingegangen wird.

Noch vor KANNENBERG hatten MARTENS (1927), GROSCHOPF (1936), WASMUND (1940) und TAPFER (1940) über die holozäne Entwicklungsgeschichte des Küstenreliefs in der Kieler und Lübecker Bucht berichtet, während SCHÜTZE (1939) recht detaillierte Untersuchungen an der Südküste der Eckernförder Bucht durchführte. Dabei bezog er neben der Uferzone auch die submarine Morphologie und Prozeßdynamik im Vorstrandbereich mit ein und kam dabei zu Erkenntnissen, die auch heute noch Gültigkeit besitzen. Erst wesentlich später erfolgten dann im Rahmen des SFB "Wechselwirkungen Meer-Meeresboden" weitere Arbeiten zu diesem Thema, u.a. mit Hilfe von Tauchbeobachtungen im sogenannten "Hausgartengebiet" vor Boknis Eck, an der Nordostecke der Eckernförder Bucht (FLEMMING & WEFER 1973, 1974, WEFER & FLEMMING 1976, HEALY & WEFER 1980). Vor allem die dort vorgenommenen Messungen der submarinen Abrasionsraten und daraus abgeleitete Rückschlüsse auf die litorale Morphogenese dürften auch für die Vorstrandzone bei Dänisch Nienhof Relevanz besitzen.

Seit dem Frühsommer 1984 werden nun an dem ca. 5 km langen Küstenabschnitt Bülk-Dänisch Nienhof vom Autor umfassende Beobachtungen und Untersuchungen der Kliffküste, des Strandes und des küstennahen Meeresbodens durchgeführt. Ziel dieser Arbeiten ist es, an einem abgegrenzten und überschaubaren Küstenabschnitt (= physiographische Einheit), die Gesamtheit der morphodynamischen Prozesse und Wechselwirkungen, die an der Gestaltung des litoralen Reliefs beteiligt sind, so weit wie möglich zu erfassen.

So wurden u.a.

- Aufbau, Zusammensetzung und Gefüge der Lockersedimente im Kliff an verschiedenen Punkten analysiert und verglichen,
- die Mächtigkeit und Korngrößenverteilung von Strandsedimenten bestimmt,
- Strandbreite und -höhe gemessen sowie die größten Geschiebeblöcke im Strandbereich genau eingemessen,
- Meßstäbe in verschiedenen Höhen am Kliff angebracht,
- eine photographische Detailaufnahme des Kliff- und Strandprofils vom Boden und aus der Luft aufgenommen,
- die submarine Topographie und Sedimentverteilung durch engabständige Echolotungen und flachseismische Meßprofile erfaßt,
- die Windparameter (Stärke, Richtung, Dauer) mit den resultierenden Seegangs-, Brandungs- und Wasserstandsverhältnissen an drei verschiedenen Küstenstationen verglichen (Wellenmeßstation Kalifornien; Pegel Strande; Behelfspegel Dänisch Nienhof)
- sowie zahlreiche weitere Geländebeobachtungen durchgeführt.

Auf der Grundlage dieser Untersuchungen, welche längerfristig über mehrere Jahre fortgesetzt und z.T. noch erweitert werden sollen, basieren die nun folgenden Erläuterungen zur Physiographie dieses Küstenabschnitts im allgemeinen und zur Dynamik der Steiluferentwicklung im besonderen.

3.2. Physiographische Charakter dieser Küstenlandschaft

Beim Untersuchungsgebiet dieser Arbeit handelt es sich um den ca. 5 km langen Küstenabschnitt, der die Verbindungsstrecke zwischen der Eckernförder Bucht und der Kieler Förde darstellt (Abb. 3, 6). Die Küstenlinie hat in diesem Bereich einen relativ gradlinigen Verlauf von NW nach SE, was bedeutet, daß das Steilufer gegen NE und diagonal zur Länge der Kieler Bucht gerichtet ist. Bei Bülk wie auch bei Dänisch Nienhof biegt die Küste dann in einem scharfen Knick nach S bzw. W um, wodurch sich sowohl topographisch wie auch dynamisch eine Abgrenzung zu den Buchten ergibt.

Die Kliffhöhe liegt auf dieser Strecke im Durchschnitt bei 15 m, erreicht jedoch nahe Stohl etwas über 20 m und wird am SE-Ende gegen Bülk dann wesentlich niedriger (Bild 1, Abb. 6). Die Reliefierung des Küstenrücklandes entspricht etwa der einer flachwelligen Grundmoräne, obwohl es sich nach GRIPP (1954) und PRANGE (1975) um gegabelte Endmoränenlagen handelt. Die Reliefenergie erreicht im Uferbereich nur dort größere Ausmaße, wo eine oberflächliche Entwässerungslinie aus dem Hinterland an der Küste endet (Bild 2). Das Kliff ist auf nahezu seiner gesamten Länge so starker Abtragung ausgesetzt, daß die Vegetationsbedeckung nur spärlich und die Steilwand oft recht gut aufgeschlossen ist.

Der geologische Aufbau des Steilufers auf diesem Teilstück ist recht uneinheitlich und weist lokal starke Variationen sowohl im Korngrößenspektrum wie auch in der Schichtung und inneren Struktur auf. Vom NW-Ende bis vor Marienfelde überlagert ein ca. 2 m mächtiger hellbrauner Geschiebemergel - von dem letzten Eisvorstoß in diesem Raum stammend - wechselnd mächtige Lagen aus teils horizontal liegenden, teils gestauchtenund geschuppten Schmelzwassersanden. Diese wiederum überlagern grauen, sandig-schluffigen Geschiebemergel von größerer Mächtigkeit, welcher meist die Basis des Kliffs bildet (Bild 3). Im SE-Teil zwischen Marienfelde und Bülk nimmt die Mächtigkeit der Schmelzwasserschichten zu, während der überlagernde Geschiebemergel dort meist fehlt (Bild 4).

Häufig sind im obersten Teil des unteren grauen Geschiebemergels Lagen mit höheren Tonanteilen eingebettet, was sich in flächenhaften Grundwasseraustritten am Kliffhang bemerkbar macht (Bild 3). An einer Stelle, auf die später noch eingegangen wird, befindet sich eine größere Eemton-Scholle eingepreßt in den unteren Geschiebemergel (Bild 8).

Das Küstenhinterland ist auf der gesamten Strecke landwirtschaftlich als Weide- oder Ackerland genutzt. Die Auswirkungen, die in diesem Zusammenhang von Menschen auf die natürliche Formung der Küstenlandschaft ausgehen, sind beträchtlich und werden später noch näher diskutiert. Auch die Anlage von Steinbuhnen im Strandbereich vor einigen Jahren zeigt bereits Folgen.

Die Strand- und Vorstrandtopographie der untersuchten Küstenstrecke ist den Bildern 1-8 sowie Abb. 6 zu entnehmen. Die Strandbreite erreicht bei MW kaum mehr als 10-15 m, die Strandhöhe, d.h. der Ansatz des Kliffußes, liegt durchweg unter +1,5 m NN, meist unter +1 m NN. Die Strandbedeckung besteht zum größten Teil aus groben Kies- und Geröllfraktionen mit vereinzelten großen aufsitzenden Blöcken (Bild 2, 4), geht aber nach SE mit zunehmendem Anteil der Schmelzwassersande im Kliff in einen Sandstrand über. Im Anschluß an Phasen erhöhten Wasserstandes mit stärkerer Brandung im Uferbereich tritt gelegentlich Übersandung des Geröllstrandes auf (Bild 3).

Morphogenetisch stellt der Strand nur den schmalen landfesten Saum des submarinen Vorstrandreliefs dar, welches in Abhängigkeit von den geologischen Gegebenheiten und hydrodynamischen Kräften geformt wird. Es handelt sich dabei um eine mehrere Kilometer breite, durch langzeitliche Zurückschneidung eines vorspringenden Küstensporns entstandene Abrasionsplattform, die sich mit sanfter Abdachung bis zur Kante der Stollergrundrinne hinzieht, landwärts dagegen steil zu dem uferparallelen Sandriff ansteigt (Abb. 6). Die detaillierte Tiefenkartierung läßt bei näherer Betrachtung deutlich eine flache Rinnenstruktur am SE-Ende vor Altbülk erkennen, während im Bereich Marienfelde-Stohl ein seewärtiges Vorspringen der Isobathen deutlich hervortritt. Vergleicht man diese submarine Topographie mit dem Relief und der Geologie des Küstenrücklandes sowie mit dem leicht geschwungenen Verlauf der Küstenlinie, so erscheint folgender genetischer Zusammenhang plausibel:

Der höhere Rücken einer aus bindiger Matrix mit großen Geschieben zusammengesetzten und daher erosionsbeständigeren Moränenablagerung bildet vor Stohl einen Küstenvorsprung, der sich auch submarin bis zur -10 m Tiefenlinie noch abzeichnet, während im Bereich der niedrigeren und sandreicheren Ablagerungen bei Altbülk eine Muldenform angelegt wurde. Nur in Küstennähe ist diese durch das Sandriff überdeckt bzw. verfüllt. Auch die flachseismischen Messungen längs und quer über die Abrasionsplattform stimmen mit diesem Bild sehr gut überein: im mittleren Teil des Küstenabschnitts - auf dem topographisch etwas erhöhten submarinen Rücken - steht der Geschiebemergel unmittelbar an, während im Bereich der flachen Mulde eine mehrere Dezimeter mächtige Sandbedeckung des Meeresbodens kartiert wurde. Dies beweist, daß geologisch bedingte Reliefelemente des Hinterlands auch nach der Zurückverlegung der Küstenlinie und der flächenhaften Abrasion des Meeresbodens im Küstenvorfeld erhalten bleiben, wie auch schon ERNST (1974) für die Hohwachter Bucht und KÖSTER (1979) vor der Probstei zeigen konnten.

Wie bereits erwähnt, verläuft vor dem untersuchten Küstensteilstück parallel zum Strand und ca. 50-80 m von diesem entfernt ein breites Sandriff, welches wohl als quasi-stabiles Formelement des Vorstrandes angesehen werden muß. Es ist vom Unterwasserhang des Strandes durch eine deutlich ausgeprägte, etwa 1 m tiefe Rinne getrennt und erreicht bei MW eine durchschnittliche Höhe von -0,8 m bis -1,2 m NN. Die Auswertung der Lotprofile ergibt eine Sandmächtigkeit von 1,5-2 m unter dem Riffkamm. Der Querschnitt weist das typische Sandriffprofil mit sehr steilem Luv- und flach ansteigendem Leehang auf. Vor dem Umbiegen der Küstenlinie bei Dänisch Nienhof nach W in die Eckernförder Bucht hinein vergrößert sich der Abstand dieses Riffes vom Ufer und ein zweites Sandriff setzt in Strandnähe ein; noch weiter westlich - bei Surendorf - nimmt die Zahl der Riffe dann auf 3 bis 4 zu (SCHÜTZE 1939).

3.3. Steiluferentwicklung in Abhängigkeit von marinen und subaerischen Prozessen

Wie bereits anhand eines allgemeinen Modells gezeigt wurde (Abb. 2), wirken eine Reihe von unabhängigen und abhängigen Einflußfaktoren bei der Morphogenese des litoralen Reliefs in komplexer Weise zusammen. Für die Küstenlandschaft im Bereich Bülk-Dänisch Nienhof sollen im folgenden die spezifischen morphodynamischen Determinanten und Prozesse - soweit bekannt - analysiert und daraus ein Bild von der rezenten Formung dieser Steilküste entwickelt werden. Eine schematische Übersicht über die kausalen Zusammenhänge veranschaulicht Abb. 7. Dabei wird zunächst die Wirkungsweise der marinen Hydrodynamik in der Vorstrand- und Uferzone nach dem momentanen Kenntnisstand erläutert; danach folgt eine detaillierte Analyse der subaerischen Gestaltung und Umformung des Steilufers.

Die wichtigsten Parameter für die marine Dynamik an diesem Küstenabschnitt resultieren aus dem Wind und der gegebenen Küstenexposition und -topographie. Da hier bei NE-Winden die nahezu maximale Fetchlänge der Kieler Bucht - etwa 60 bis 70 km - wirksam werden kann (Abb. 3), erreichen Wellenhöhen (bis zu 4 m) und Wellenenergien v.a. im Winterhalbjahr recht hohe Werte. Bei länger anhaltenden Winden aus N bis E von Stärke > 5 Bft. ergeben sich dann rasch Wasserstandserhöhungen und eine Verstärkung der Brandungstätigkeit an der NE-exponierten Küste. Schon bei einem Pegelniveau von +0,4 m NN wird durch die auflaufenden Wellen der niedrige Strand zum größten Teil überspült, ab NN +0,6 m erfolgt bereits ein direkter Angriff auf den Kliffuß an zahlreichen Stellen. Dabei gelangen trotz der offensichtlichen Wirkung des Sandriffs als Wellenbrecher - der Hauptteil der Brandungszone liegt genau über dem Riff - noch vereinzelte höhere Restwellen in den Schwallbereich, welche dann auch kompressive Wirkung beim Auftreffen am Steilufer erzielen.

Im Mittel der letzten 10 Jahre ergaben sich Wasserstandserhöhungen von +1 m NN hier etwa ein- bis zweimal jährlich, während morphologisch ebenfalls schon wirksame Hochwässer von etwa 0,5 m NN etwa zehnmal so häufig auftreten. Aber auch die nahezu ebenso häufigen Niedrigwasserstände dieser Größenordnungen sind für die kurz- bzw. mittelfristige Küstengestaltung von Bedeutung. Ihre Wirkungstendenz liegt besonders in der Regenerierung des Sandriffs und im Sedimenttransport in der Riff-Rinnenzone (SCHÜTZE 1939, OWENS 1977, DETTE & STEPHAN 1979). Der höchste Pegel im Untersuchungszeitraum wurde am 4.1. 1985 mit +0,97 m NN gemessen, danach traten wegen der einsetzenden Eisbedeckung kaum noch nennenswerte Hochwässer bis März ein.

Die Hauptwirkung verstärkter Brandung bei erhöhtem Wasserstand ist eine zweifache: direkter Angriff der Wellen auf Meeresboden und Ufer sowie Sedimentumlagerung und -transport durch die turbulenten Brandungsströmungen. Die submarine Abrasion ist dabei als ein "Vorarbeiter" für die Kliffabrasion anzusehen, weil durch sie der strandnahe Unterwasserhang tiefergelegt und steilgehalten wird. Die abrasive Wirkung erfolgt v.a. durch das flächenhafte Hin- und Herbewegen eines Sand- und Geröllschleiers über den Meeresboden; sie wird jedoch durch oberflächliches Aufweichen des anstehenden Geschiebemergels sehr begünstigt (FLEMMING u. WEFER, 1973). Die intensivste Abrasionsarbeit erfolgt vermutlich auf dem küstennahen Vorstrand zwischen Strand und Sandriff bzw. vor dem Luvhang des Riffs und nimmt seewärts rasch ab. Bei Boknis Eck wurden in -3 m Tiefe 2,4 cm Abtrag pro Jahr, bei -10 m NN und mehr 0,16 cm pro Jahr gemessen (WEFER & FLEMMING 1976, HEALY & WEFER 1980).

Ob diese Meßwerte auch vor Bülk-Dänisch Nienhof Gültigkeit haben, läßt sich zum jetzigen Zeitpunkt nicht beantworten, doch ist hier in der Uferzone ein nicht zu vernachlässigender Abrasionsschutz durch das Sandriff gegeben, welches vor Boknis Eck fehlt. Langfristig gesehen erscheint der Wert von 2,4 cm/Jahr für das Untersuchungsgebiet deshalb zu hoch.

Im Strandbereich findet durch die Brandungsenergie auch eine Bewegung und Aufarbeitung von größeren Geschieben und Geröllen statt, wodurch der Kliffsokkel tiefergelegt und teilweise eingeebnet wird. Andererseits wirkt sich bei Marienfelde die Anreicherung von sehr großen Blöcken vor dem Kliffuß als Wellen- und Strömungsbrecher aus, die das Kliff bei mittlerer Brandung zu schützen vermögen (Bild 4). Eine lineare Ausweitung und Vertiefung von Klüften im Geschiebemergel, wie sie KANNENBERG (1951) und PETERSEN (1952) vor dem Brodtener Ufer beschrieben, wurde in der (Vor-)Strandzone des Arbeitsgebietes bisher nicht beobachtet. Neben der langzeitlichen Tendenz der abrasiven Tieferlegung des Strandniveaus kommt es aber auch durch die Wellenüberspülung bzw. Denudationsprozesse häufig zur Sedimentakkumulation im Strandbereich. Diese hat auch für die Vorgänge am Steilhang eine unmittelbare Bedeutung, weil bei zunehmender Strandhöhe und Sedimentmenge die Intensität der marinen Kliffußerosion - wie erwähnt - beträchtlich reduziert wird. Die Zusammenhänge zwischen den Prozessen und Veränderungen am Steilhang und am davorliegenden Strand sollen nun für das Untersuchungsgebiet etwas näher erläutert werden.

Zwar ist es in dem relativ kurzen Beobachtungszeitraum noch nicht möglich, eine quantitative Bewertung an diesem Steilufer ablaufenden Formungsmechanismen nach ihrem jeweiligen Wirkungsgrad vorzunehmen, wie es z.B. Mc GREAL (1979a) für die Moränen-Kliffküste Nordirlands versucht hat. Die Frage nach der relativen Bedeutung der marinen Kliffabrasion und -zurückverlegung im Vergleich zur Wirksamkeit der subaerischen Hangabtragung, die schon für zahlreiche andere Kliffküsten diskutiert wurde (HILLS 1971, ROBINSON 1977, Mc GREAL 1979b, PRIOR & RENWICK 1980, MÖBUS 1981, EMERY & KUHN 1982, KIRKBY 1984), ist jedoch auch hier von großem Interesse.

Nach KANNENBERG (1951) steuert an den Steilufern Schleswig-Holsteins generell die marine Abrasion den Modus und die Geschwindigkeit des Küstenabbruchs, während subaerische Denudationsprozesse nur eine untergeordnete bzw. modifizierende Rolle spielen. Er leitet diese Aussage u.a. vom Fehlen der Vegetation an allen aktiv zurückweichenden Kliffabschnitten ab und berichtet von Unterhöhlungen des Kliffs und Ausweitungen von Klüften und Geschiebemergel durch die Brandung. Diese Vorgänge sind jedoch im Untersuchungsgebiet kaum zu beobachten. Aushöhlungen kleineren Ausmaßes beschränken sich auf die kurze Strecke SE von Marienfelde, wo die lockeren Schmelzwassersande bis zur Kliffbasis hinabreichen. Die Bildung von Brandungskehlen oder Kluftspaltenerweiterungen trat in jüngerer Zeit nicht auf. Allerdings kam es trotz des ruhigen Winterhalbjahres 1984/85 zu einigen leichten Sturmfluten, in denen der Kliffsockel längere Zeit im Spül- bzw. Brandungsbereich der Wellen lag. In diesen Perioden sorgte die Schleifwirkung der vom Wellenschwall bewegten und z.T. hochgeschleuderten Strandgerölle ür das Anschneiden des Kliffsockels bis in ca. 1 m über dem Strandniveau. Die Rückverlegung der den Kliffuß bildenden Hangschuttfächer betrug dabei aber meist nur einige Dezimeter. Während des stärksten Sturmflutereignisses am 4.1.1985, als der Pegel auf fast +1 m NN stieg und Wellenhöhen von knapp 2 m erreicht wurden, kam es bei völliger Überspülung des Kliffsockels aber zum Zurückschneiden des Hangfußes um mehr als 1 m, in kleineren Strandbuchten um 2-3 m. Wie auch anderswo berichtet (ROBINSON 1977, Mc GREAL 1979b), kann man diese verstärkte Abrasionswirkung wohl auf die kompressive Lockerung durch Wellenschlag gegen das Kliff und auf anschließendes Abspülen des gelockerten Materials zurückführen. Auch das Auswaschen sehr großer Geschiebeblöcke aus dem Verband des Substrats (Bild 4) sorgt wohl an vielen Stellen für eine raschere Unterminierung der feinkörnigen Glazialablagerungen im Anstehenden. Grundsätzlich läßt sich feststellen, daß an dieser Küstenstrecke die Wirkung der Wellen auf den Kliffsockel bei leichteren Sturmfluten schon bald einsetzt, insgesamt aber fast immer auf eine Höhe bis maximal 2 m über Strandniveau begrenzt ist.

Die marine Erosion und Unterschneidung des Steilufers führt - bei ausreichender Intensität und Dauer - dann zur Übersteilung des Kliffs (Abb. 9b) und dadurch auch zur Intensivierung der Hangdenudationsprozesse. Sie wird deshalb häufig als Voraussetzung für letztere angenommen (KANNENBERG 1951, S. 22). Das Beispiel des von geringer mariner Dynamik gekennzeichneten Winters 1984/85 zeigt aber, daß starker subaerischer Abtrag und Rückverlegung des Kliffs auch möglich sind, wenn die Wellenwirkung sich auf das bloße Fortspülen von Hangschuttmassen beschränkt und keine Abrasion des anstehenden Geschiebemergels stattfindet. Die wichtigsten Hangabtragungsprozesse, die im untersuchten Küstenbereich wirksam werden, sind:

- Frostverwitterung und Gefügelockerung
- Schollenabbrüche (planar slips nach Mc GREAL, 19,9a)
- Blockschollenrutschungen (rotational slides nach Mc GREAL 1979a)

- Schlammfließen und -kriechen
- Rinnen- und Runsenspülung
- Grundwasserunterspülung sowie
- Abgrusung bzw. Deflation von Feinmaterial.

Mit Ausnahme der Deflation von abgewittertem Feinmaterial und den primär vom Niederschlagsgang beeinflußten Spülprozessen findet die Hauptaktivität der Hangabtragung u.a. während der kalten Jahreszeit statt. Als Voraussetzung dafür ist wohl zum einen die Materiallockerung und -aufbereitung durch häufige Frostwechsel anzusehen, welche durch die Wasseraufnahmefähigkeit der anstehenden Lockersedimente sehr begünstigt wird (DÜCKER 1950, SEIFERT 1954).

Zum anderen ist während dieser Zeit aufgrund der reduzierten Verdunstung, der Wasseransammlung in Bodeneis und Schneedecke die Durchfeuchtung der oberen Schichten besonders hoch. Während der periodisch einsetzenden Auftauphasen kommt es dann oberflächlich wie auch im Grundwasserbereich zu erhöhten Abfluß bzw. Durchflußraten, wodurch flächenhaft am gesamten Kliffhang Massenbewegungen ausgelöst werden. Dies bedeutet, daß die Anzahl der Frostwechsel pro Winter für die Intensität der Hangdenudation eine maßgebliche Rolle spielt.

Unter den am Steilhang wirkenden Prozessen waren die Abbrüche großer Geschiebemergelblöcke entlang von Frostrissen und -spalten besonders wirkungsvoll, was die zahlreichen abgestürzten Schollen am Kliffuß augenfällig machten (Bild 6, 7). Sie treten auch an den sandigeren Kliffbereichen auf, sobald nur eine schwache Bindigkeit im Anstehenden gegeben ist und erreichten vermutlich im Beobachtungszeitraum den größten Volumenanteil aller Denudationsprozesse. Dies schließt auch die sogenannte Blockschollen- oder Rotationsrutschung ein, die zwar örtlich eine plötzliche Kliffrückverlegung um mehr als 10 m bewirken kann, im Untersuchungsgebiet aber auf eine in den Geschiebemergel eingepreßte Eemtonscholle bei Marienfelde beschränkt ist (Bild 8). Rutschungen dieser Art, von Mc GREAL als "catastrophic event" bezeichnet, treten wohl besonders in tonreichen Ablagerungen auf (HUTCHINSON 1973, PRIOR & RENWICK 1980), die hier aber weitgehend fehlen. Entlang der Südküste der Flensburger Förde stellen sie allerdings einen stellenweise äußerst wirksamen Mechanismus beim Steiluferrückgang dar (KÖSTER, 1958) (Abb. 9c).

Dagegen ist das sogenannte Schlammfließen, d.h. die bei sehr starker Durchtränkung einsetzende Verflüssigung der oberflächlichen Boden- und Verwitterungsschicht, ein sehr bedeutender Denudationsvorgang an dieser Steilküste. Vor allem nach dem Abschmelzen einer mehrere Zentimeter dicker Schneedecke in Verbindung mit dem Auftauen des Oberbodens, kommt es zur Bildung vom Schlammströmen und -muren, welche den Steilhang hinunterfließen oder -kriechen und am Fuß weit vorgeschobene, flache Schwemmschuttkegel bilden (Bild 7). Dabei werden nach den Beobachtungen des Autors am Ober- und Mittelhang der durchschnittlich 60-70° steilen Hänge flächenhaft beträchtliche Sedimentmengen hangabwärts transportiert.

Besonders intensiviert werden diese solifluidalen Fließ- und Kriechprozesse dann aber noch durch die Mitwirkung des an Schichtflächen im Kliff austretenden Grundwassers. Unterhalb der meist horizontal ausstreichenden grundwasserführenden Schichten kommt es zur länger anhaltenden exzessiven Durchfeuchtung der anstehenden Lockersedimente und Hangschuttmassen und dadurch zu Unterspülungen, anhaltenden Rutsch- und Fließbewegungen sowie oftmals zu konzentrierter Abspülung (Bild 3). Auf die besondere Rolle der Grundwasseraustritte bei der Steiluferentwicklung in Schleswig-Holstein haben vor KANNENBERG (1951) auch schon GROSCHOPF (1939) und WASMUND (1940) hingewiesen.

Die weitaus intensivsten Hangerosionsprozesse und - damit verbunden - die höchsten Kliffabbruchraten treten allerdings nicht an den ausstreichenden Schichtflächen, sondern im Bereich konzentrierter Oberflächenentwässerung bzw. Grundwasseraustritte auf. Diese sind natürlicherweise an geologische und topographische Mulden im Küstenrückland gebunden, deren Einmündung am Steilufer dann meist von tief zurückgeschrittenen Erosionsnischen gekennzeichnet sind (Bild 2, 5). Diese meist mehrere hundert Meter voneinander entfernt liegenden Einkerbungen im Kliffverlauf bildeten ursprünglich die primären Vorreiter der subaerischen Steilufererosion. Diese Situation hat sich in den letzten Jahren und Jahrzehnten aufgrund anthropogener Einwirkungen drastisch geändert.

Durch die landwirtschaftliche Nutzung der an das Kliff angrenzenden Grundstükke greift der Mensch auf zweierlei Art in die morphodynamischen Prozeßabläufe ein:

1) durch Auflockerung des Bodens mit dem Pflug bis unmittelbar an die Kliffkante heran (Bild 6); dadurch wird die Wasseraufnahme und -versickerung der oberen Schichten stark gefördert, was natürlich auch die Denudationsprozesse am Steilhang beschleunigt.

2) durch Drainierung der Felder mittels Rohrleitungen, welche ca. 1-2 m unterhalb der Steilkante am Kliff enden. Diese relativ nahe beieinander liegenden (mittlerer Abtand 20-40 m), konzentrierten Ausflüsse im Hangbereich beschleunigen an zahlreichen Stellen des Steilufers sowohl die direkten Ausspülungsprozesse wie auch die durch Wasserübersättigung initiierten Fließ- und Kriechbewegungen. Dadurch bilden sich im weiteren Umfeld der Rohrenden rasch zrückspringende Abbruch- und Erosionsnischen, die in Form trichterförmiger Buchten das Kliff zerlegen. Da die zunächst herauspräparierten Sporne durch marine Kräfte auch schneller als die benachbarten Uferabschnitte zurückgeschnitten werden, ergibt sich insgesamt flächenhafter Hangabtrag bei beschleunigten Kliffabbruchraten (Abb. 8). Im Bereich der Mulden und der Drainageeinleitungen nimmt auch die Wirkung der Abspülerosion stark zu (Bild 5), welche sonst für den Materialtransport am Hang - abgesehen von der Deflation - eine geringere Rolle als die anderen Massenbewegungen spielt.

3.4. Kurzzeitiger und langzeitiger Rückgang des Steilufers

Wie aus den jüngsten Vergleichsmessungen hervorgeht, wurde die obere Kliffkante auf der 5 km langen Steilküstenstrecke Bülk - Dänisch Nienhof, im Untersuchungszeitraum um durchschnittlich 40-60 cm zurückverlegt (Abb. 8a). Im Bereich der von Felddrainage initiierten Erosionsnischen waren die Rückverlegungsbeträge aber mindestens doppelt so hoch, in einigen Fällen erreichten sie mehrrere Meter (Abb. 8b).

Von den an 35 Meßstationen in den oberen Steilhang eingebrachten, 30 cm langen Meßstäben waren im Mai 1985 nur noch 4 in der Kliffwand verblieben, die restlichen waren durch die Hangdenudation aus dem Kliff entfernt worden. Da die kurze Detailbeobachtung dieses Küstenabschnitts aber noch keine generellen Aussagen über den Fortgang des Steiluferrückganges zuläßt, wurden sogenannte Küstenpläne 1:2000 des Landesamtes für Wasserhaushalt und Küsten zum Vergleich der längerfristigen Entwicklung herangezogen. Zwar beziehen sich die in den Kartenblättern eingetragenen Wiederholungsmessungen auf die Strandlinie und nicht auf die Kliffoberkante, doch wird die Tendenz der Uferveränderung auch daran eindeutig sichtbar. Außerdem finden sich auch bei KANNENBERG (1951) Angaben über den langjährigen Abbruch der Steilufer von Marienfelde, Stohl und Dänisch Nienhof.

Für den gesamten Küstenverlauf zwischen der östlichen Gemarkung Dänisch Nienhof und Altbülk ist danach ein Zurückweichen der Strandlinie in den letzten 100 Jahren (1875-1975) um durchschnittlich 0,22 m/Jahr feststellbar, dagegen im Zeitraum 1962-1975 um ca. 0,44 m/Jahr.

Für den westlichsten, unmittelbar an den Küstenknick angrenzenden Abschnitt ist der Unterschied zwischen diesen beiden Perioden noch ausgeprägter: Von 1875-1962 werden jährlich noch ca. 0,8 m Rückzug der Strandlinie registriert, danach bis 1975 etwa 0,23 m/Jahr positive, d.h. seewärtige Verschiebung. Im Vergleich dazu gibt KANNENBERG (1951) für die Strecke Marienfelde - Stohl - Strandweg (= Ostgrenze der Gemarkung Dänisch Nienhof) einen Steiluferrückgang zwischen 0,2 und 0,3 m/Jahr an, für den westlichen Teil vom Weg bis zur Küstenbiegung dagegen Abbruchraten zwischen 0,40 und 0,65 m/Jahr. Im Untersuchungszeitraum dagegen war dieser Kliffabschnitt von den geringsten Veränderungen betroffen. Die subaerische Hangabtragung beschränkte sich hier fast ausschließlich auf Nischenbildung und -vertiefung im Bereich der Drainageeinlässe.

Mit ziemlicher Sicherheit dürfte die Abschwächung des Küstenabbruchs bzw. das Umschwenken zur Anlandung nahe der Küstenbiegung im NW mit den veränderten Transportbedingungen in diesem Bereich und der Anlage von Steinbuhnen vor Dänisch Nienhof in neuerer Zeit im Zusammenhang stehen. Dagegen ist besonders die Zunahme der Rückzugsraten auf dem fast 5 km langen Stück zwischen Strandweg und Bülk in den Jahren 1962-1975 bemerkenswert. Die neueren Werte aus den Kartenvergleichen stimmen dabei mit den im letzten Jahr empirisch gemessenen sehr gut überein. Auch für den Kliffabschnitt E von Marienfelde, auf dem vor Kriegsende etwa 12 m von der Kliffkante eine Verteidigungsstellung errichtet worden war, ergibt sich ein jährlicher Abtrag von 0,4 m/Jahr (Bild 4). Diese Intensivierung des Kliffabbruchs dürfte wohl in erster Linie auf die beschriebenen anthropogenen Eingriffe in die Küstenlandschaft zurückzuführen sein.

4. Modell der dynamischen und genetischen Wechselwirkungen für diesen Küstenabschnitt

Die beschriebenen Prozeßabläufe am Steilufer stehen mit den hydrodynamisch bedingten Veränderungen in der Strandzone in einem kausal-genetischen Zusammenhang. Zwar operieren die marinen Brandungs- und Strömungskräfte mit einem unvergleichlich größeren Energiepotential als die subaerischen Denudationsprozesse, jedoch sind sie im Gegensatz zu diesen auf recht kurze Phasen maximaler Wirkung beschränkt. Die während des Jahres durch Gravitations-, Fließ- und Spülvorgänge kontinuierlich abgetragenen Hangschuttmassen werden am Kliffuß abgelagert. Dort bildet der Schuttmantel einerseits einen wichtigen Schutz des Anstehenden vor direkter Welleneinwirkung und verleiht andererseits dem Steilhang zusätzliche Stabilität durch Verminderung der inneren Spannungskräfte (shear stress). Bleibt die sturmflutbedingte Welleneinwirkung am Hangfuß unterhalb einer kritischen Höhe, die an dieser Küstenstrecke bei einem Pegel von 0,5 m NN und Wellenhöhen von bis zu 1 m anzusetzen ist, dann erfolgt zunächst nur die Beseitigung des Schuttmantels ohne Unterschneidung des Anstehenden. Erst bei größerer Intensität, oder auch länger dauernden Einwirkung der marinen Abrasionstätigkeit wird nach Beseitigung des Hangschuttmaterials der Sockel des Steilufers zurückgeschnitten, im Bereich des weniger bindigen Substrats auch unterhöhlt. Die dadurch erhöhte Scherspannung im versteilten Kliffprofil führt dann durch Gefügelockerung zu verstärkten Gravitations- und Massenbewegungen im oberen und mittleren Hangbereich, d.h. zu erneuter Bildung eines Schuttmantels am Kliffuß. Dieser zyklische Prozeßablauf sorgt langfristig für einen fortschreitenden Rückzug der Klifflinie bei annähernd gleichbleibendem Hangprofil (Abb.

9a). In den letzten 35-40 Jahren (KANNENBERG 1951) wurde weder eine dauerhafte und merkbare Abflachung noch Übersteilung des Kliffprofils zwischen Bülk und Dänisch Nienhof beobachtet, wie dies von ähnlich strukturierten Küsten z.T. berichtet wird (Abb. 9b).

Damit stellen die vom Hang abgetragenen und vom Meer abtransportierten Schuttmassen ein äußerst wichtiges Verbindungsglied zwischen dem morphodynamischen Subsystem Kliff und dem übergeordneten System Ufer - Strand - Vorstrand dar (Mc GREAL 1979a). Durch die Erosion und Bewegung dieser Schuttmengen wird ein erheblicher Teil der hydrodynamischen Energie schon vor dem Angriff auf den Hangsockel verbraucht. Die vom Kliffuß entfernten Lockermaterialien bilden die Hauptquelle der Sedimente, die dann von den Wellen im küstennahen Bereich sortiert, transportiert und z.T. akkumuliert werden. Die submarine Abrasion des Meeresbodens steuert dagegen vermutlich nur einen geringeren Anteil zum Sedimenthaushalt bei (HEALY & WEFER 1980). Das aus überwiegend aus Kliffsedimenten aufgebaute Sandriff parallel zum Küstenverlauf ist dann ein zweiter wichtiger Faktor im dynamischen Wechselspiel dieser Küstenzone. Es sorgt nicht nur für das Fernhalten der Hauptbrandungswirkung vom Kliff bei leichten und mittleren Sturmfluten, sondern verbraucht als Sedimenttransportband auch einen Hauptteil der turbulenten Küstenquer- und Längsströmungen (SCHWARZER, in Vorbereitung).

Im Licht dieser Beobachtungen am Küstenabschnitt Bülk - Dänisch Nienhof muß die von KANNENBERG gegebene Deutung von Küstenstrecken mit Sandriffen als Regionen vorherrschender Durchfrachtung (KANNENBERG 1951, S. 42) bezweifelt werden. Das Sandriff setzt nicht erst - wie von ihm behauptet - seitlich der Abbruchsufer an, sondern liegt hier auf der gesamten Länge unmittelbar vor dem aktiven Kliff. Stattdessen wird in dieser Arbeit der kausale Zusammenhang zwischen der Wirksamkeit der hydrodynamischen Kräfte am Vorstrand und den subaerisch operierenden Abtragungsprozessen am Steilufer postuliert (Abb. 7). Solange die marine Abrasionstätigkeit den Meeresboden und damit auch den Kliffsockel (= Strandniveau) kontinuierlich tieferzulegen vermag, wird der Rückgang des Kliffs weiter fortschreiten. Dies ist jedoch primär von der windbedingten Wellenwirkung sowie der Küstengeologie und -topographie abhängig. Im Untersuchungsgebiet liegt der Hauptteil der Küstenstrecke aufgrund seiner NE-Exposition im Bereich hochenergetischer Brandung und Küstenströmungen, die erst an den Enden - beim Abbiegen der Küstenlinie bzw. durch Küstenschutzanlagen - an Intensität verlieren. So ist das Inaktivwerden der Steiluferbereiche vor Dänisch Nienhof im W und vor Altbülk im E zu erklären, welches durch starken Vegetationsbestand am Kliff deutlich wird. Im mittleren Abschnitt wird sich dagegen auch langfristig die parallele Zurückverlegung des Steilhangprofils weiter fortsetzen. Dabei spielen die Kräfte der subaerischen Hangabtragung eine vielleicht bisher unterschätzte Rolle, die zusätzlich durch die Eingriffe des Menschen in das Ökosystem der Küstenlandschaft noch verschärft wird.

Zusammenfassung

Für die morphodynamische Entwicklung der schleswig-holsteinischen Ostseeküste spielen nicht die Gezeiten, sondern die windbedingte Hydrodynamik im Küstenvorfeld, die topographischen und geologischen Gegebenheiten des Rücklands sowie die Küstenexposition die ausschlaggebende Rolle. Am Beispiel der Kliffküste zwischen Dänisch Nienhof und Bülk werden die für den dortigen Steilküstenrückgang relevanten Prozeßabläufe wie auch die Auswirkungen anthropogener Eingriffe in die Küstenlandschaft im Detail analysiert. An diesem NE-exponierten Abschnitt der Außenküste ist die marine Abrasion, trotz des niedrig gelegenen Kliffußes und zeitweise beträchtlicher Brandungsenergien, nicht der Schrittmacher der Steilufer-Rückverlegung, sondern beschränkt sich vorwiegend auf den Abtransport der Schutthalden am Kliffuß. Der Grund dafür liegt in einer weitgehenden Aufzehrung der hydrodynamischen Kräfte auf dem küstennahen Meeresboden, v.a. im Bereich des Sandriffs, während die subaerische Hangabtragung speziell im Winterhalbjahr für intensive Denudation des anstehenden Geschiebemergels sorgt. Das entscheidende Kriterium für die am Steilhang operierenden Prozesse ist dabei die Durchfeuchtung des Substrats bzw. die damit verbundene Frost-, Gleit- und Fließanfälligkeit des heterogenen Materials. Die 'quasi-natürlichen' Abbruchraten dieses Steilufers von 0,3 bis 0,5 m pro Jahr erhöhen sich deshalb im Bereich landwirtschaftlicher Drainageeinlässe um 50 - 100 %.

Summary

In the absence of tides the morphodynamic evolution of the Baltic Sea coast of Schleswig-Holstein is governed primarily by the wind-generated hydrodynamics in the nearshore zone, by the orientation of the coastline and by the topography and geology of the coastal hinterland. The area of recent field studies is a stretch of cliff-type coast between Dänisch Nienhof and Bülk, about 5 km long and orientated toward the NE. The natural and man-induced processes operating along this section of the coastal zone are analyzed in detail in this report and a process-response model for coastal development is propagated. According to this, marine abrasion here is restricted mainly to removal of slope debris at the toe of the cliff inspite of a low-lying beach and sporadically high surf. However, it appears that most wave energy is dissipated by bottom friction in the nearshore zone, especially across the off-shore sand bar. On the other hand, weathering and denudational processes are quite active on the cliff face during the cold season. The glacial moraine and outwash deposits are readiliy losened by frost and saturated by water thus allowing block-slide, debris flow and slope wash processes to remove large quantities of material from the cliff front. This is why the naturally high rates of cliff retreat (on the average 0,3 - 0,5 m/year) are considerably accelerated in the vicinity of agricultural drainage pipes that terminate in the cliff face and enhance all of the above denudational slope processes.

Literaturverzeichnis

BARNES, R.S.K. (ed.) (1977): The Coastline, New York, 356 p.

BIRD, E.C.F. (1984): Coasts: an introduction to coastal geomorphology, Ox ord.

BRESSAU, S. & SCHMIDT, R. (1979): Geologische Untersuchungen zum Sedimenthaushalt an der Küste der Probstei und erste Erkundungen zur Sandgewinnung in der westlichen Ostsee. Leichtweiß-Institut für Wasserbau, Mitt.-H. 65, 191-210.

BRUNSDEN, D. (1974): The degradation of a coastal slope, Dorset, England. Inst. Brit.Geogr.Spec.Publ. 7, 79-98.

DETTE, H.H. & STEPHAN, H.J. (1979): Über den Seegang und Seegangswirkungen im Küstenvorfeld der Ostsee. Leichtweiß-Institut für Wasserbau, Mitt.-H. 65, 89-138.

DÜCKER, A. (1950): Über die physikalischen Eigenschaften der das Brodtener Ufer aufbauenden Bodenarten und ihre Bedeutung für den Steiluferrückgang und Errichtung eines Uferschutzwerkes. Bericht beim WSA Lübeck, 2 Hefte.

DUPHORN, K. (1979): The Quarternary History of the Baltic.- The Federal Republic of Germany. Gudelis, V. & Königsson, L.K. (eds.) The Quaternary History of th Baltic Acta Universitatis Upsaliensis, Upsala, 280 p.

EIBEN, H. & MÖLLER, M. (1979): Zur quantitativen Erfassung von morphologischen Änderungen im Küstenvorfeld der Probstei. Leichtweiß-Institut für Wasserbau, 65: 241-270.

EIBEN, H. & SINDERN, J. (1979): Die Wintersturmflut 1978/79 - Wasserstände und Windverhältnisse an der Schleswig-Holsteinischen Ostseeküste. Leichtweiß-Institut für Wasserbau, 65: 365-384.

ELLENBERG, L. (1983): Entwicklung der Küstenmorphodynamik in den letzten 20.000 Jahren. Geogr. Rundschau 35/1: 9-16.

EMERY, K.O. & KUHN, G.G. (1982): Sea cliffs: their processes, profiles and classification. Geol.Soc.Am.Bull. 93, 644-654.

ERNST, Th. (1974): Die Hohwachter Bucht. Morphologische Entwicklung einer Küstenlandschaft Ostholsteins. Schr.Naturw.Ver.Schl.-Holst. 44, 47-96.

FLEMMING, B. & WEFER, G. (1973): Tauchbeobachtungen an Wellenrippeln und Abrasionserscheinungen in der westlichen Ostsee südöstlich Boknis Eck. Meyniana 23, 9-18.

FÜRBÖTER, A. (1979): Über Verweilzeiten und Wellenenergien. Leichtweiß-Institut für Wasserbau, 65: 1-30.

GRIPP, A. (1952): Die Entstehung der Lübecker Bucht und des Brodtener Ufers.- Die Küste 1, 2: 12-14.

ders. (1954): Die Entstehung der Landschaft Ost-Schleswigs vom Dänischen Wohld bis Alsen. Meyniana 2, 81-123.

GROSCHOPF, P. (1936): Physikalische Bedingungen des Kliffrückgangs an der Kieler und Lübecker Bucht. Kieler Meeresforschungen Nr. 1, 335-342.

HASSENPFLUG, W. et al. (1985): An Nord- und Ostsee. Schleswig-Holsteins Küsten. Husum, 184 S.

HEALY, T. & WEFER, G. (1980): The efficacy of submarine abrasion cliff retreat as a supplier of marine sediment in the Kieler Bucht, Western Baltic. Meyniana 32, 89-96.

HILLS, E.S. (1971): A study of cliffy coastal profiles based on examples in Victoria, Australia. Z.Geomorph. 15, 137-180.

HINTZ, R.A. (1958): Die Strandwälle im Gebiet der Kolberger Heide und die Entstehung des Laboer Sandes. Mayniana 6, 127-130.

HUPFER, P. (1981): Die Ostsee - Kleines Meer mit großen Problemen. Leipzig, 152 S.

HUTCHINSON, J.N. (1973): The response of London Clay cliffs to differing rates of the erosion. Geol.appl.e.Idrogeol. 8, 221-239.

JARKE, J. (1951): Die Sedimentation in den schleswig-holsteinischen Förden. Schr.d.Naturw.Ver.f.S.-H. 25, 204-210.

KACHHOLZ, K.-D. (1982): Statistische Bearbeitung von Probendaten aus Vorstrandbereichen sandiger Brandungsküsten mit verschiedener Intensität der Energieumwandlung. Dissertation, Geol.Inst.Univ.Kiel.

KANNENBERG, E.G. (1951): Die Steilufer der Schleswig-Holsteinischen Ostseeküste. Kieler Geogr.Schr. Bd. 14, 1: 103 S.

ders. (1958/59): Schutz und Entwässerung der Niederungsgebiete an der schleswig-holsteinischen Ostseeküste. Küste, 7: 97-106.

KIECKSEE, H. (1972): Die Ostsee Sturmflut 1872. Schr.d.dt.Schiffahrtmuseums 2, Heide.

KIRKBY, M.J. (1984): Modelling cliff development in South-Wales: SAVIGEAR re-viewed. Z.Geomorph. 28, 405-426.

KLIEWE, H. & JANKE, W. (1982): Der holozäne Wasserspiegelanstieg der Ostsee im südöstlichen Küstengebiet der DDR. Pet.Geogr.Mitt.: 2/65-74.

KLUG, H. (1972): Die Landschaft als Geosystem. Schr.d.Naturw.Ver.f.S.-H., 43: 29-43.

ders. (1973): Neue Forschungen zur Küstenentwicklung im südwestlichen Ostseeraum. Kieler Universitätstage 1973, Skandinavien u. Ostseeraum, 101-126.

ders. (1980): Der Anstieg des Ostseespiegels im deutschen Küstenraum seit dem Mittelatlantikum. Eiszeitalter und Gegenwart 30, 237-252.

KLUG, H., ERLENKEUSER, H., ERNST, Th., WILLKOMM, H. (1974): Sedimentationsabfolge und Transgressionsverlauf im Küstenraum der östlichen Kieler Außenförde während der letzten 5000 Jahre. Offa, 31, Neumünster.

KÖSTER, R. (1958): Die Küsten der Flensburger Förde. Ein Beispiel für Morphologie und Entwicklung einer Bucht. Schr.d.Naturw.Ver.f.S.-H. 1, 5-18.

ders. (1961): Junge eustatische und tektonische Vorgänge im Küstenraum der südwestlichen Ostsee. Meyniana 11, 23-81.

ders. (1971): Postglacial sealevel changes on the German North Sea and Baltic shorelines. Quaternaria 14, 97-100.

ders. (1979): Die Sedimente im Küstengebiet der Probstei - Ein Beitrag zu Sedimenthaushalt und Dynamik von Strand, Sandriffen und Abrasionsfläche. Leichtweiß-Institut f. Wasserbau, 65: 165-190.

KOLP, O. (1964): Der eustatische Meeresanstieg in älteren und mittleren Holozän, dargestellt aufgrund der Spiegelschwankungen im Bereich der Beltsee. Pet.Geogr.Mitt. 108: 54-61.

KOMAR, P.D. (ed.) (1983): CRC-Handbook of coastal processes and erosion. Boca Raton, Fla. USA, CRC Press.

KRUHL, H. (1979): Sturmflut-Wetterlagen an der Ostsee im Winter 1978/79. Leichtweiß-Institut f. Wasserbau, 65: 323-364.

MAGAARD, L. & RHEINHEIMER, G. (Hrsg.) (1974): Meereskunde der Ostsee. Berlin-Heidelberg-New York, 269 S.

MARTENS, D. (1927): Morphologie der schleswig-holsteinischen Ostseeküste. Veröff.d.Schl.-Holst.Univ.Ges. 7: 1-72.

MC GREAL, W.S. (1979a): Cliffline recession near Kilkeel, N.Ireland; an example of a dynamic coastal system, Geogr.Annaler 61 A, 211-219.

ders. (1979b): Marine erosion of glacial sediments from a low-energy cliffline environment near Kilkeel, Northern Ireland, Marine Geology, 32: 89-103.

MÖBUS, G. (1981): Zur Dynamik der Steilküste der Insel Hiddensee. Z.Geol.Wiss. Berlin, 9: 99-110.

OWENS, E.H. (1977): Temporal variations in beach andnearshore dynamics. J.Sed. Petrol. 47, 168-190.

PETERSEN, M. (1952): Abbruch und Schutz der Steilufer an der Ostseeküste. Die Küste, 2: 100-152, Heide.

ders. (1978): Die Ostseeküste zwischen Flensburg und der Lübecker Bucht. Küste 32: 110-123.

PRANGE, W. (1975): Gefügekundliche Untersuchungen zur Entstehung weichseleiszeitlicher Ablagerungen an Steilufern der Ostseeküste Schleswig-Holsteins.

ders. (1979): Geologie der Steilufer von Schwansen, Schleswig-Holstein. Schr.d. Naturw.Ver.S.-HG., 49: 1-24.

PRIOR, D.B. & RENWICK, W.H. (1980): Landslide morphology and processes on some coastal slopes in Denmark and France. Z.Geomorph.Suppl. Bd. 34: 63-86.

ROBINSON, L.A. (1976): Erosive processes on the shore platform of northest Yorkshire, England. Marine Geology, 23/4: 339-361.

ders. (1977): Marine erosive processes at the cliff foot. Marine Geology 23: 257-271.

SCHÜTZE, H. (1939): Kliffs, Strand und Riffe der Südküste der Eckernförder Bucht. Geologie der Meere und Binnengewässer 3: 310-350, Berlin.

SCHWARZER, K. (in Vorbereitung): Sedimenttransport auf dem Vorstrand vor der Küste der Probstei, Schleswig-Holstein. Dissertation, Geol.Inst.d.Univ.Kiel.

SEIFERT, G. (1954): Das mikroskopische Korngefüge des Geschiebemergels als Abbild der Eisbewegung, zugleich Geschichte des Eisaufbaus in Fehmarn, Ost-Wagrien und dem Dänischen Wohld, Meyniana 2: 124-190.

SUNAMURA, T. (1984): Processes of sea cliff and platform erosion. in: Komar, P.D. (ed.); CRC Handbook of coastal processes and erosion, Boca Raton, Florida, 233-266.

TAPFER, E. (1940): Meeresgeschichte der Kieler und Lübecker Bucht im Postglazial. Geol.d.Meere u.Binnengew. 4: 113-244.

VOIPIO, A. (1981): The Baltic Sea. Elsevier Oceanography Series, 30. Amsterdam. 418 S.

VOSS, F. (1967): Die morphologische Entwicklung der Schleimündung. Hamburger Geogr.Studien, 20.

ders. (1970): Der Einfluß des jüngsten Transgressionsablaufes auf die Küstenentwicklung der Geltinger Birck im Nordteil der westlichen Ostsee. Die Küste 20: 101-113.

WASMUND, E. (1940): Angriff, Aufbau und Verteidigung der Küste. Zentralblatt d.Bauverw. 60: 509-518.

ders. (1939): Färbung und Glaszusatz als Meßmethode mariner Sand- und Geröllwanderung. Geol.der Meere u.Binnengew. 3: 143-172.

WEFER, G. (1974): Topographie und Sedimente im "Hausgartengebiet" des SFB 95 (Eckernfö. der Bucht). Meyniana 26: 3-8.

WEFER, G. & FLEMMING; B. (1976): Submarine Abrasion des Geschiebemergels vor Boknis-Eck. Meyniana 28.

WERNER, F. (1963): Über den inneren Aufbau von Strandwällen an einem Küstenabschnitt der Eckernförder Bucht. Meyniana 13: 108-121.

WITT, W. (1962): Die Geomorphologie der Küstengebiete der Ostsee von Schleswig-Holstein bis Pommern. Erdkunde, 16, 1/4: 205-215.

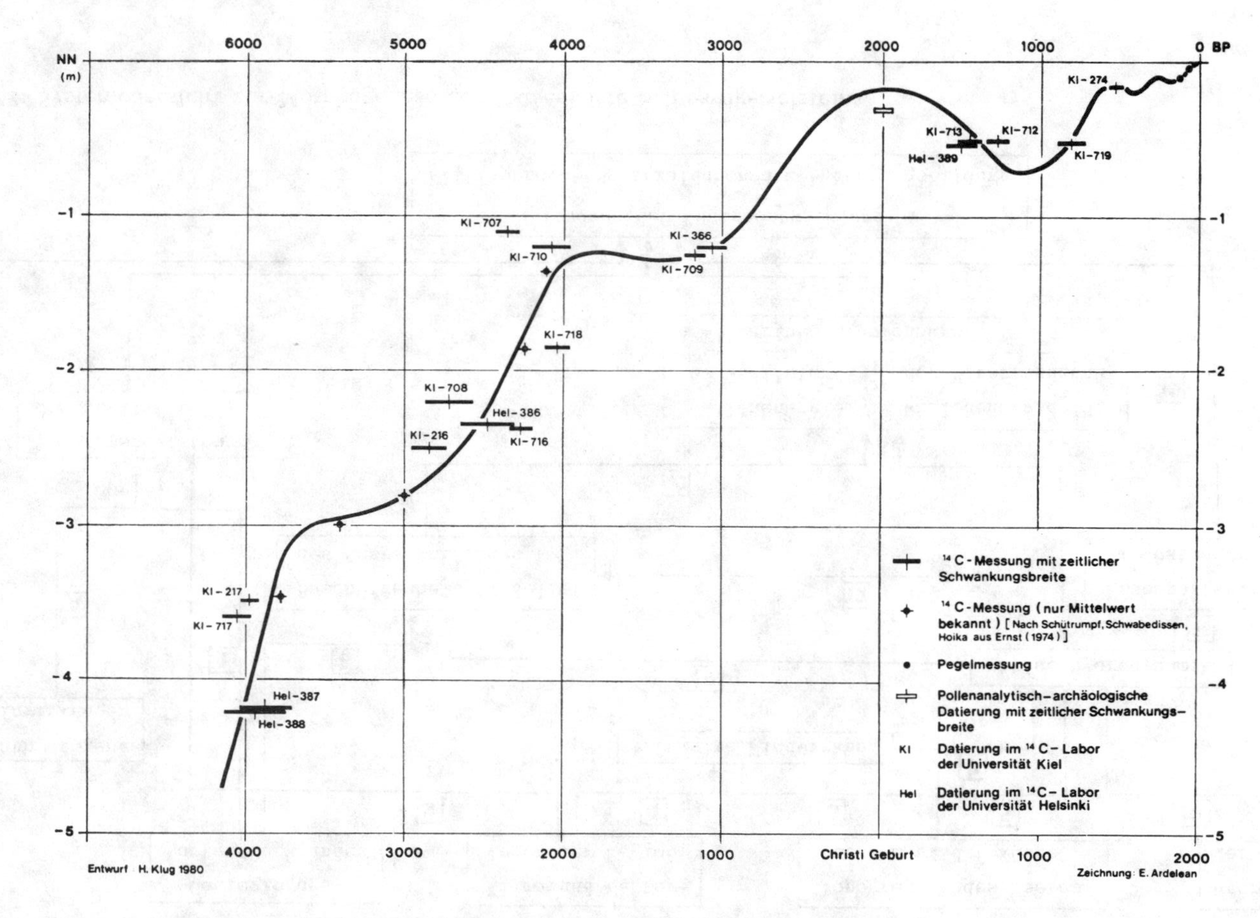

Abb. 1: Phasen des holozänen Meeresspiegelanstiegs in der südwestlichen Ostsee (nach KLUG et.al. 1974)

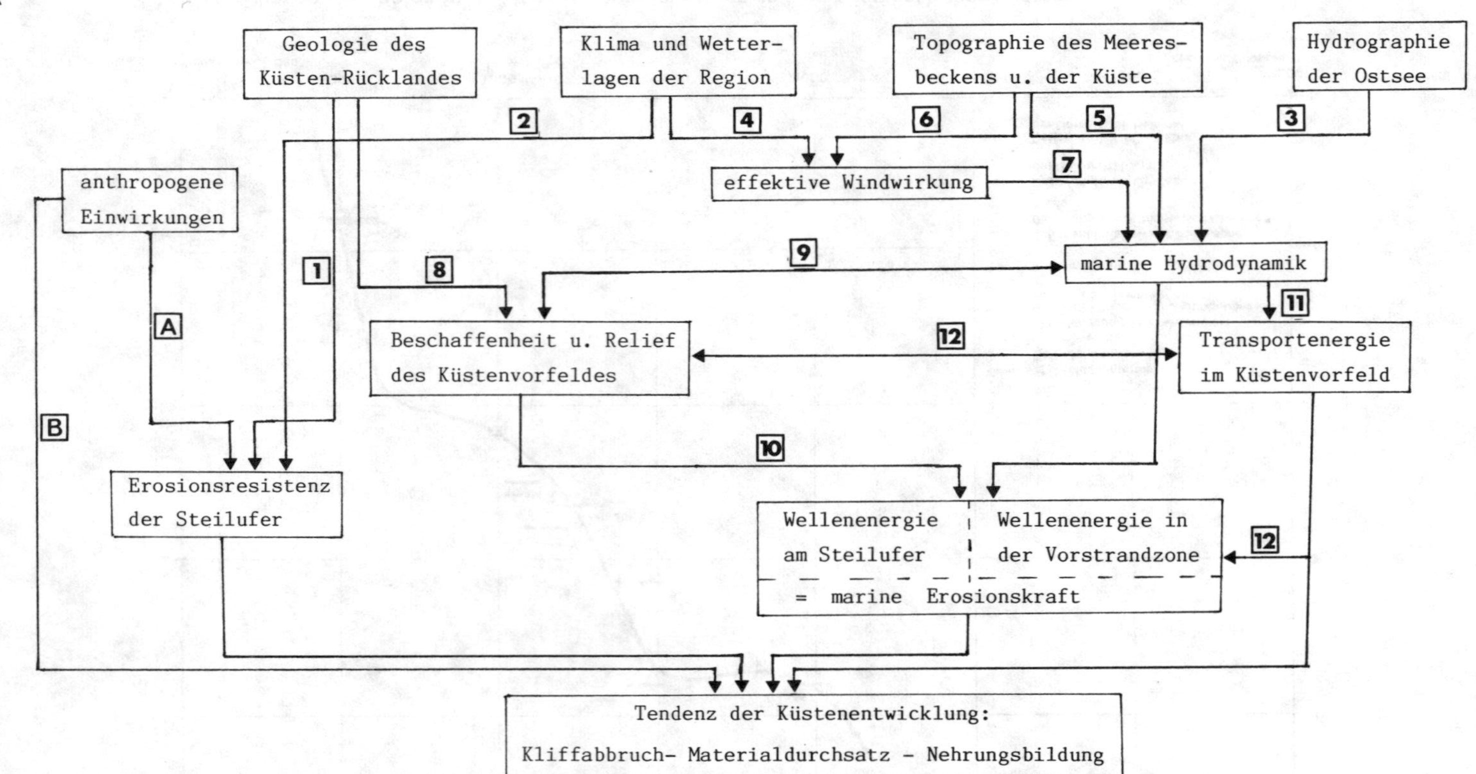

Abb. 2: Systemübersicht zur Morphogenese der Ostseeküste Schleswig-Holsteins

Zusätzliche Wirkungsfaktoren des morphogenetischen Systems

1) Zusammensetzung, Schichtung und inneres Gefüge des Substrats
2) Intensität von Hangverwitterung und -denudation; Hangschuttmächtigkeit
3) Meeresspiegelentwicklung und Wasserstandsänderungen (Gezeiten, Seiches)
4) Großräumige Luftdruckverteilung: effektive Windrichtung, Winddauer und Windstärke
5) Konfiguration des Küstenabschnitts → Wellenkonzentration bzw. -dispersion
6) Exposition des Küstenabschnitts: Fetchlänge → effektiver Wind- und Wellenauflauf
7) Veränderung des Wasserspiegelniveaus (Windstau); effektive Wellenhöhe, -länge und -periode -- kinetische Energie
8) Korngrößenspektrum in der Strand- und Vorstrandzone; Erodierbarkeit des Meeresbodens
9) Ausdehnung der Abrasionsfläche; Strandbreite und -höhe; Korngrößenverteilung im Küstenvorfeld
10) Höhe des Wellenauflaufs, Wellenbrechpunkt; freigesetzte Brandungsenergie
11) Küstenquer- und längsströmungen: Richtung, Stärke, Dauer
12) Bildung und Umlagerung von Sandriffen und Strandwällen

A) Drainierung des Küstenhinterlandes → Konzentration von Grundwasser im Uferbereich

B) Küstenbauliche Veränderungen und Schutzmaßnahmen

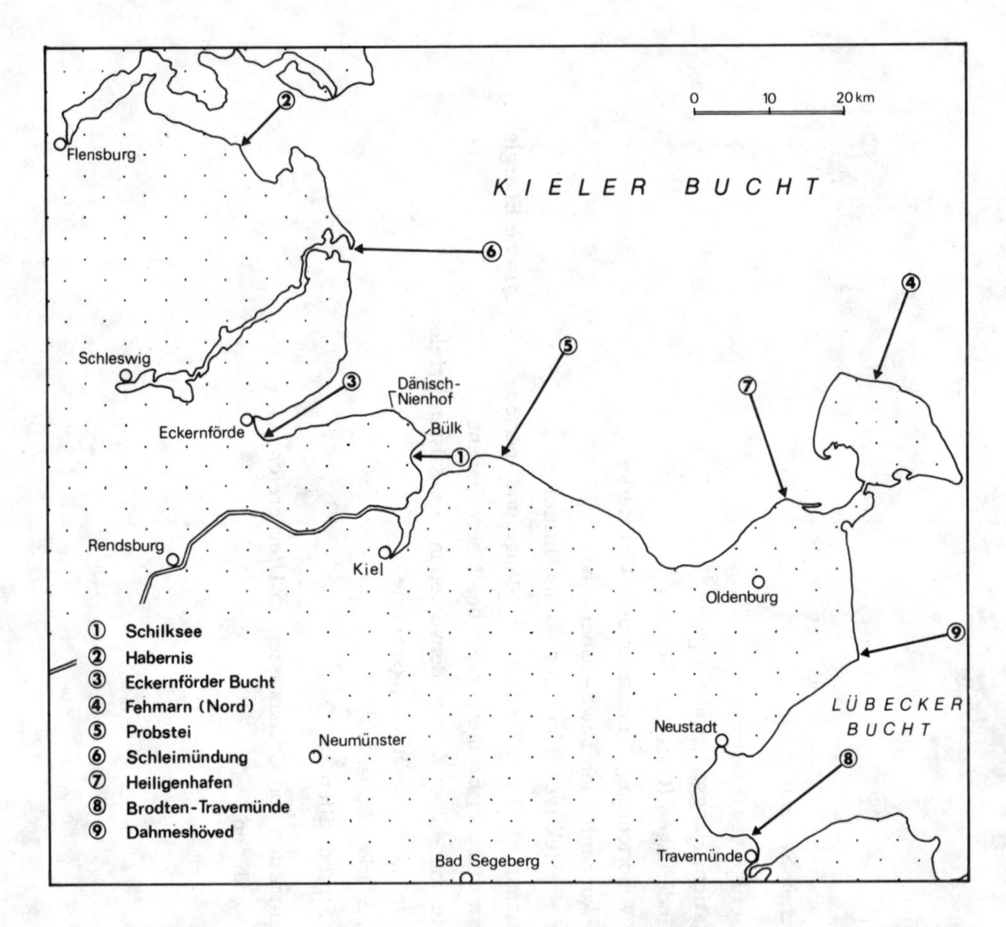

Abb. 3: Umriß und Exposition der schleswig-holsteinischen Ostseeküste: Lage des Untersuchungsgebiets sowie ausgewählter Küstenabschnitte, für welche Wellenhöhen berechnet wurden (vgl. Abb. 4)

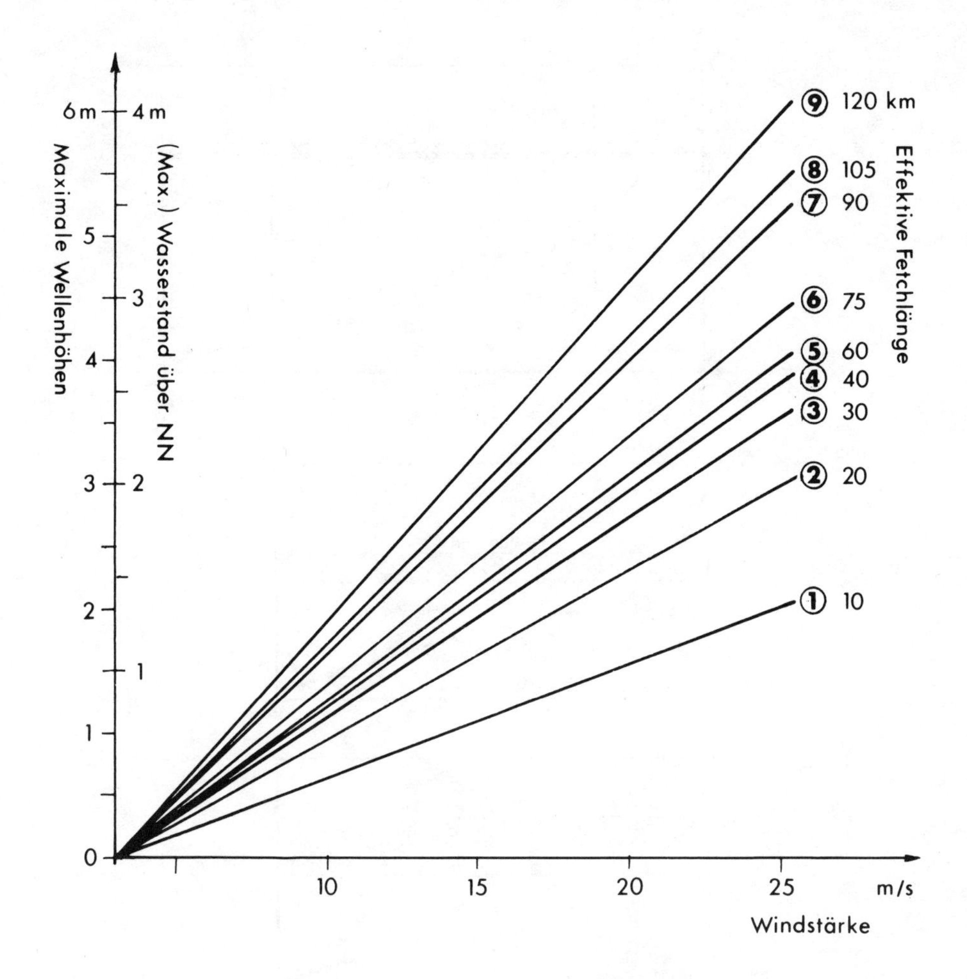

Abb. 4: Zusammenhang zwischen Fetchlänge, Windstärke und maximalen Wellenhöhen an ausgewählten Küstenabschnitten der südwestlichen Ostsee (vgl. Lage in Abb. 3)

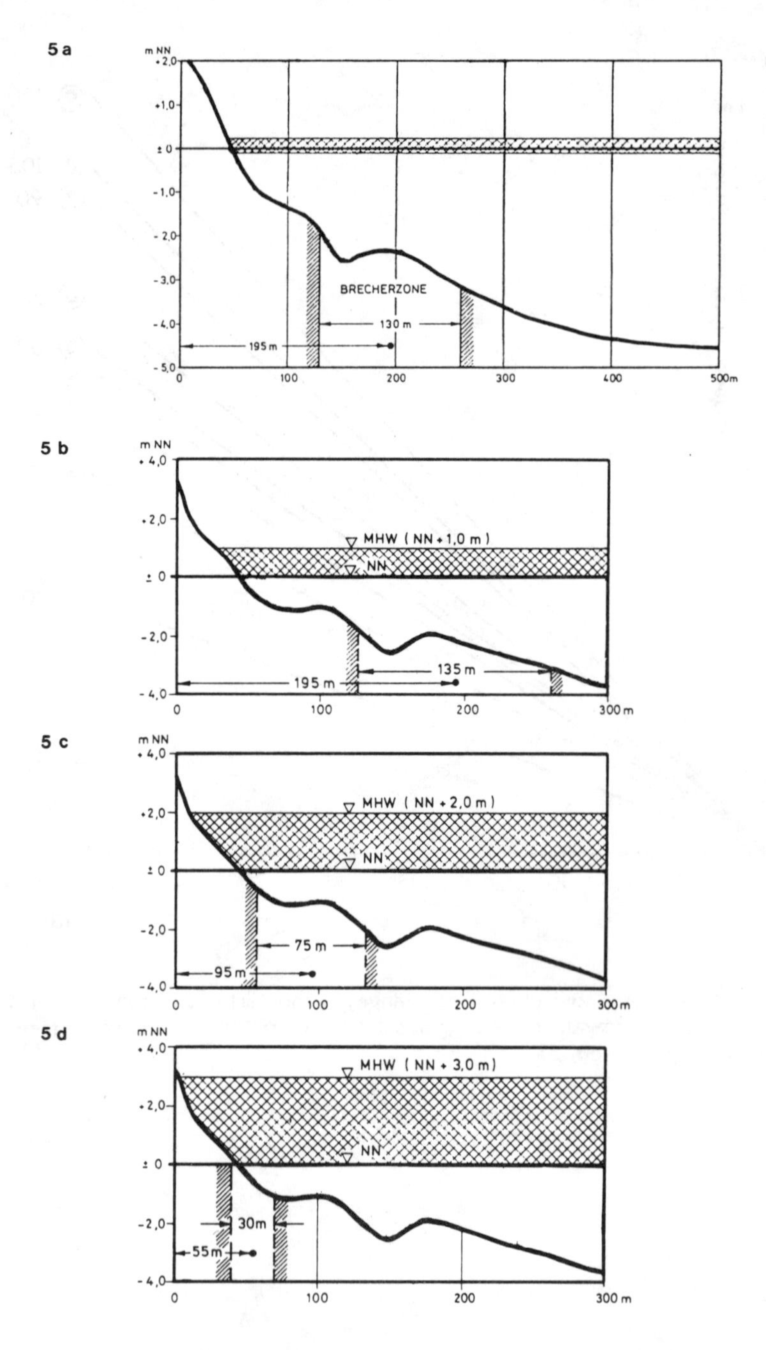

Abb. 5: Lage der Brecher- und Brandungszone und deren Veränderung in Abhängigkeit vom windbedingten Wasserstand in der südwestlichen Ostsee (nach DETTE und STEPHAN, 1979)

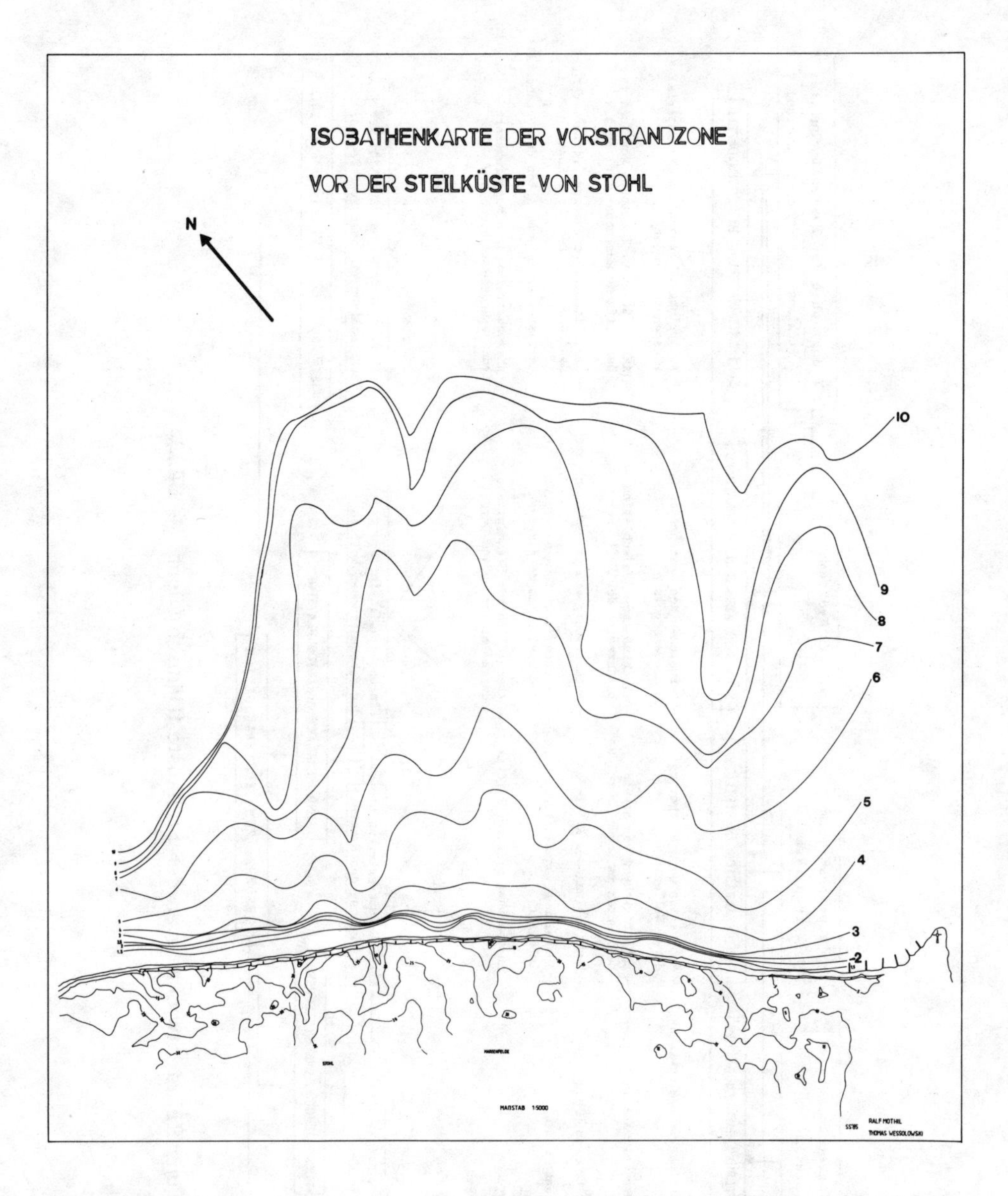

Abb. 6: Relief des küstennahen Meeresbodens sowie des Küstenrücklandes im Untersuchungsgebiet zwischen Dänisch Nienhof (NW) und Bülk (SE)

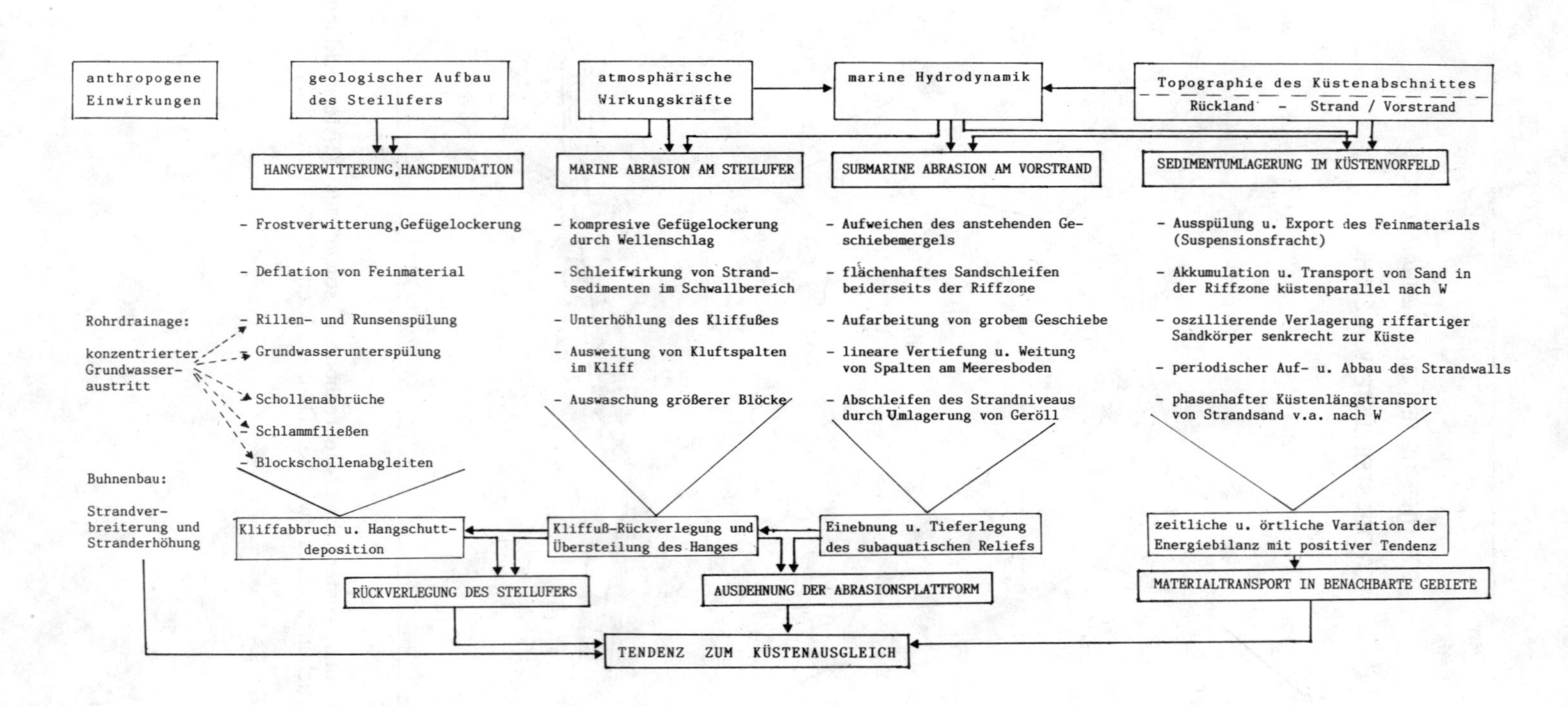

Abb. 7: Morphodynamik und Reliefentwicklung an der Steilküste (Dänisch Nienhof - Bülk)

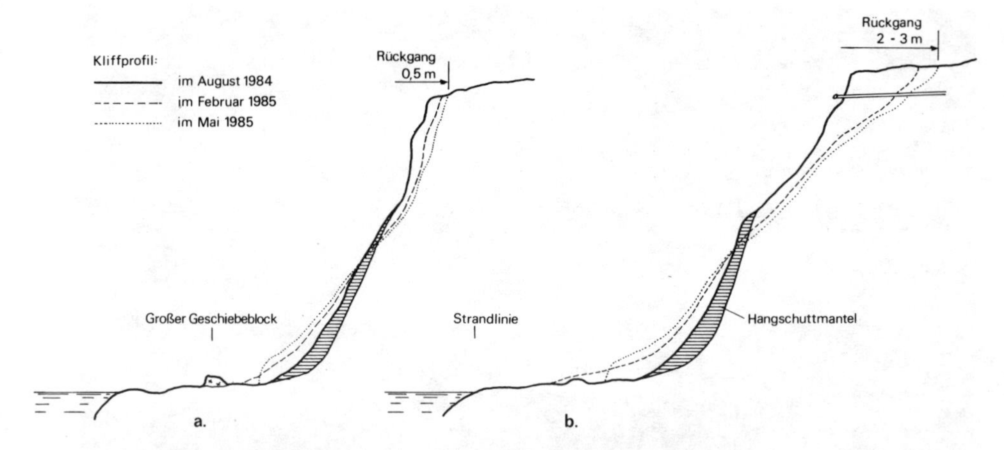

Abb. 8: Entwicklung des Kliffprofils im Bereich des Steilküstenabschnittes Dänisch Nienhof - Bülk von August 1984 bis Mai 1985
a) Kliffrückgang in den Abschnitten zwischen den Drainage-Einleitungen
b) Kliffrückgang im Bereich der Drainage-Einleitungen bzw. starker Quellerosion

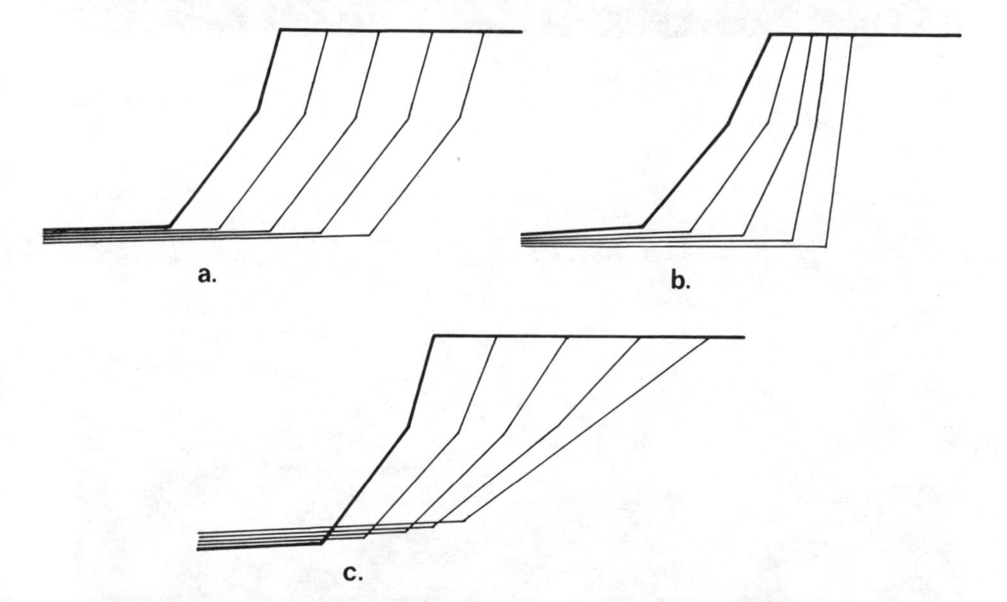

Abb. 9: Modell der Kliffentwicklung an verschiedenen Steilküstenabschnitten in Schleswig-Holstein
a) parallele Kliff-Rückverlegung bei langfristig etwa gleich intensiver Hangabtragung und Kliffußabrasion (z.B. Dänisch Nienhof - Bülk)
b) allmähliche Kliff-Versteilung bei Vorherrschen der Kliffußabrasion über die Hangabtragung (z.B. Booknis Eck)
c) allmähliche Kliff-Abflachung bei Vorherrschen der Hangabtragung, v.a. durch starke Schollenrutschungen, über die Kliffußabrasion (z.B. bei Bockholm, Flensburger Förde)

Bild 1

Bild 2

Bild 3

Bild 4

Bild 5

Bild 6

Bild 7

Bild 8

Akkumulation und Erosion in westtürkischen Flüssen während des Mittelalters

Günter Hess

1. Einleitung und Fragestellung

Beobachtungen aus dem Mittelmeergebiet zur subrezenten, jungholozänen Morphodynamik sind seit langem bekannt und beschrieben (u.a. TICHY 1957, BÜDEL 1965, FAIRBRIDGE 1970, VITA-FINZI 1976, NEBOIT 1977, BRÜCKNER (1980 a und b, 1982 und 1983) und HEMPEL (1981, 1982 und 1984). Die am häufigsten diskutierte Frage ist dabei die nach den Ursachen dieser Dynamik, im wesentlichen konzentriert auf die Frage nach klimatischen und/oder anthropogenen Ursachen. Der Stand der Diskussion ist bei BRÜCKNER (1983 : 114) zusammengefaßt. Mein Beitrag soll diesen Stand in zweierlei Hinsicht erweitern:

1. Die Ergebnisse stammen aus einem Raum, dessen Relief durch ausgedehnte Gräben geprägt ist, so daß die Flüsse dort die Aufgabe haben, eine bestehende Vorform umzugestalten und aufzufüllen, nicht aber ein Tal zu schaffen.

2. Der untersuchte Zeitraum der Morphogenese umfaßt dabei - grob gesprochen - die letzten 1500 Jahre. Die im Zusammenhang mit anthropogenetischer Geomorphologie oft beschriebene Antike wird dabei völlig ausgeschlossen, da hierfür im Arbeitsgebiet die nötigen Aufschlüsse fehlen.

2. Lage und Naturraum des Arbeitsgebietes

Das Arbeitsgebiet umfaßt die Flüsse Gediz, Küçük Menderes und Büyük Menderes innerhalb dreier +/- E-W-streichender Grabenbrüche (Abb. 1). Die Horste bestehen dabei überwiegend aus Glimmerschiefern der Menderes-Masse, mesozoische und tertiäre Sedimentgesteine sowie Vulkanite kommen vereinzelt vor. An diese Horste ist auf der Südflanke des Gedizgrabens und an der Nordflanke des Büyük-Menderes-Grabens der sog. "Tmolosschutt" (PHILIPPSON u.a. 1918 : 110 ff.) angelagert, ein plio-pleistozäner, teilweise zu Breccie verfestigter Hangschutt. Daraus ergibt sich für den Einbruch des Gediz- und des Büyük-Menderes-Grabens ein spättertiäres, für den Einbruch des Küçük-Menderes-Grabens ein pleistozänes Alter (s. auch ERINÇ 1955 : 94). Ab diesen Zeiträumen beginnt folglich auch die Verfüllung der Gräben, die bis in die Gegenwart hinein andauert.

3. Jüngste Morphogenese im Untersuchungsgebiet

Die jüngsten Phasen dieser Entwicklung lassen sich im Gelände fassen. Die Befunde sind in der nicht maßstäblichen Skizze dargestellt (Abb. 2).

In den Tälern liegen über nicht aufgeschlossenen Sedimenten tertiären und quartären Alters zunächst mindestens 2 m mächtige Feinsande. Soweit sich dies aus den Gelände- und Laboruntersuchungen sagen läßt, sind diese Sande vorwiegend Hochflutablagerungen, aber auch Stillwasser- und Point-Bar-Sedimente sind vertreten.

Darüber folgen in den Randbereichen der Gräben +/- mächtige Schichten mit groben Schottern, die jedoch von feineren Lagen durchsetzt sind und die sowohl flußabwärts wie auch zur Grabenmitte hin auskeilen. Innerhalb der Gräben werden maximal 2 m Mächtigkeit erreicht. Diese Sedimente gleichen in Habitus, Kornverteilung und Kornsortierung den Schottern der Schwemmfächer, die die Täler begleiten, und dem Tmolosschutt, sind aber fluvial umlagert.

Im Hangenden liegen wiederum, teilweise allerdings zu den Grabenrändern hin auskeilend, Feinsande wie oben dargelegt (vgl. Abb. 2).

In diesen Sedimenten mäandrieren rezent die Flüsse und transportieren in der oft beschriebenen Weise (z.B. REINECK & SINGH 1973 : 231 ff.) Feinsande, selten Sedimente bis zur Feinkiesgröße.

Da die Schotterfazies im gesamten Untersuchungsgebiet, z.B. auch an der Wurzel des Küçük-Menderes-Deltas (!), auftritt, kann daraus auf eine Phase erhöhter Morphodynamik geschlossen werden. Diese Annahme wird dadurch erhärtet, daß sich die Abfolge fein - grob - fein auf Schwemmfächern wiederfindet, und daß Teile des Tmolosschutts umgelagert wurden - zeitgleich, wie noch zu zeigen sein wird.

Damit stellt sich aber zwangsläufig die Frage nach der Morphochronologie dieser Sedimente.

4.1. Sedimentabfolge im Bereich des Artemisions von Ephesos

Im Bereich des Artemisions von Ephesos sind aufgeschlossen und zugänglich die liegenden Feinsande und Sande mit Grobkomponenten. Die liegenden Sande lassen sich granulometrisch in wenig sortierte Hochflutsedimente und gut sortierte Strombettablagerungen trennen. Die Hochflutsedimente liegen unmittelbar auf den Resten des jüngeren Artemisions, das um 405 n.Chr. zerstört wurde, sind also jünger; sie bedecken außerdem einen Ölbaumzweig, der rund 20 cm über dem Fundament des zum jüngeren Artemision gehörenden Altars gefunden wurde und den BAMMER (1968 : 406) radiometrisch auf 800 n.Chr. datieren ließ (Abb. 3).

Andererseits haben die Geländebeobachtungen ergeben, daß die Grenze zum hangenden Schotterkörper in etwa zusammenfällt mit dem Fundament eines türkischen Bades, das ihrerseits wiederum von den hangenden Schottern überdeckt wurde (Abb. 4). Da nach Übereinstimmung der Archäologen (s. a. W. VETTERS 1984) dieser Bau in die Mitte des 14. Jahrhunderts zu datieren ist, müssen die Feinsande zwischen 800 und etwa 1350 abgelagert worden sein.

Die hangenden Schotter sind folglich jünger als 1350. Da BAMMER (ebd.) jedoch noch in 1 m unter Grund ein "seldschukisches Stratum" fand, muß dieses Bauwerk relativ rasch wieder verschüttet worden sein. Dafür spricht auch, daß nach BENNDORF (1906 : 29 ff.) Reisende in der Mitte des 15. Jahrhunderts davon erzählen, daß die Stelle des Artemisions völlig verschüttet und nicht mehr zu erkennen sei. Daher ist anzunehmen, daß die Ablagerung des hangenden Sand-/Schotterkörpers zwischen der Mitte des 14. und der Mitte des 15. Jahrhunderts stattfand.

Damit ist aber auch die postulierte Phase erhöhter Morphodynamik auf diesen Zeitraum datiert. Es bleibt aber zu prüfen, ob die Zeitmarken am Artemision Einzelfälle sind, oder ob sich im Untersuchungsgebiet weitere Belege finden.

4.2. Weitere Datierungsmöglichkeiten im Untersuchungsgebiet

Im Küçük-Menderes-Tal sind die Datierungsmöglichkeiten, von Ephesos abgesehen, gering. Man findet nur bei Belevi eine verschüttete Brücke, wahrscheinlich aus dem Mittelalter, eine weitere im Gedizgraben bei Kemaliye.

Im Gediz-Tal bietet allerdings die Ruinenstadt Sardes bessere Datierungsmöglichkeiten. Im Tal des Sart Çay, eines Nebenflusses des Gediz, liegen die Ruinen eines Artemis-Tempels (Abb. 5). An diesem Tempel wurde im 5. oder 6. Jahrhundert eine christliche Kirche angebaut, deren Fundamente in nahezu der gleichen Ebene wie die des Tempels liegen. Zwischen dem Tempel und der Kirche ist nur ein geringer Niveauunterschied von etwa einem Meter festzustellen. Beide Bauwerke wurden jedoch von umlagertem Tmolosschutt bedeckt, wie Verfärbungen an den Säulen heute noch zeigen. Diese Schuttmassen bedeckten nicht nur die Bauten bis zu 8 m, sondern sedimentierten auch das Tal des Sart Çay teilweise zu. Der Fluß hat sich seitdem wieder in diese Sedimente eingeschnitten. Für die Datierung einer morphologischen Aktivitätsphase bedeuten diese Beobachtungen, daß diese Phase im Tal des Gediz mittelalterlich, wenn nicht jünger ist. Der Zeitraum läßt sich dadurch noch enger fassen, daß die Akropolis von Sardes, die auf einem Tmolosschutt-Rücken gelegen ist, noch im Jahr 1304 zwischen den Byzantinern und den Türken aufgeteilt worden ist (alle Daten nach HANFMANN & WALDBAUM 1975 : 6 f.).

Im 15. Jahrhundert, also genau während der in Ephesos festgestellten Phase erhöhter morphologischer Aktivität, wurde nach Angaben der Archäologen (ebd.) die Befestigung der Akropolis aufgelassen ("Acropolis fortification abandoned" ebd.). Auch ein Terminus ante quem der Verschüttungsphase läßt sich angeben, da Sardes 1595 bei einem Erdbeben zerstört wurde, das Artemision aber bereits verschüttet gewesen sein mußte, da die Säulen nicht umstürzten. Auch hier weisen also die Beobachtungen eindeutig auf eine spätmittelalterliche Verschüttungsphase hin.

Dieser Vorgang ist auch im Bereich des Büyük Menderes faßbar. Die Brücke der antiken Stadt Nyssa überspannt einen Torrente, der als solcher offenbar schon in der Antike existiert hat. Danach, mit Einsetzen der mittelalterlichen Grobschutt-Abtragung, muß der schmale Durchlaß der Brücke jedoch als eine Art Sedimentfalle gewirkt haben; das Bauwerk wurde bis zur Höhe der Brückenkrone verschüttet, und schließlich schnitt sich der Torrente wieder auf das heutige Niveau tiefer. Leider liegen für Nyssa bisher keine genaueren Anhaltspunkte für eine Datierung vor.

Die Beobachtungen von Nyssa und Sardes bedeuten aber, daß eine Phase der außerordentlich tiefen Zerschneidung des Tmolosschutts postantik, der Datierung von Sardes nach spätmittelalterlich ist. Diese Erosionsphase an den Hängen, die sich im Küçük-Menderes-Tal in der Zerschneidung von älteren Schwemmfächern nachweisen läßt, führte in den Talböden zur Akkumulation von Schotterkörpern oder -bändern. Die Gleichzeitigkeit ist durch die Datierung von Ephesos gegeben.

5. Mögliche Ursachen erhöhter Morphodynamik im Untersuchungsgebiet

Wie eingangs erwähnt, spielt in der Diskussion der subrezenten mediterranen Morphodynamik die Frage nach den Ursachen eine große Rolle. Dabei ist m.E. zu unterscheiden zwischen möglichen und wahrscheinlichen Faktoren. Eine anthropogene Beeinflussung der Morphodynamik ist dabei sehr wahrscheinlich.

Die historischen Rahmenbedingungen im Hoch- und Spätmittelalter sind geeignet, eine Erhöhung der Morphodynamik zuzulassen. Nach der phasenweisen Niederlage der Byzantiner war die Westtürkei lange Zeit eine Grenzmark, die unter den Überfällen der seldschukischen Üç Beyler, der Stammesfürsten an der Militärgrenze, zu leiden hatte. Eine regelmäßige Landwirtschaft war immer weniger möglich, traditionelle Agrarformen, möglicherweise Terrassenfeldbau, verfielen. Die Neuorganisation des Landes im 14. Jahrhundert in sog. "Beyliks" hat den Zustand des Grenzkriegs nicht gleich beendet, die nomadische Lebensweise der türkischen Bevölkerung ging erst allmählich zu seßhafter Lebensweise über (zusammenfassende Darstellung bei HÜTTEROTH 1982 : 190 ff.). Dies läßt sich leider im Untersuchungsgebiet selbst nicht belegen. Ackerterrassen, wie sie von HÜTTEROTH 1968 aus anderen Gebieten der Türkei beschrieben werden, und die spätestens aus byzantinischer Zeit stammen (HÜTTEROTH 1982 : 312), sind noch nicht beobachtet worden. Dennoch: Die Aufgabe von Ackerland auf wenig resistenten Sedimenten fordert Erosion geradezu heraus, wie bereits BÜDEL 1958 im Zusammenhang mit der Verschüttung Olympias vermutete.

Aber solche Vorgänge sind nur denkbar bei entsprechenden naturräumlichen Voraussetzungen: Wenig resistente Gesteine, konzentrierte Niederschläge und fehlende oder dünne Vegetationsdecke. Ausgeschlossen werden können nach den Geländebeobachtungen Einflüsse der Tektonik und der Eustasie auf die Morphodynamik, da die erreichten Sprunghöhen nicht ausreichen, fluviale Systeme zu beeinflussen (Beträge unter 1 m).

6. Schluß

Die vorliegenden Untersuchungen zeigen also, daß in der Westtürkei im Spätmittelalter eine Phase erhöhter Morphodynamik dazu führte, daß wenig resistente Gesteine tief linienhaft erodiert wurden, die dabei transportierten Sedimente als Schotterbänder in den Talböden der Grabenbrüche abgelagert. Den Beobachtungen nach ist diese Zeit *eine* wesentliche morphologische Aktivitätsphase des Holozäns in der Westtürkei überhaupt. Der gesellschaftliche Umbruch des Spätmittelalters in der Türkei kann geeigneten naturräumlichen Voraussetzungen als Ursache angesehen werden.

Zusammenfassung

Akkumulationen des Küçük Menderes in Kleinasien werden periodisiert und mit Hilfe von archäologischen Belegen datiert. Vergleiche mit den Tälern des Gediz und des Büyük Menderes zeigen, daß eine Phase erhöhter Morphodynamik zu einer tiefen Zerriedelung der Hänge bei gleichzeitiger Akkumulation von Grobsedimenten in den Talböden führte. Diese Phase fällt wahrscheinlich ins 14. und 15. Jahrhundert und ist auf einen Verfall agrarischer Strukturen zurückzuführen.

Summary

Accumulations of the Küçük Menderes in Asia Minor are categorized by period and dated with the help of archeological evidents. Comparisons with the valleys of Gediz and Büyük Menderes show that a period of increased morphodynamik activities led to a deep erosion of the hillslopes, while gravel sediments were accumulated at the same time at the bottom of the valleys. This happened during the 14th and 15th centuries probably, and was the result of a decline of agrarical strctures.

Literaturverzeichnis

BAMMER, A. (1965 a): Zum jüngeren Artemision von Ephesos. ÖJH 47 (1965) 126-131.

ders. (1965 b): Die gebrannten Mauerziegel von Ephesos und ihre Datierung. ÖJH 47 (1965) Bbl. 290-300.

ders. (1968): Der Altar des jüngeren Artemisions von Ephesos. Arch. Anz. 1968 : 400-423.

ders. (1978 a): Der archaische und klassische Altar der Artemis von Ephesos. Proceedings of the Xth Intern. Congr. of Classical Arch. Ankara 1978 : 517-521.

ders. (1978 b): Zur Datierung und Deutung der Bauten; in: BAMMER, A., BREIN, F. & WOLFF, P.: Das Tieropfer am Artemisaltar von Ephesos. Studien zur Religion und Kultur Kleinasiens. FS f. F.K. DÖRNER, hrsgg. v. S. ŞAHIN, E. SCHWERTHEIM & J. WAGNER, Leiden 1978 : 138-159.

BENNDORF, O. (1906): Zur Ortskunde und Stadtgeschichte von demselben <Ephesos>. Forschungen in Ephesos I, 9-110. Wien.

BRÜCKNER, H. (1980 a): Marine Terrassen in Süditalien. Eine quartärmorphologische Studie über das Küstentiefland von Metapont. Düsseldorf. Geogr. Schriften 14.

ders. (1980 b): Flußterrassen und Flußtäler im Küstentiefland von Metapont (Süditalien) und ihre Beziehung zu Meeresterrassen. Düsseldorf. Geogr. Schr. 15 : 5-32.

BRÜCKNER, H. (1982): Ausmaß von Akkumulation und Erosion im Verlauf des Quartärs in der Basilicata (Süditalien). Z. Geomorph. N.F. Suppl. 43 : 121-137.

ders. (1983): Holozäne Bodenbildungen in den Alluvionen süditalienischer Flüsse. Z. Geomorph. N.F. Suppl. 48 : 99-116.

BÜDEL, J. (1965): Aufbau und Verschüttung Olympias. Mediterrane Flußtätigkeit seit der Frühantike. Verh. Dt. Geographentages Heidelberg 1963 : 179-183.

ERINÇ, S. (1955): Die morphologischen Entwicklungsstadien der Küçük-Menderes-Masse. Rev. Geogr. Inst. Istanbul 2 : 93-96.

FAIRBRIDGE, R.W. (1970): World Paleoclimatology of the Quarternary. Rev. Geogr. Phys. Dyn. (2), 12, Fasc. 2 : 97-104.

HANFMANN, G.M.A. & WALDBAUM, J.C. (1975): A Survey of Sardis an the Major Munuments outside the City Walls. Cambridge - London.

HEMPEL, L. (1981): Mensch oder Klima? "Reparaturen" am Lebensbild vom mediterranen Menschen mit Hilfe geowissenschaftlicher Meßmethoden. Ges. Förderung Westf. Wilhelms-Univ. J. 1980/81 : 30-36.

ders. (1982): Jungquartäre Formungsprozesse in Südgriechenland und auf Kreta. Forschungsber. d. Landes Nordrhein-Westfalen 3114. Opladen.

ders. (1984): Beobachtungen und Betrachtungen zur jungquartären Reliefgestalt der Insel Kreta; in: L. HEMPEL (Hrsg.): Geographische Beiträge zur Landeskunde Griechenlands. Münstersche Geogr. Arb. 18 (1984) 9-40.

HÜTTEROTH, W.-D. (1968): Ländliche Siedlungen im südlichen Inneranatolien in den letzten vierhundert Jahren. Götting. Geogr. Abh. 46.

ders. (1982): Türkei. Wiss. Länderkde. Bd. 21. Darmstadt.

NEBOIT, R. (1977): Un exemple de morphogenèse accélérée dans l'Antiquité. Les vallées du Basento et du Cavone en Lucanie (Italie). Méditerranée 4 : 39-50.

NIEMANN, G. (1906): Die seldschukischen Bauwerke in Ajasoluk. Forschungen in Ephesos I, 111-131. Wien.

PHILIPPSON, A. (1918): Kleinasien (Handbuch der regionalen Geologie V. 22). Heidelberg, ND 1968.

REINECK, H.-E. & SINGH, I.B. (1973): Depositional Sedimentary Environments. Berlin - Heidelberg - New York.

TICHY, F. (1957): Die Entwaldungsvorgänge des 19. Jahrhunderts in der Basilicata (Süditalien) und ihre Folgen. Erdkunde IX : 288 ff.

VETTERS, W. (1984): Die Küstenverschiebungen Kleinasiens; eine Konsequenz tektonischer Ursachen. Salzburg. Masch.-schr. Vortragsmanuskript.

VITA-FINZI, C. (1976): Diachronism in Old World alluvial sequences. Nature 263 : 218-219.

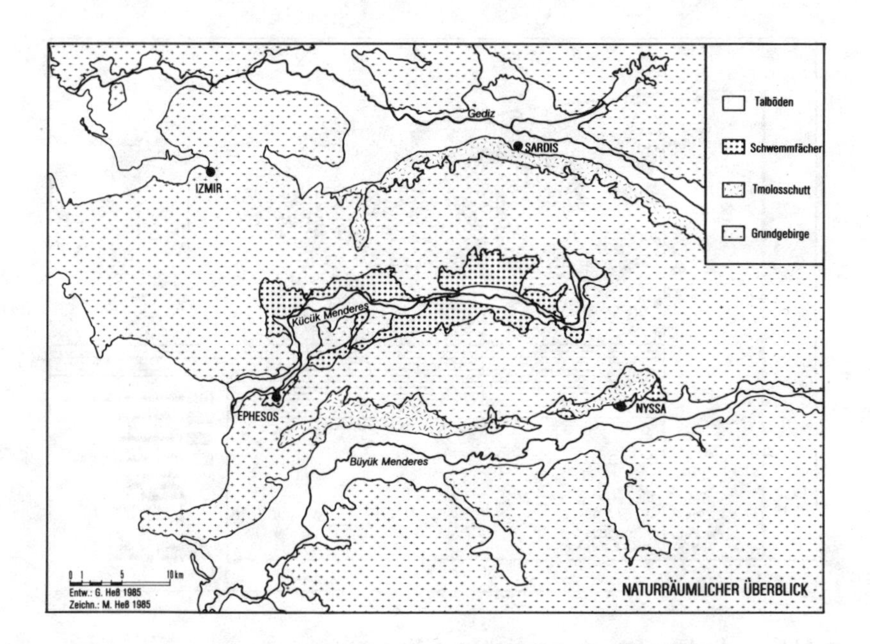

Abb. 1: Naturräumliche Übersicht über das Arbeitsgebiet

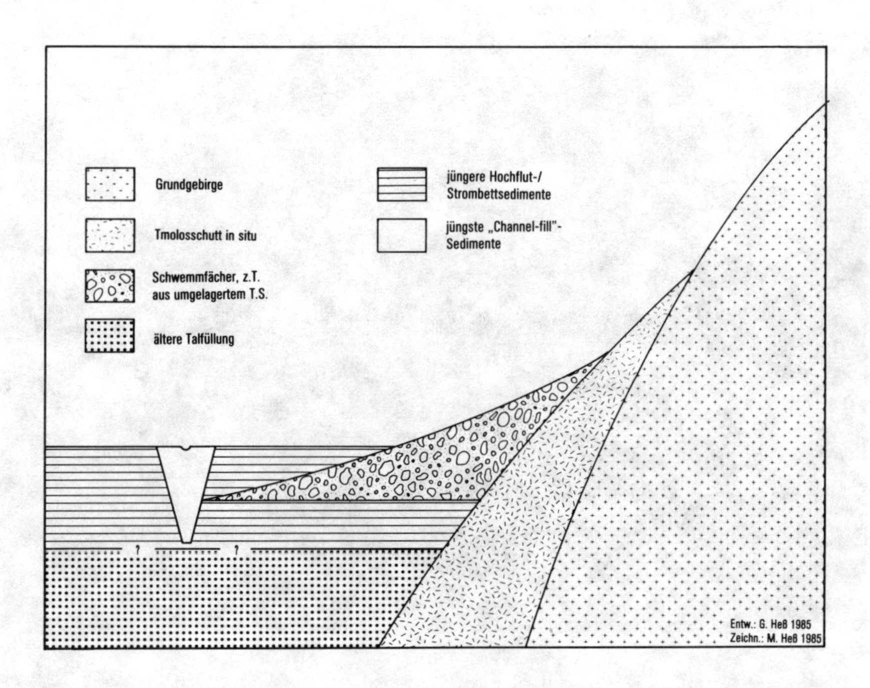

Abb. 2: Schematisches Profil durch einen Grabenbruch in der Westtürkei

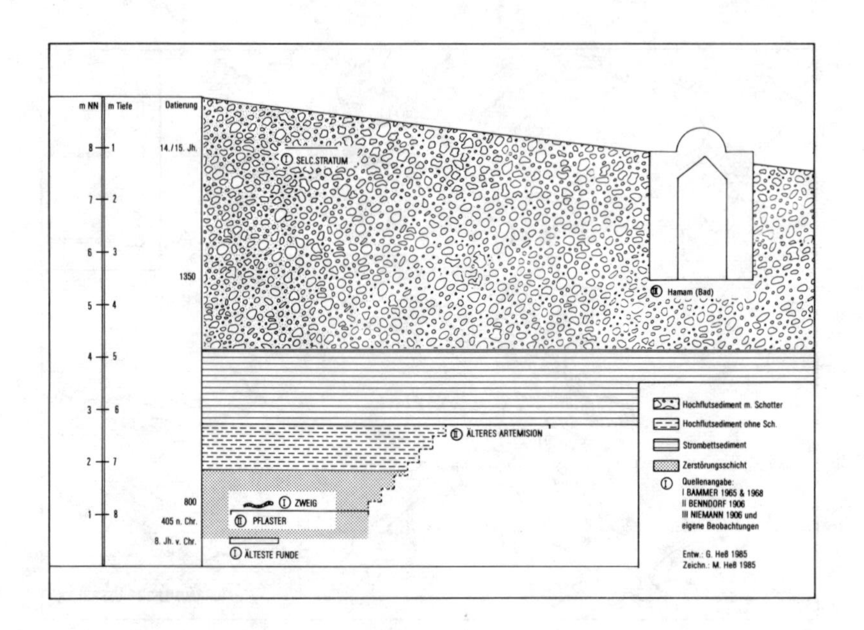

Abb. 3: Sedimente im Bereich von Ephesos

Abb. 4: Verschüttete Moschee in Selcuk

Untersuchungen zur Geomorphologie von Tiefseekuppen

Johannes Ulrich

1. Einleitung

Im November 1982 fand im Lamont-Doherty Geological Observatory in New York ein Symposium über "Origin and evolution of Seamounts" statt, auf dem festgestellt wurde, daß das Studium der Tiefseekuppen trotz deren großer Bedeutung bisher stark vernachlässigt worden ist (A.B. WATTS, 1984).

Es gibt zwar in der Literatur eine große Anzahl von Einzelarbeiten über die verschiedenen morphologischen Typen von Kuppen, besonders über Guyots, aber eine kombinierte Wiedergabe der verschiedenen Theorien über Ursprung und Entwicklung von Seamounts fehlte bisher.

Auf dem Symposium in New York ist mit 15 Vorträgen der Versuch gemacht worden, diese Lücke zu schließen. Die einzelnen Abhandlungen sind in einem Sonderband des Journal of Geophysical Research im Dezember 1984 zusammengefaßt publiziert worden, und sie stellen m.E. eine Herausforderung an die marinen Geowissenschaftler dar, sich diesem Thema mehr zuzuwenden.

Betrachtet man die auf dieser Tagung behandelten Themen nach regionalen Gesichtspunkten, so muß man feststellen, daß sich fast alle Arbeiten mit Tiefseekuppen des Pazifischen Ozeans befassen, so z.B. aus einigen Bereichen des Ostpazifischen Rückens, der Geisha Guyots östlich Japans, der Line Island Seamounts westlich von Hawaii und mit Kuppen aus dem Südpazifischen Ozean. Nur eine einzige Abhandlung betraf eine atlantische Kuppe, und zwar die pliozäne Seamountphase von La Palma, einer der Kanarischen Inseln.

Diese - nicht nur regionale - Einseitigkeit wurde auch von den Veranstaltern des Symposiums erkannt, und A.B. WATTS (New York) hat in seinem zusammenfassenden Artikel über die Tagung einen Fragenkatalog erarbeitet, dessen Inhalt nicht nur Geophysiker und Geologen, sondern ebenso die marinen Geomorphologen anregen sollte. Die wichtigsten dieser Fragen seien wegen ihrer aktuellen Bedeutung hier in Kurzform wiedergegeben:

1. Wo bleibt eine weltweite Übersicht über die statistische Verteilung und die Anzahl der Seamounts?
2. Wie sieht die Morphologie der Seamounts im Detail aus?
3. Welche vulkanoklastischen Erscheinungen kommen an den Hängen der Seamounts und ihrer unmittelbaren Umgebung vor?
4. Welche magnetischen und gravimetrischen Verhältnisse sind im Bereich der Seamounts zu finden?
5. Welche physikalischen Eigenschaften weist die umgebende ozeanische Lithosphäre auf?
6. Worin ist die Ursache der hydrothermalen Aktivitäten bei Seamounts zu suchen?

Die amerikanischen Geowissenschaftler, die diese Fragen gestellt haben, drückten ihre Hoffnung aus, daß innerhalb der nächsten zehn Jahre die entsprechenden Antworten gegeben werden können.

Beachtenswert erscheint mir die Tatsache, daß diese Wissenschaftlergruppe einhellig der Meinung war, daß den geologischen, geochemischen und geophysikalischen Studien an Tiefseekuppen eine möglichst lückenlose Erfassung der Topographie der Seamounts vorausgehen muß. Auf diese Situation sollten sich m.E. auch die marinen Geowissenschaftler bei uns einstellen, zumal die bathymetrische Vermessung von Tiefseekuppen in unserem Land bereits eine lange Tradition besitzt.[1]

Daß die wirtschaftliche Bedeutung der Tiefseekuppen auch bei uns in der jüngsten Zeit erkannt worden ist, beweisen zahlreiche Veröffentlichungen, wie z.B. der Artikel des Clausthaler Mineralogen Peter Halbach, der in den Mitteilungen der Deutschen Forschungsgemeinschaft erschienen ist (P. HALBACH, 1984). Mit Förderung durch die DFG und den Bundesminister für Forschung und Technologie hat Halbach im Sommer 1981 mit dem Forschungsschiff "Sonne" die marine Expedition "MIDPAC '81" durchgeführt. Hierbei wurden die kobalthaltigen Erzkrustenlagerstätten in den Randgebirgen des Zentralpazifischen Beckens geochemisch und lagerstättenkundlich untersucht. Da diese Arbeiten in den sogenannten Mid Pacific Mountains stattfanden, erhielt die Expedition den Namen "Midpac". Eine weitere derartige Unternehmung ist für den Herbst 1986 geplant.

Die bisherigen Untersuchungen im Rahmen dieses Projektes ergaben, daß in Wassertiefen zwischen 1100 m und 3000 m die Hänge der Kuppen mit Erzkrusten überzogen sind, deren Dicke zwischen 1 cm und 8 cm schwankt. Durch die wirtschaftlichen Interessen am Abbau dieser Erzkrusten treten die zahlreichen Tiefseekuppen des Weltmeeres (ihre Gesamtzahl wird auf 20 000 geschätzt) heute mehr in den Vordergrund als dies je der Fall war, und zwar auch als Forschungsobjekte der marinen Geomorphologie.

So dürfte es an der Zeit sein, einmal den bisherigen deutschen Anteil an der Entdeckung und Vermessung von Tiefseekuppen darzustellen. Eine solche Bilanz ist zwar im Rahmen dieses Vortrages nicht umfassend möglich, aber ich möchte hier doch wenigstens an einige wichtige Entdeckungen deutscher Forschungsschiffe erinnern, und Sie mit den neuesten Vermessungsergebnissen aus zwei Kuppenbereichen bekannt machen.

2. Definition und historischer Überblick

Bei den Tiefseekuppen handelt es sich laut Definition um untermeerische Berge mit kreisförmigem oder elliptischem Grundriß, deren relative Höhe über dem Meeresboden 700 m übersteigt. Sie treten isoliert oder in Gruppen auf. Im englischen Sprachgebrauch werden sie allgemein als "Seamounts" bezeichnet. Die häufig vorkommende Kegelstumpf- oder Tafelbergform erhielt 1944 zu Ehren des bekannten und seinerzeit in Amerika tätigen schweizerischen Geologen den Namen "Guyot". Hierbei handelt es sich um im Meer versunkene vulkanische Inseln oder Atolle. Sie können mit ihrem Gipfelplateau bis zu 300 m unter den Meeresspiegel abgesunken sein.

Die meisten Tiefseekuppen wurden zufällig bei Lotungen gefunden; einige sehr flache Kuppen waren von der Fischerei her bekannt, wie z.B. die Gettysburg-Bank westlich von Portugal, deren beide Gipfel bis zu 42 m unter den Meeresspiegel aufragen (G. DIETRICH und J. ULRICH, 1968).

Die ersten Tiefseekuppen wurden in den Jahren 1872 bis 1876 während der Challenger-Expedition entdeckt, und Otto Krümmels Aufstellung aus dem Jahre 1907

[1] Die erste durch ein deutsches Schiff entdeckte Tiefseekuppe dürfte die Faradaykuppe sein, die 1882 durch den Siemens'schen Dampfer Faraday gefunden wurde.

enthält insgesamt 37 isolierte Vulkankuppen, von denen 8 eine relative Höhe von 4000 m und mehr hatten. Die meisten von ihnen lagen im Pazifischen Ozean. Eine der ersten Kuppen im Atlantischen Ozean wurde - wie erwähnt - von dem Siemens'schen Kabelleger "Faraday" erlotet, die Faradaykuppe, im Bereich des Nordatlantischen Rückens bei 50° N gelegen (O. KRÜMMEL, 1907).

Im Südatlantik wurden durch die frühere "Meteor" in den Jahren 1925 bis 1927 auf ihrer berühmten Expedition zahlreiche Kuppen entdeckt. Zu ihnen gehören die Meteorkuppe[1], Alfred-Merz-Kuppe, Wüst-Kuppe, Zenker-Kuppe und Spiess-Kuppe. Diese Seamounts sind bis heute noch nicht topographisch vermessen.

Im Jahre 1938 gelang der gleichen "Meteor" die Seamount-Jahrhundert-Entdekkung in Form des größten Tiefseeberges des Atlantischen Ozeans: Bei 30° N und 28° 30' W wurde die Große Meteorbank erlotet. Aufgrund der ersten sehr groben Vermessung der Bank konnte G. DIETRICH (1961) eine vorläufige Tiefenkarte entwerfen, die 1965 erschien. Weitere Seamountentdeckungen wurden durch die Forschungsschiffe "Anton Dohrn" und "Gauss" im Rahmen des Internationalen Geophysikalischen Jahres 1957/58 im Nordatlantik gemacht (J. ULRICH, 1962): Östlich der Flämischen Kappe wurde die Gauss-Kuppe gefunden und weiter östlich wurden die Milne-Kuppen grob vermessen. Doch die geomorphologisch interessanteste Entdeckung gelang V.F.S. "Gauss" im September 1958 im Nordatlantik zwischen Rockall und St. Kilda, wo eine steil aufragende 1500 m hohe Kuppe gefunden wurde, die 1960 durch F.F.S. "Anton Dohrn" topographisch vermessen wurde und den Namen "Anton-Dohrn-Kuppe" erhielt. Die auffallendste morphologische Erscheinung dieses Seamounts ist eine ringförmige Mulde, die den symmetrischen Kegel unmittelbar am Fuß umgibt und die 30 m bis 150 m tiefer ist als der angrenzende Tiefseeboden. Im Abstand von etwa 10 sm verläuft eine sanfte Schwelle halbkreisförmig von SW über NW nach NE um die Kuppe. Die Erklärung hierfür liegt höchstwahrscheinlich im relativ schnellen Absinken der Kuppe. Die Absinkgeschwindigkeit dürfte größer als die Sedimentationsgeschwindigkeit sein (G. DIETRICH und J. ULRICH, 1961).

Aber nicht nur im Atlantischen, sondern auch im Indischen und Pazifischen Ozean wurden durch deutsche Forschungsschiffe Tiefseekuppen entdeckt. So konnte durch das zweite Forschungsschiff "Meteor" auf seiner ersten Reise im Rahmen der Internationalen Indischen Ozean-Expedition im Jahre 1964 östlich Somalia im Somali-Becken ein Seamount entdeckt werden, der aus über 5000 m Tiefe bis 1900 m unter den Meeresspiegel aufragt (J. ULRICH, 1968). Er wurde nach dem ersten Fahrtleiter der Reise - dem Ozeanographen Günter Dietrich - benannt. Diese Kuppe ist noch nicht ausreichend bathymetrisch vermessen.

Zwei weitere Tiefseekuppen wurden im Rahmen der Atlantischen Kuppenfahrten 1967 im Bereich der Großen Meteorbank gefunden: Die Kleine Meteorbank und die Closs-Kuppe. Außerdem konnte die Große Meteorbank zum ersten Mal gründlich mit dem NBS-Einstrahllot bathymetrisch vermessen werden (J. ULRICH, 1971). Geophysikalische, geologische, ozeanographische und meeresbiologische Untersuchungen im Kuppenbereich schlossen sich an, und eine detaillierte Tiefenkarte im Maßstab 1 : 250 000 gehörte zu den wichtigsten Ergebnissen. Über die Hangterrassen der Großen Meteorbank hat H. PASENAU (1971) seinerzeit berichtet.

Da jedoch sämtliche bisher hier aufgeführten Entdeckungen von Seamounts und alle anschließend durchgeführten bathymetrischen Vermessungen mit dem herkömmlichen Einstrahl-Echolot vorgenommen wurden, müssen sie heute als lükkenhaft angesehen werden.

---

[1] Nicht zu verwechseln mit der Großen Meteorbank imNordatlantik.

3. Weiterentwicklung der Lotungstechnik

Die Weiterentwicklung der Echolottechnik vom linienhaften zum flächenhaften Registrieren der Meerestiefen und damit des Bodenreliefs ermöglicht es heute, in wesentlich kürzerer Zeit eine Tiefseekuppe zu vermessen als dies bislang möglich war. Allerdings besitzen z.Z. noch sehr wenige Forschungs- und Vermessungsschiffe eine solche Fächerlotanlage. Unter den deutschen Forschungsschiffen sind es nur die "Sonne" und die "Polarstern", die mit einem Sea Beam-System ausgerüstet wurden. Auch das im Bau befindliche dritte Forschungsschiff "Meteor" soll ein modernes Fächerlot erhalten, und es kann erwartet werden, daß in Zukunft jedes neu zu erbauende größere Forschungsschiff mit einer solchen Lotanlage ausgerüstet wird.

Über die Funktionsweise des Sea-Beam-Systems hatte ich im Rahmen meines Berliner Vortrages ausführlich informiert, so daß ich hier lediglich noch einmal darauf hinweisen möchte, daß es mit Hilfe der seitlichen Abstrahlung von Echos möglich ist, die Topographie des Meeresbodens streifenhaft aufzunehmen und rechnergesteuert kartographisch, also in Tiefenlinienkarten, darzustellen. Die Breite des jeweils registrierten Bodenstreifens beträgt ca. 80 % der Meerestiefe unter dem Schiff. Sämtliche aufgenommenen Lotungsdaten und Navigationswerte können anschließend miteinander kombiniert und zu einer Tiefenkarte im Rahmen eines EDV-Post-Processing verarbeitet werden (vgl. hierzu J. ULRICH, 1984).

4. Sonne Seamount und Kleine Meteorbank im geomorphologischen Vergleich

Tiefseekuppen eignen sich wegen ihrer in sich geschlossenen Topographie hervorragend zum Test von marinen Vermessungssystemen, und zwar sowohl zur Erprobung von Navigationseinrichtungen als auch zum Test von Lotungsanlagen. Daher waren wir froh, als wir für die Erprobung des Sea-Beam-Systems auf M.S. "Sonne" im zentralen Pazifischen Ozean SW von Hawaii bei etwa 15° N und 156° W eine steile Erhebung fanden, die - wie wir bald feststellten - aus ca. 5000 m Tiefe bis zu einer Minimaltiefe von 2180 m aufragte, also eine relative Höhe von über 3000 m besaß. Mit dem ersten Tiefsee-Fächerlot, das in ein deutsches Forschungsschiff eingebaut worden war, konnte die Kuppe mit 22 Profilkursen nahezu flächendeckend kartographisch erfaßt werden (F.-C. KÖGLER und J. ULRICH, 1982). Die Kuppe hat die Gestalt eines riesigen Vulkankegels von der Größe des Aetna und besitzt eine Grundfläche von etwa 18 km mal 20 km (W-E- zu N-S-Richtung).

Da der Informationsgehalt bei Fächerlotvermessungen um ein Vielfaches höher ist als bei Einstrahl-Vertikallotungen, werden wesentlich mehr morphologische Details erfaßt, und die Deutung der einzelnen Strukturen wird erleichtert. Manche früher als Terrasse erklärte Gefällsunterbrechung wird nunmehr zu einem Sporn oder einem Nebenvulkan. Mancher extreme Steilabfall kann als Teil eines Canyons erklärt werden, und zahlreiche zwischen den Einstrahl-Lotprofilen der einzelnen Kurse gelegenen Strukturen sind bisher überhaupt nicht erfaßt worden.

Auch die Begrenzungen von Terrassen, die ja zumeist eine Sedimentbedeckung aufweisen (Sedimenttaschen), sind mit dem Sea-Beam-System genau zu kartieren. Die Wiedergabe aller erfaßten morphologischen Einzelheiten ist allerdings kaum noch manuell rentabel durchzuführen, zumal hierfür der Maßstab 1 : 25 000 erforderlich wäre, um einen Tiefenlinienabstand von 10 m oder zumindest 20 m zu ermöglichen. Daher wurden die auf Band gespeicherten Navigations- und Sea-Beam-Daten sinnvollerweise einem EDV-Post-Processing zugeführt, was im Falle Sonne Seamount die Firma PRAKLA-SEISMOS vorbildlich erledigte, dankenswerterweise gefördert durch die DFG, und zwar im Rahmen eines Projektes, das den

Vergleich zwischen manueller Auswertung und EDV-Post-Processing zum Ziel hatte.

Inzwischen wurde auch die Sea-Beam-Anlage der "Polarstern" im Bereich einer Tiefseekuppe erfolgreich eingesetzt, und zwar auf der Anreise des Schiffes in die Antarktis im Herbst vergangenen Jahres, wobei auf dem ersten Fahrtabschnitt bis Rio de Janeiro eine flächenhafte Vermessung der Kleinen Meteorbank erfolgte. Dieser Guyot wurde während der Atlantischen Kuppenfahrten 1967 durch F.S. "Meteor" entdeckt. Er liegt neben der von der alten "Meteor" 1938 aufgefundenen und damals grob vermessenen Großen Meteorbank. Die geographische Lage dieser Kuppe wurde seinerzeit mit den damals verfügbaren Navigationsmethoden (vorwiegend astronomische Navigation) auf 29°42' N und 28°58' W für die Mitte des Plateaus festgelegt.

Da "Polarstern" über weitaus bessere Navigationseinrichtungen verfügt (SAT-NAV), konnte damit gerechnet werden, daß die bisher kartierte geographische Lage der Bank korrigiert werden muß. Diese Situation ist nunmehr auch eingetreten. Wir fanden sowohl die Große als auch die Kleine Meteorbank ca. 3 sm südlich der in den Karten eingetragenen Positionen.

Auch in vertikaler Richtung waren größere Genauigkeiten bei der Erfassung der Bodengestalt der Kuppe zu erwarten. Das bei den Kuppenfahrten 1967 angewandte herkömmliche linienhafte Echolotverfahren (Schelfrandlot mit einem Vertikalstrahl) erlaubte seinerzeit nur eine unvollkommene Erfassung des Reliefs der Kuppe. Die nunmehr auf insgesamt 42 Profilkursen mit dem Sea-Beam-Verfahren (16 Strahlen) erfolgte flächenhafte Vermessung durch F.S. "Polarstern" ließ eine nahezu lückenlose Kartierung aller morphologischen Details zu.

Obwohl die Auswertung der Vermessung noch nicht beendet ist, lassen sich schon jetzt über die Kleine Meteorbank einige morphologische Aussagen machen, deren wichtigste hier genannt seien:

1. Das Gesamtrelief der Kuppe ist wesentlich komplizierter als bisher angenommen werden konnte. Die markante Einbuchtung im Westteil konnte bestätigt werden.

2. Die Kuppe läßt sich generell gesehen in drei morphologische Bereiche gliedern: Kuppenfuß, Steilhang und Plateau.

3. Steilhang und Fußregion sind vor allem im Nord-, Ost- und Südteil der Kuppe durch zahlreiche Sporne und dazwischen liegende Canyons stark gegliedert. Der Steilhang weist vor allem in den oberen Regionen (bis etwa 1500 m Tiefe) extreme Neigungen auf, die an mehreren Stellen (über 1000 m gemittelt) über 30° betragen. Dies ist auch im oberen Teil der ausgeglichener wirkenden Westseite der Fall.

4. Die Kuppenhänge sind von mehr als 30 kegelförmigen kleineren Erhebungen durchsetzt, die ihre Umgebung deutlich überragen und deren relative Höhen zwischen 60 m und 480 m liegen. Hierbei dürfte es sich um seitliche vulkanische Ausbruchsstellen (Nebenvulkane) handeln.

5. Das Plateau stellt sich oberhalb der 280 m - Isobathe als relativ ebene Fläche mit ausgeglichenem Relief dar. Im SE wurde auf dem Plateau eine Minimaltiefe von 265 m erlotet. Eine lückenlose Vermessung der Plateauebene mit Sea-Beam war wegen der zu geringen Tiefen erwartungsgemäß nicht möglich. Die NBS-Lotungen lassen jedoch durchweg auf ein ruhiges Relief im Plateaubereich schließen.

6. Andeutungen für die Existenz einer um die Kleine Meteorbank verlaufenden Ringmulde konnten nur nördlich der Kuppe in etwa 3700 m Tiefe gefunden werden. Möglicherweise besitzen die Große und die Kleine Meteorbank eine gemeinsame, größtenteils mit Sedimenten angefüllte Randmulde, die in größerem Abstand um den gesamten Kuppenkomplex verläuft. Zur Klärung dieser Frage sind geophysikalische (reflexionsseismische) Untersuchungen erforderlich.

5. Schluß

Lassen Sie mich abschließend noch einmal auf den Ausgangspunkt meines Referates zurückkommen und versuchen, eine Bilanz zu ziehen:

Von den möglicherweise rund 20 000 Tiefseekuppen des Weltmeeres sind bisher nach vorsichtigen Schätzungen ca. 5000 entdeckt worden, von denen etwa 2000 als "topographisch bekannt" gelten. Höchstens die Hälfte davon dürfte mit Einstrahl-Vertikal-Loten bathymetrisch einigermaßen genau vermessen worden sein (also rund 1000).

Nur einige hundert Tiefseekuppen (vielleicht 200 bis 300) sind bisher auch geologisch-geophysikalisch untersucht worden. Doch nur wenige davon konnten bisher mit dem Sea-Beam-Fächerlot lückenlos vermessen werden.

Das nächste Ziel der marinen Geowissenschaftler in Deutschland, die sich mit der Erforschung von Tiefseekuppen befassen wollen, sollte es m.E. sein, die von deutschen Forschungsschiffen entdeckten und z.T. linienhaft vermessenen Tiefseekuppen nunmehr mit Fächerloten flächenhaft zu kartieren, um ihr Relief möglichst detailliert zu erfassen und somit eine zuverlässige Grundlage für alle weiteren geologischen, geophysikalischen und rohstoffbezogenen Untersuchungen zu erhalten.

Zusammenfassung

Lagerstättenkundliche Untersuchungen der Expedition MIDPAC '81 haben ergeben, daß die Hänge von Tiefseekuppen in Wassertiefen zwischen 1.100 m und 3.000 m an vielen Stellen mit Erzkrusten überzogen sind, deren Abbau in Zukunft von wirtschaftlichem Interesse sein dürfte.

Damit treten die zahlreichen Tiefseekuppen des Weltmeeres auch als Forschungsobjekte der marinen Geomorphologie mehr in den Vordergrund als dies bisher zu erwarten war. Denn die Vorbedingung für die geologisch-technische Exploration ist eine genaue Kenntnis der Topographie und Morphologie der betreffenden Kuppen. Hierfür wurden durch deutsche Forschungsschiffe in den letzten Jahrzehnten bereits wertvolle Vorarbeiten geleistet. Auf zahlreichen Expeditionen in die Tiefseegebiete der drei großen Ozeane wurden viele Tiefseekuppen entdeckt und z.T. auch bathymetrisch und geophysikalisch vermessen. Einige der wichtigsten Ergebnisse geomorphologischer Untersuchungen an diesen Kuppen werden hier im regionalen Vergleich dargestellt. Dabei ist zu bedenken, daß die bisher angewandten linienhaften Lotungsverfahren eine lückenlose Erfassung der Topographie nicht zuließen, was häufig zu Fehldeutungen bei der Erklärung geomorphologischer Details führte. Erst seit einigen Jahren besteht die Möglichkeit, auch mit zwei deutschen Forschungsschiffen flächenhafte bathymetrische Vermessungen durchzuführen und mit Hilfe der rechnergesteuerten Kartographie und anschließendem EDV-Postprocessing eine lückenlose Darstellung der Morphologie von

Tiefseekuppen zu erhalten. Die Ergebnisse zweier Sea Beam-Vermessungen mit M.S. "Sonne" (1981) und F.S. "Polarstern" (1984), die den Sonne Seamount im Pazifischen Ozean und die Kleine Meteorbank im Atlantik betreffen, werden hier miteinander verglichen.

Summary

Special results of some expeditions of the last ten years (especially MIDPAC'81) have shown that the slopes of seamounts are covered by crusts of ore at many spots in depths between 1.100 m and 3.000 m.

With that the numerous seamounts of the oceans grow well to the fore also as objects of the research work of marine geomorphology, because the exact knowledge of the topography of these elevations is a precondition for the geological and technological exploration. For this a valuable preparatory work has been made by many expeditions during the past decades of this century. Numerous seamounts could be found by German research vessels in the deep sea regions of the oceans. A part of them could be surveyed by bathymetrical and geophysical methods. Some of the most important results are represented here. But it should be noted that the sounding method used until now could not lead to a total representation of the topography without any interpolation. Therefore often errors have been made at the description of geomorphological details. Only since some years the possibility is given to obtain a complete representation of the morphology of the seamounts also on board of two German research vessels by using the Sea Beam system which allows a cartographic plotting of the bathymetric data by a special computer on board. Subsequently a computer post-processing allows the complete representation of the total topography of the seamounts. The results of two Sea Beam surveys made by the research vessels "Sonne" (1981) and "Polarstern" (1984) are compared in this paper.

Literatur

DIETRICH, G. und J. ULRICH: Zur Topographie der Anton-Dohrn-Kuppe. Kieler Meeresforsch. 17, H. 1, 3-7, 1961.

DIETRICH, G. und J. ULRICH (Hrsg.): Atlas zur Ozeanographie. Bibl. Inst. Mannheim 1968.

HALBACH, P.: Die Berge im Meer und ihre unerschlossenen Schätze. Forschung. Mitt. DFG 4/84, 6-9, 1984.

KÖGLER, F.-C. und J. ULRICH: Zur Topographie und Morphologie des "Sonne Seamount" südlich Hawaii. Dt. Hydrogr. Z. 35, H. 6, 239-250, 1982.

KRÜMMEL, O.: Handbuch der Ozeanographie. Bd. 1, Stuttgart 1907.

PASENAU, H.: Morphometrische Untersuchungen an Hangterrassen der Großen Meteorbank. "Meteor"-Forsch.-Ergebn. Reihe C, Nr. 6, Berlin/Stuttgart 1971.

ULRICH, J.: Echolotprofile der Forschungsfahrten von F.F.S. "Anton Dohrn" und V.F.S. "Gauss" im Internationalen Geophysikalischen Jahr 1957/58. Erg.-H., Reihe B, Nr. 6 zur Dt. Hydrogr. Z., Hamburg 1962.

ULRICH, J.: Die Echolotungen des Forschungsschiffes "Meteor" im Arabischen Meer während der Internationalen Indischen Ozean-Expedition. "Meteor"-Forsch.-Ergbn. Reihe C, Nr. 1, Berlin/Stuttgart 1968.

ders.: Zur Topographie und Morphologie der Großen Meteorbank. "Meteor"-Forsch.-Ergebn. Reihe C, Nr. 6, Berlin/Stuttgart 1971.

ders.: Neue geomorphologische Forschungsergebnisse aus dem zentralen Pazifischen Ozean aufgrund flächenhafter Kartierungen des Tiefseebodens. Schr. Naturwiss. Ver. Schlesw.-Holst., Bd. 54, S. 47-59, 1984.

WATTS, A.B.: Introduction to Seamount Special Section. J. Geophys. Res., 89, Nr. B 13, 11.066-11.068, 1984.

Band IX

*Heft 1 S c o f i e l d, Edna: Landschaften am Kurischen Haff. 1938.

*Heft 2 F r o m m e, Karl: Die nordgermanische Kolonisation im atlantisch-polaren Raum. Studien zur Frage der nördlichen Siedlungsgrenze in Norwegen und Island. 1938.

*Heft 3 S c h i l l i n g, Elisabeth: Die schwimmenden Gärten von Xochimilco. Ein einzigartiges Beispiel altindianischer Landgewinnung in Mexiko. 1939.

*Heft 4 W e n z e l, Hermann: Landschaftsentwicklung im Spiegel der Flurnamen. Arbeitsergebnisse aus der mittelschleswiger Geest. 1939.

*Heft 5 R i e g e r, Georg: Auswirkungen der Gründerzeit im Landschaftsbild der norderdithmarscher Geest. 1939.

Band X

*Heft 1 W o l f, Albert: Kolonisation der Finnen an der Nordgrenze ihres Lebensraumes. 1939.

*Heft 2 G o o ß, Irmgard: Die Moorkolonien im Eidergebiet. Kulturelle Angleichung eines Ödlandes an die umgebende Geest. 1940.

*Heft 3 M a u, Lotte: Stockholm. Planung und Gestaltung der schwedischen Hauptstadt. 1940.

*Heft 4 R i e s e, Gertrud: Märkte und Stadtentwiklung am nordfriesichen Geestrand. 1940.

Band XI

*Heft 1 W i l h e l m y, Herbert: Die deutschen Siedlungen in Mittelparaguay. 1941.

*Heft 2 K o e p p e n, Dorothea: Der Agro Pontino-Romano. Eine moderne Kulturlandschaft. 1941.

*Heft 3 P r ü g e l, Heinrich: Die Sturmflutschäden an der schleswig-holsteinischen Westküste in ihrer meteorologischen und morphologischen Abhängigkeit. 1942.

*Heft 4 I s e r n h a g e n, Catharina: Totternhoe. Das Flurbild eines angelsächsischen Dorfes in der Grafschaft Bedfordshire in Mittelengland. 1942.

*Heft 5 B u s e, Karla: Stadt und Gemarkung Debrezin. Siedlungsraum von Bürgern, Bauern und Hirten im ungarischen Tiefland. 1942.

Band XII

*B a r t z, Fritz: Fischgründe und Fischereiwirtschaft an der Westküste Nordamerikas. Werdegang, Lebens- und Siedlungsformen eines jungen Wirtschaftsraumes. 1942.

Band XIII

*Heft 1 T o a s p e r n, Paul Adolf: Die Einwirkungen des Nord-Ostsee-Kanals auf die Siedlungen und Gemarkungen seines Zerschneidungsbereichs. 1950.

*Heft 2 V o i g t, Hans: Die Veränderung der Großstadt Kiel durch den Luftkrieg. Eine siedlungs- und wirtschaftsgeographische Untersuchung. 1950. (Gleichzeitig erschienen in der Schriftenreihe der Stadt Kiel, herausgegeben von der Stadtverwaltung.)

*Heft 3 M a r q u a r d t, Günther: Die Schleswig-Holsteinische Knicklandschaft. 1950.

*Heft 4 S c h o t t, Carl: Die Westküste Schleswig-Holsteins. Probleme der Küstensenkung. 1950.

Band XIV

*Heft 1 K a n n e n b e r g, Ernst-Günter: Die Steilufer der Schleswig-Holsteinischen Ostseeküste. Probleme der marinen und klimatischen Abtragung. 1951.

*Heft 2 L e i s t e r, Ingeborg: Rittersitz und adliges Gut in Holstein und Schleswig. 1952. (Gleichzeitig erschienen als Band 64 der Forschungen zur deutschen Landeskunde.)

Heft 3 R e h d e r s, Lenchen: Probsteierhagen, Fiefbergen und Gut Salzau: 1945-1950. Wandlungen dreier ländlicher Siedlungen in Schleswig-Holstein durch den Flüchtlingszustrom. 1953. X, 96 S., 29 Fig. im Text, 4 Abb. 5.00 DM

*Heft 4 B r ü g g e m a n n, Günter. Die holsteinische Baumschulenlandschaft. 1953.

Sonderband

*S c h o t t, Carl (Hrsg.): Beiträge zur Landeskunde von Schleswig-Holstein. Oskar Schmieder zum 60.Geburtstag. 1953. (Erschienen im Verlag Ferdinand Hirt, Kiel.)

Band XV

*Heft 1 L a u e r, Wilhelm: Formen des Feldbaus im semiariden Spanien. Dargestellt am Beispiel der Mancha. 1954.

*Heft 2 S c h o t t, Carl: Die kanadischen Marschen. 1955.

*Heft 3 J o h a n n e s, Egon: Entwicklung, Funktionswandel und Bedeutung städtischer Kleingärten. Dargestellt am Beispiel der Städte Kiel, Hamburg und Bremen. 1955.

*Heft 4 R u s t, Gerhard: Die Teichwirtschaft Schleswig-Holsteins. 1956.

Band XVI

*Heft 1 L a u e r, Wilhelm: Vegetation, Landnutzung und Agrarpotential in El Salvador (Zentralamerika). 1956.

*Heft 2 S i d d i q i, Mohamed Ismail: The Fishermen`s Settlements on the Coast of West Pakistan. 1956.

*Heft 3 B l u m e, Helmut: Die Entwicklung der Kulturlandschaft des Mississippideltas in kolonialer Zeit. 1956.

Band XVII

*Heft 1 W i n t e r b e r g, Arnold: Das Bourtanger Moor. Die Entwicklung des gegenwärtigen Landschaftbildes und die Ursachen seiner Verschiedenheit beiderseits der deutsch-holländischen Grenze. 1957.

*Heft 2 N e r n h e i m, Klaus: Der Eckernförder Wirtschaftsraum. Wirtschaftsgeographische Strukturwandlungen einer Kleinstadt und ihres Umlandes unter besonderer Berücksichtigung der Gegenwart. 1958.

*Heft 3 H a n n e s e n, Hans: Die Agrarlandschaft der schleswig-holsteinischen Geest und ihre neuzeitliche Entwicklung. 1959.

Band XVIII

Heft 1 H i l b i g, Günter: Die Entwicklung der Wirtschafts- und Sozialstruktur der Insel Oléron und ihr Einfluß auf das Landschaftsbild. 1959. 178 S., 32 Fig. im Text und 15 S. Bildanhang. 9.20 DM

Heft 2 S t e w i g, Reinhard: Dublin. Funktionen und Entwicklung. 1959. 254 S. und 40 Abb. 10.50 DM

Heft 3 D w a r s, Friedrich W.: Beiträge zur Glazial- und Postglazialgeschichte Südostrügens. 1960. 106 S., 12 Fig. im Text und 6 S. Bildanhang. 4.80 DM

Band XIX

Heft 1 H a n e f e l d, Horst: Die glaziale Umgestaltung der Schichtstufenlandschaft am Nordrand der Alleghenies. 1960. 183 S., 31 Abb. und 6 Tab. 8.30 DM

*Heft 2 A l a l u f, David: Problemas de la propiedad agricola en Chile. 1961.

*Heft 3 S a n d n e r, Gerhard: Agrarkolonisation in Costa Rica. Siedlung, Wirtschaft und Sozialgefüge an der Pioniergrenze. 1961. (Erschienen bei Schmidt & Klaunig, Kiel, Buchdruckerei und Verlag.)

Band XX

*L a u e r, Wilhelm (Hrsg.): Beiträge zur Geographie der Neuen Welt. Oskar Schmieder zum 70.Geburtstag. 1961.

Band XXI

*Heft 1 S t e i n i g e r, Alfred: Die Stadt Rendsburg und ihr Einzugsbereich. 1962.

Heft 2 B r i l l, Dieter: Baton Rouge, La. Aufstieg, Funktionen und Gestalt einer jungen Großstadt des neuen Industriegebiets am unteren Mississippi. 1963. 288 S., 39 Karten, 40 Abb.im Anhang. 12.00 DM

*Heft 3 D i e k m a n n, Sibylle: Die Ferienhaussiedlungen Schleswig-Holsteins. Eine siedlungs- und sozialgeographische Studie. 1964.

Band XXII

*Heft 1 E r i k s e n, Wolfgang: Beiträge zum Stadtklima von Kiel. Witterungsklimatische Untersuchungen im Raume Kiel und Hinweise auf eine mögliche Anwendung der Erkenntnisse in der Stadtplanung. 1964.

*Heft 2 S t e w i g, Reinhard: Byzanz - Konstantinopel - Instanbul. Ein Beitrag zum Weltstadtproblem. 1964.

*Heft 3 B o n s e n, Uwe: Die Entwicklung des Siedlungsbildes und der Agrarstruktur der Landschaft Schwansen vom Mittelalter bis zur Gegenwart. 1966.

Band XXIII

*S a n d n e r, Gerhard (Hrsg.): Kulturraumprobleme aus Ostmitteleuropa und Asien. Herbert Schlenger zum 60.Geburtstag. 1964.

Band XXIV

Heft 1 W e n k, Hans-Günther: Die Geschichte der Geographie und der Geographischen Landesforschung an der Universität Kiel von 1665 bis 1879. 1966. 252 S., mit 7 ganzstg. Abb. 14.00 DM

Heft 2 B r o n g e r, Arnt: Lösse, ihre Verbraunungszonen und fossilen Böden, ein Beitrag zur Stratigraphie des oberen Pleistozäns in Südbaden. 1966. 98 S., 4 Abb. und 37 Tab. im Text, 8 S. Bildanhang und 3 Faltkarten. 9.00 DM

*Heft 3 K l u g, Heinz: Morphologische Studien auf den Kanarischen Inseln. Beiträge zur Küstenentwicklung und Talbildung auf einem vulkanischen Archipel. 1968. (Erschienen bei Schmidt & Klaunig, Kiel, Buchdruckerei und Verlag.)

Band XXV

*W e i g a n d, Karl: I. Stadt-Umlandverflechtungen und Einzugsbereiche der Grenzstadt Flensburg und anderer zentraler Orte im nördlichen Landesteil Schleswig. II. Flensburg als zentraler Ort im grenzüberschreitenden Reiseverkehr. 1966.

Band XXVI

*Heft 1 B e s c h, Hans-Werner: Geographische Aspekte bei der Einführung von Dörfergemeinschaftsschulen in Schleswig-Holstein. 1966.

*Heft 2 K a u f m a n n, Gerhard: Probleme des Strukturwandels in ländlichen Siedlungen Schleswig-Holsteins, dargestellt an ausgewählten Beispielen aus Ostholstein und dem Programm-Nord-Gebiet. 1967.

Heft 3 O l b r ü c k, Günter: Untersuchung der Schauertätigkeit im Raume Schleswig-Holstein in Abhängigkeit von der Orographie mit Hilfe des Radargeräts. 1967. 172 S., 5 Aufn., 65 Karten, 18 Fig. und 10 Tab. im Text, 10 Tab. im Anhang. 12.00 DM

Band XXVII

Heft 1 B u c h h o f e r, Ekkehard: Die Bevölkerungsentwicklung in den polnisch verwalteten deutschen Ostgebieten von 1956-1965. 1967. 282 S., 22 Abb., 63 Tab. im Text, 3 Tab., 12 Karten und 1 Klappkarte im Anhang. 16.00 DM

Heft 2 R e t z l a f f, Christine: Kulturgeographische Wandlungen in der Maremma. Unter besonderer Berücksichtigung der italienischen Bodenreform nach dem Zweiten Weltkrieg. 1967. 204 S., 35 Fig. und 25 Tab. 15.00 DM

Heft 3 B a c h m a n n, Henning: Der Fährverkehr in Nordeuropa - eine verkehrsgeographische Untersuchung. 1968. 276 S., 129 Abb. im Text, 67 Abb. im Anhang. 25.00 DM

Band XXVIII

*Heft 1 W o l c k e. Irmtraud-Dietlinde: Die Entwicklung der Bochumer Innenstadt. 1968.

*Heft 2 W e n k, Ursula: Die zentralen Orte an der Westküste Schleswig-Holsteins unter besonderer Berücksichtigung der zentralen Orte niederen Grades. Neues Material über ein wichtiges Teilgebiet des Programm Nord. 1968.

*Heft 3 W i e b e, Dietrich: Industrieansiedlungen in ländlichen Gebieten, dargestellt am Beispiel der Gemeinden Wahlstedt und Trappenkamp im Kreis Segeberg. 1968.

Band XXIX

Heft 1 V o r n d r a n, Gerhard: Untersuchungen zur Aktivität der Gletscher, dargestellt an Beispielen aus der Silvrettagruppe. 1968. 134 S., 29 Abb. im Text, 16 Tab. und 4 Bilder im Anhang. 12.00 DM

Heft 2 H o r m a n n, Klaus: Rechenprogramme zur morphometrischen Kartenauswertung. 1968. 154 S., 11 Fig. im Text und 22 Tab. im Anhang. 12.00 DM

Heft 3 V o r n d r a n, Edda: Untersuchungen über Schuttentstehung und Ablagerungsformen in der Hochregion der Silvretta (Ostalpen). 1969. 137 S., 15 Abb. und 32 Tab. im Text, 3 Tab. und 3 Klappkarten im Anhang. 12.00 DM

Band 30

*S c h l e n g e r, Herbert, Karlheinz P a f f e n, Reinhard S t e w i g (Hrsg.): Schleswig-Holstein, ein geographisch-landeskundlicher Exkursionsführer. 1969. Festschrift zum 33.Deutschen Geographentag Kiel 1969. (Erschienen im Verlag Ferdinand Hirt, Kiel; 2.Auflage, Kiel 1970.)

Band 31

M o m s e n, Ingwer Ernst: Die Bevölkerung der Stadt Husum von 1769 bis 1860. Versuch einer historischen Sozialgeographie. 1969. 420 S., 33 Abb. und 78 Tab. im Text, 15 Tab. im Anhang. 24.00 DM

Band 32

S t e w i g, Reinhard: Bursa, Nordwestanatolien. Strukturwandel einer orientalischen Stadt unter dem Einfluß der Industrialisierung. 1970. 177 S., 3 Tab., 39 Karten, 23 Diagramme und 30 Bilder im Anhang. 18.00 DM

Band 33

T r e t e r, Uwe: Untersuchungen zum Jahresgang der Bodenfeuchte in Abhängigkeit von Niederschlägen, topographischer Situation und Bodenbedeckung an ausgewählten Punkten in den Hüttener Bergen/Schleswig-Holstein. 1970. 144 S., 22 Abb., 3 Karten und 26 Tab. 15.00 DM

Band 34

*K i l l i s c h, Winfried F.: Die oldenburgisch-ostfriesischen Geestrandstädte. Entwicklung, Struktur, zentralörtliche Bereichsgliederung und innere Differenzierung. 1970.

Band 35

R i e d e l, Uwe: Der Fremdenverkehr auf den Kanarischen Inseln. Eine geographische Untersuchung. 1971. 314 S., 64 Tab., 58 Abb. im Text und 8 Bilder im Anhang. 24.00 DM

Band 36

H o r m a n n, Klaus: Morphometrie der Erdoberfläche. 1971. 189 S., 42 Fig., 14 Tab. im Text. 20.00 DM

Band 37

S t e w i g, Reinhard (Hrsg.): Beiträge zur geographischen Landeskunde und Regionalforschung in Schleswig-Holstein. 1971. Oskar Schmieder zum 80.Geburtstag. 338 S., 64 Abb., 48 Tab. und Tafeln. 28.00 DM

Band 38

S t e w i g, Reinhard und Horst-Günter W a g n e r (Hrsg.): Kulturgeographische Untersuchungen im islamischen Orient. 1973. 240 S., 45 Abb., 21 Tab. und 33 Photos. 29.50 DM

Band 39

K l u g, Heinz (Hrsg.): Beiträge zur Geographie der mittelatlantischen Inseln. 1973. 208 S., 26 Abb., 27 Tab. und 11 Karten. 32.00 DM

Band 40

S c h m i e d e r, Oskar: Lebenserinnerungen und Tagebuchblätter eines Geographen. 1972. 181 S., 24 Bilder, 3 Faksimiles und 3 Karten. 42.00 DM

Band 41

K i l l i s c h, Winfried F. und Harald T h o m s: Zum Gegenstand einer interdisziplinären Sozialraumbeziehungsforschung. 1973. 56 S., 1 Abb. 7.50 DM

Band 42

N e w i g, Jürgen: Die Entwicklung von Fremdenverkehr und Freizeitwohnwesen in ihren Auswirkungen auf Bad und Stadt Westerland auf Sylt. 1974. 222 S., 30 Tab., 14 Diagramme, 20 kartographische Darstellungen und 13 Photos. 31.00 DM

Band 43

*K i l l i s c h, Winfried F.: Stadtsanierung Kiel-Gaarden. Vorbereitende Untersuchung zur Durchführung von Erneuerungsmaßnahmen. 1975.

Kieler Geographische Schriften

Band 44, 1976 ff.

Band 44

K o r t u m, Gerhard: Die Marvdasht-Ebene in Fars. Grundlagen und Entwicklung einer alten iranischen Bewässerungslandschaft. 1976. XI, 297 S., 33 Tab., 20 Abb. 38.50 DM

Band 45

B r o n g e r, Arnt: Zur quartären Klima- und Landschaftsentwicklung des Karpatenbeckens auf (paläo-) pedologischer und bodengeographischer Grundlage. 1976. XIV, 268 S., 10 Tab., 13 Abb. und 24 Bilder. 45.00 DM

Band 46

B u c h h o f e r, Ekkehard: Strukturwandel des Oberschlesischen Industriereviers unter den Bedingungen einer sozialistischen Wirtschaftsordnung. 1976. X, 236 S., 21 Tab. und 6 Abb., 4 Tab und 2 Karten im Anhang. 32.50 DM

Band 47

W e i g a n d, Karl: Chicano - Wanderarbeiter in Südtexas. Die gegenwärtige Situation der Spanisch sprechenden Bevölkerung dieses Raumes. 1977. IX, 100 S., 24 Tab. und 9 Abb., 4 Abb. im Anhang. 15.70 DM

Band 48

W i e b e, Dietrich: Stadtstruktur und kulturgeographischer Wandel in Kandahar und Südafghanistan. 1978. XIV, 326 S., 33 Tab., 25 Abb. und 16 Photos im Anhang. 36.50 DM

Band 49

K i l l i s c h, Winfried F.: Räumliche Mobilität - Grundlegung einer allgemeinen Theorie der räumlichen Mobilität und Analyse des Mobilitätsverhaltens der Bevölkerung in den Kieler Sanierungsgebieten. 1979. XII, 208 S., 30 Tab. und 39. Abb., 30 Tab. im Anhang. 24.60 DM

Band 50

P a f f e n, Karlheinz und Reinhard S t e w i g (Hrsg.): Die Geographie an der Christian-Albrechts-Universität 1879-1979. Festschrift aus Anlaß der Einrichtung des ersten Lehrstuhles für Geographie am 12. Juli 1879 an der Universität Kiel. 1979. VI, 510 S., 19 Tab. und 58 Abb. 38.00 DM

Band 51

S t e w i g, Reinhard, Erol T ü m e r t e k i n, Bedriye T o l u n, Ruhi T u r f a n, Dietrich W i e b e und Mitarbeiter: Bursa, Nordwestanatolien. Auswirkungen der Industrialisierung auf die Bevölkerungs- und Sozialstruktur einer Industriegroßstadt im Orient. Teil 1. 1980. XXVI, 335 S., 253 Tab. und 19 Abb. 32.00 DM

Band 52

B ä h r, Jürgen und Reinhard S t e w i g (Hrsg.): Beiträge zur Theorie und Methode der Länderkunde. Oskar Schmieder (27. Januar 1891 - 12. Februar 1980) zum Gedenken. 1981. VIII, 64 S., 4 Tab. und 3 Abb. 11.00 DM

Band 53

M ü l l e r, Heidulf E.: Vergleichende Untersuchungen zur hydrochemischen Dynamik von Seen im Schleswig-Holsteinischen Jungmoränengebiet. 1981. XI, 208 S., 16 Tab., 61 Abb. und 14 Karten im Anhang. 25.00 DM

Band 54

A c h e n b a c h, Hermann: Nationale und regionale Entwicklungsmerkmale des Bevölkerungsprozesses in Italien. 1981. IX, 114 S., 36 Fig. 16.00 DM

Band 55

D e g e, Eckart: Entwicklungsdisparitäten der Agrarregionen Südkoreas. 1982. XXII, 332 S., 50 Tab., 44 Abb. und 8 Photos im Textband sowie 19 Kartenbeilagen in separater Mappe. 49.00 DM

Band 56

B o b r o w s k i, Ulrike: Pflanzengeographische Untersuchungen der Vegetation des Bornhöveder Seengebiets auf quantitativ-soziologischer Basis. 1982, XIV, 175 S., 65 Tab., 19 Abb. 23.00 DM

Band 57

S t e w i g, Reinhard (Hrsg.): Untersuchungen über die Großstadt in Schleswig-Holstein. 1983. X, 194 S., 46 Tab., 38 Diagr. und 10 Abb. 24.00 DM

Band 58

B ä h r, Jürgen (Hrsg.): Kiel 1879-1979. Entwicklung von Stadt und Umland im Bild der Topographischen Karte 1 : 25 000. Zum 32. Deutschen Kartographentag vom 11.-14. Mai 1983 in Kiel. 1983. III, 192 S., 21 Tab., 38 Abb. mit 2 Kartenblättern in Anlage. ISBN 3-923887-00-0. 28.00 DM

Band 59

G a n s, Paul: Raumzeitliche Eigenschaften und Verflechtungen innerstädtischer Wanderungen in Ludwigshafen/Rhein zwischen 1971 und 1978. Eine empirische Analyse mit Hilfe des Entropiekonzeptes und der Informationsstatistik. 1983. XII, 226 S., 45 Tab., 41 Abb. ISBN 3-923887-01-9. 30.00 DM

Band 60

P a f f e n †, Karlheinz und K o r t u m, Gerhard: Die Geographie des Meeres. Disziplingeschichtliche Entwicklung seit 1650 und heutiger methodischer Stand. 1984. XIV, 293 Seiten, 25 Abb. ISBN 3-923887-02-7. 36.00 DM

Band 61

B a r t e l s †, Dietrich u.a.: Lebensraum Norddeutschland. 1984. IX, 139 Seiten, 23 Tabellen und 21 Karten. ISBN 3-923887-03-5. 22.00DM

Band 62

K l u g, Heinz (Hrsg.): Küste und Meeresboden. Neue Ergebnisse geomorphologischer Feldforschungen. 1985. V, 214 Seiten, 66 Abb., 45 Fotos, 10 Tabellen. ISBN 3-923887-04-3 39.00 DM